POLITEXT 190

Modelación numérica en ríos en régimen permanente y variable

Una visión a partir del modelo HEC-RAS

POLITEXT

E. Bladé - M. Sánchez-Juny
H. P. Sánchez - D. Niñerola
M. Gómez

Modelación numérica en ríos en régimen permanente y variable

Una visión a partir del modelo HEC-RAS

EDICIONS UPC

Primera edición: diciembre de 2009

Diseño de la cubierta: Manuel Andreu

©   Los autores, 2009

©   Edicions UPC, 2009
       Edicions de la Universitat Politècnica de Catalunya, SL
       Jordi Girona Salgado 1-3, 08034 Barcelona
       Tel.: 934 137 540   Fax: 934 137 541
       Edicions Virtuals: www.edicionsupc.es
       E-mail: edicions-upc@upc.edu

Producción: LIGHTNING SOURCE

Depósito legal: B-47429-2009
ISBN: 978-84-9880-389-1

Presentación

La modelación numérica del flujo en lámina libre es una herramienta cada vez más utilizada y con un creciente abanico de posibles aplicaciones. HEC-RAS es un modelo numérico en continuo desarrollo de aplicación en el ámbito de la ingeniería hidráulica y fluvial, con una gran aceptación por parte de la administración pública.

Mediante la aplicación del modelo a casos reales se presentarán las bases teóricas esenciales (conceptos de *régimen lento*, *régimen rápido*, *resalto*, etc.), el funcionamiento general del programa (crear un proyecto, creación de geometrías, gestión de planes, etc.), los aspectos clave a considerar en su ejecución (establecimiento de las condiciones de contorno, espaciamiento entre secciones, rugosidad, etc.), y se trabajará también con elementos singulares (puentes, creación de encauzamientos, pasos entubados bajo vía, etc.).

El libro se estructura de manera ordenada según los temas que se desarrollan en los *Cursos de modelación numérica en ríos: régimen permanente y régimen variable,* impartido por los miembros del grupo de investigación FLUMEN de la Universitat Politècnica de Catalunya. Así, en el primer capítulo (tema 1) se presentan las ecuaciones y conceptos básicos de la hidráulica en lámina libre planteados a partir de los conceptos necesarios para entender el funcionamiento de HEC-RAS. Son claves en este capítulo los conceptos de régimen lento, rápido, resalto, así como la descripción del algoritmo de cálculo del método paso a paso que plantea el programa.

En el siguiente capítulo (tema 2) se muestran las características generales y prestaciones básicas del modelo HEC-RAS. Así, se indica cómo desarrollar un proyecto desde su inicio: aspectos como la introducción de la geometría, condiciones de contorno, ejecución y visualización de los resultados se describen detalladamente.

A continuación se presenta un capítulo (tema 3) orientado a la validación y análisis de los resultados. El objetivo es discutir los principales aspectos que permiten asegurar la validez o no de una simulación. Se discuten cuestiones como el espaciamiento entre secciones, análisis de las condiciones de contorno o división de la sección en canal principal y llanuras de inundación. Asimismo, también se discuten temas de contenido menos hidráulico y más numérico como el análisis de los avisos (*warnings*) de cálculo y posibles problemas de convergencia que pueden aparecer en el cálculo.

En el capítulo siguiente (tema 4) se discute la simulación de puentes, pasos entubados bajo vía, diseño de encauzamientos y confluencias, como ejemplo de aplicación de elementos singulares en HEC-RAS.

El tema 5 pretende ser una introducción al uso de herramientas SIG (tipo Arcview o ArcGIS). Éstas son de una gran utilidad por la gran versatilidad que ofrecen tanto en la estimación de la geometría de cálculo como en la visualización final de resultados (p. ej. obtención de manchas de inundación asociadas a distintos períodos de retorno).

A continuación en el tema 6, se repasan los conceptos básicos del flujo variable en lámina libre en una y dos dimensiones, estableciéndose las ecuaciones fundamentales para su resolución así como su significación física.

En el siguiente capítulo (tema 7) se ahonda en los esquemas numéricos que permiten resolver los sistemas de ecuaciones del flujo variable en lámina libre en una y dos dimensiones, mostrados en el capítulo anterior. Se hace un repaso a los métodos más comúnmente utilizados en los principales paquetes de programas existentes.

Acto seguido (tema 8) se procede a presentar los beneficios del cálculo en régimen no permanente frente al régimen permanente. Teniendo en cuenta que el movimiento del agua en la naturaleza presenta normalmente una variación del caudal de paso con el tiempo, si se desea representar con la mayor fidelidad posible el análisis del flujo en nuestro cauce, sería necesario adoptar la aproximación del movimiento no permanente.

HEC-RAS dispone de un módulo para la simulación del flujo no permanente. Así, en el tema 9 se presentan las características generales y prestaciones básicas de HEC-RAS en régimen variable, estableciéndose las principales prestaciones y limitaciones del programa en este tipo de cálculos.

Finalmente en el tema 10 se ahonda en ciertos detalles de HEC-RAS en régimen variable, para entender como trata el programa los cambios de régimen e inestabilidades numéricas a fin de conseguir una simulación adecuada dentro de las limitaciones y prestaciones de HEC-RAS en este tipo de régimen.

Barcelona, noviembre de 2009

Índice

1. Ecuaciones y conceptos básicos de la hidráulica en lámina. Una visión a través de HEC-RAS

1.1 Introducción. Hipótesis básicas de cálculo

HEC-RAS como modelo de cálculo no deja de ser una aproximación al flujo en lámina libre. Por ello lleva asociadas unas limitaciones de cálculo inherentes a las hipótesis de partida de las ecuaciones que resuelve.

Así, HEC-RAS resuelve el flujo gradualmente variado a partir de la ecuación de balance de energía (trinomio de Bernoulli) entre dos secciones dadas, excepto en los casos en los que simulen estructuras como puentes, vertederos o tramos cortos entubados (*culverts*). En tales casos HEC-RAS resuelve la ecuación de conservación de la cantidad de movimiento, así como ciertas ecuaciones de carácter empírico establecidas *ad hoc* para estas estructuras.

Una hipótesis básica en la que se basa HEC-RAS es que el flujo simulado debe ser unidimensional. Es decir la única componente de la velocidad que se considera es la componente en la dirección del movimiento. Las otras, dirección vertical y transversal al movimiento, se consideran despreciables.

Además, las pendientes se consideran pequeñas, es decir, inferiores a 1 v:10 h.

El programa contiene tres componentes de análisis hidráulico unidimensional para:

1. Cálculo del perfil de la lámina de agua en régimen permanente gradualmente variado. El sistema puede simular un simple tramo de un río, un sistema arborescente o una red completa de canales. Puede simular el régimen lento, rápido y la combinación simultánea de ambos. El método de cálculo que utiliza es el balance de energía entre dos secciones dadas resuelto por el método iterativo paso a paso. Por otro lado, las pérdidas de energía repartidas las estima a partir de la fórmula de Manning y utiliza por defecto coeficientes de pérdidas localizadas por expansión y contracción. La ecuación de cantidad de movimiento se utiliza en el caso de que se dé régimen rápidamente variado: régimen combinado rápido y lento (resalto hidráulico), hidráulica de puentes, así como la determinación del perfil de la lámina de agua en confluencias de ríos.

2. HEC-RAS dispone también de un módulo de simulación en régimen variable (no permanente) que en las versiones más recientes ha ido ganando en robustez y versatilidad de cálculo.

3. También dispone de un módulo para la estimación del transporte de sedimentos en lechos móviles.

Cabe decir que el objeto de este capítulo es el módulo de cálculo en régimen permanente.

De cualquier modo, las tres componentes usan los mismos datos geométricos y rutinas de cálculos hidráulicos.

El modelo dispone de una interfaz gráfica que permite separar las componentes para el análisis hidráulico, para el almacenamiento de datos y capacidad de gestión, y para aplicaciones gráficas y de información. Además, HEC-RAS dispone de algunos elementos para el diseño hidráulico que pueden ser aplicados una vez realizado el cálculo básico del perfil de la lámina libre.

1.2 Conceptos básicos

1.2.1 Ecuación de la energía

La ecuación básica para la estimación de la posición de la superficie libre del agua, en régimen permanente, es la ecuación del balance energía, esto es, el Trinomio de Bernoulli. HEC-RAS considera el caso en que la pendiente longitudinal del río o canal es suficientemente pequeña[1] como para poder aceptar que la vertical y la perpendicular en un punto cualquiera coincidan. Si la sección 1 es una sección aguas arriba de la 2, HEC-RAS considera el balance de energía entre ambas secciones transversales como sigue:

$$z_1 + y_1 + \alpha_1 \cdot \frac{v_1^2}{2g} = z_2 + y_2 + \alpha_2 \cdot \frac{v_2^2}{2g} + \Delta H \tag{1}$$

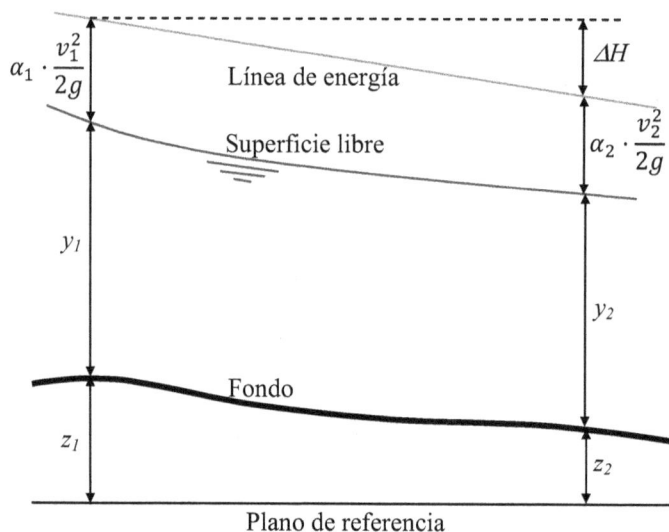

Figura 1. Representación de los términos del balance de energía. Fuente: (HEC 2002)

Donde:

- z_1 y z_2 son la cota de la sección respecto a un plano de referencia arbitrario. En caso de geometrías irregulares, como en general sucede en un río, se toma la cota del punto más bajo de la sección.

- y_1 e y_2 son los calados en cada una de las secciones consideradas. En caso de geometrías irregulares, se considera la profundidad respecto del punto más bajo de la sección.

---

[1] En general HEC-RAS acepta como límite que el cauce del río o solera del canal forme, a lo sumo, una pendiente del 10%.

- v_1 y v_2 son las velocidades medias en cada sección. En el caso de régimen permanente se obtienen como el cociente entre el caudal circulante y el área de la sección.

- α_1 y α_2 son los coeficientes de Coriolis estimados en cada sección, que permiten corregir el hecho de que la distribución de velocidad en la sección se aleja de una distribución uniforme.

- ΔH es el término que estima la energía por unidad de peso que se disipa entre las secciones 1 y 2. En concreto, dicha energía debe incluir las pérdidas continuas por rozamiento con el contorno, así como las pérdidas localizadas que se den entre ambas:

$$\Delta H = I \cdot L_{12} + \Delta H_{local} \tag{2}$$

Las pérdidas continuas se determinan como el producto de la pendiente motriz (I) por la distancia entre ambas secciones (L_{12}); en el siguiente apartado 1.2.2 se describe el proceso de cálculo que plantea HEC-RAS. La obtención de las pérdidas de carga localizadas se muestra en 1.2.1.6.

Como es sabido, la suma (1) de los tres términos, en cada miembro, representa la energía mecánica total por unidad de peso del flujo en cada sección, y tiene dimensiones de longitud. La suma de los términos de cota y presión constituye la energía piezométrica y, en su representación gráfica, la línea piezométrica, mientras que la suma de los tres términos define la energía mecánica total y, gráficamente, la línea de energía.

Si bien una de las hipótesis básicas es la unidimensionalidad del flujo, HEC-RAS permite representar la sección caracterizándola según las llanuras de inundación derecha (*right over bank*) e izquierda (*left over bank*), separadas ambas por el cauce principal (*main channel*). Así, cada una de dichas partes hay que describirla con su valor del coeficiente de Manning y su distancia a la sección inmediatamente aguas abajo.

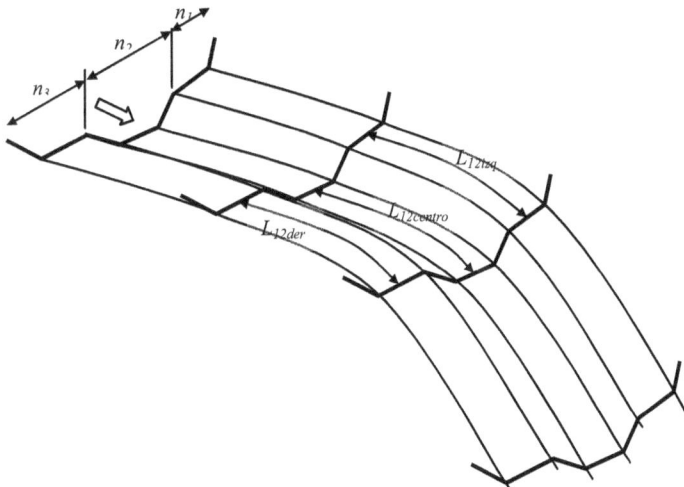

Figura 2. División por defecto de las secciones en HEC-RAS. Fuente: (HEC 2002)

1.2.1.1 Pendiente motriz. Ecuación de Manning

HEC-RAS calcula las pérdidas de carga continuas a partir de la fórmula de Manning:

$$I = \frac{n^2 \cdot v^2}{R_h^{\frac{4}{3}}} \tag{3}$$

Esta ecuación puede escribirse en función del caudal:

$$I = \frac{n^2}{R_h^{\frac{4}{3}}} \cdot \frac{Q^2}{A^2} \tag{4}$$

De donde se define el factor de transporte (K):

$$I = \frac{Q^2}{K^2} \tag{5}$$

$$K = \frac{R_h^{\frac{4}{3}} \cdot A}{n} \tag{6}$$

Estas expresiones se obtienen a partir de los valores de calado y velocidad particularizados a una cierta sección. Es decir, corresponde a los valores puntuales en ella. En general, la resolución numérica del perfil de la superficie libre, ya sea a partir de HEC-RAS o de cualquier otro modelo, se establece a partir de la hipótesis de que la energía que se disipa entre dos secciones se puede estimar a partir de las respectivas pendientes motrices.

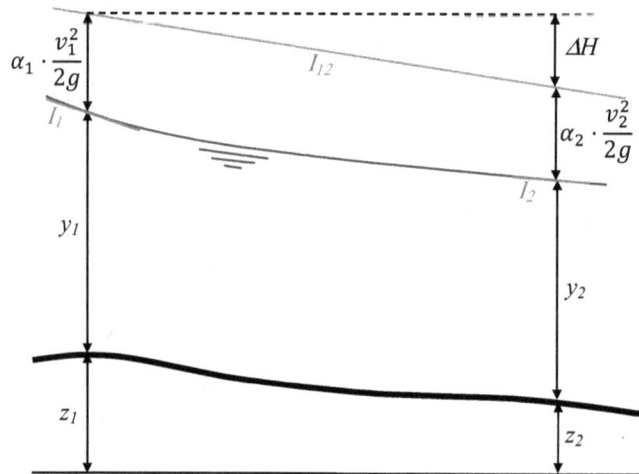

Figura 3. Interpretación de la pendiente motriz en cada sección.

HEC-RAS permite estimar dicha pendiente motriz I_{12} a partir de distintas ponderaciones:

Ecuación de factor de transporte medio: $I = \left(\frac{Q_1 + Q_2}{K_{T1} + K_{T2}}\right)^2$ \hfill (7)

Media aritmética: $I_{12} = \frac{I_1 + I_2}{2}$ \hfill (8)

$$\text{Media geométrica: } I_{12} = \sqrt{I_1 \cdot I_2} \tag{9}$$

$$\text{Media armónica: } I_{12} = \frac{2 \cdot I_1 \cdot I_2}{I_1 + I_2} \tag{10}$$

Si bien el método más común es el de la media aritmética, cada uno resulta idóneo para diferentes casos. HEC-RAS permite la opción de que él mismo seleccione el método más idóneo para cada caso.

1.2.1.2 Factor de transporte *K*

Se calcula subdividiendo la sección en aquellos tramos en donde cambie el coeficiente de Manning. Por defecto cambia en las llanuras derecha e izquierda y el canal principal. Puede imponerse que cambie en más puntos.

Puede establecerse que calcule *K* entre cada dos puntos de la sección (aunque no cambie *n*: método que usaba antiguamente HEC2).

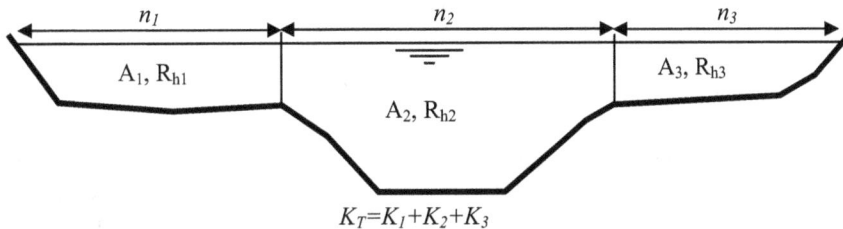

Figura 4. Distribución de la sección para obtener el factor de transporte K_T. Fuente: (HEC 2002)

La tendencia es que el método por defecto de HEC-RAS da resultados del lado de la seguridad (mayores niveles).

1.2.1.3 Longitud ponderada aguas abajo

La longitud L_{12} entre las dos secciones de cálculo se obtiene como valor ponderado de las distancias respectivas, desde cada parte, de la sección a la que se encuentra aguas abajo con el reparto de caudales en cada una de dichas porciones.

$$I_{12} = \frac{L_{12izq} \cdot Q_{12izq} + L_{12centr} \cdot Q_{12centr} + L_{12der} \cdot Q_{12der}}{Q_T} \tag{11}$$

El reparto de caudales se determina según el área activa de flujo en cada zona de la sección transversal.

1.2.1.4 Ponderación del coeficiente de Manning en el cauce central

Igualmente, el coeficiente de fricción de Manning se divide, por defecto, en las tres partes citadas (llanura derecha e izquierda y el canal principal), aunque en este caso puede configurarse para tener en cuenta más puntos de cambio dentro de la sección (opción *horizontal variation in* n *values*). El flujo en el cauce principal sólo se subdivide cuando el coeficiente de fricción cambia dentro de él. Sólo en dos casos el programa obtiene un valor equivalente del coeficiente de Manning dentro del cauce principal:

1) Si la pendiente transversal del cauce principal es superior a 5 h:1 v
2) Si el coeficiente de fricción varía dentro del cauce principal.

En tal caso, HEC-RAS debe calcular un valor global del coeficiente de Manning para toda la sección. Se utiliza la ponderación con el perímetro mojado:

$$n_{\text{Total}} = \left[\frac{\sum_{i=1}^{N} P_i \cdot n_i^{1.5}}{P_{\text{Total}}}\right]^{\frac{2}{3}} \tag{12}$$

Donde:

- P_i es el perímetro mojado de de la porción *i* de la sección.

- n_i es el coeficiente de Manning de la porción *i* de la sección.

- P_{Total} es el perímetro mojado de la sección completa.

- N es el número de partes en las que se divide el cauce central.

1.2.1.5 Coeficiente de Coriolis

Como es obvio por el propio concepto de coeficiente de Coriolis, se utiliza en HEC-RAS una mera aproximación al mismo. De hecho, en realidad se trata de un procedimiento que permite ponderar la energía cinética dentro de la sección. Ello resulta necesario en el momento en que se acepta la distribución del caudal en las tres zonas en que se divide ésta.

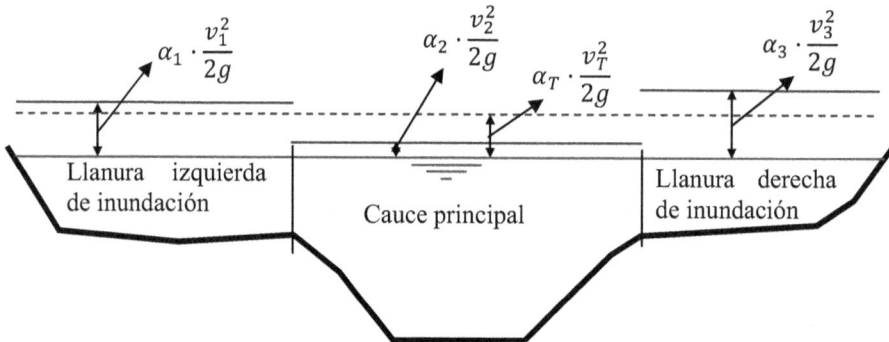

Figura 5. Valor ponderado de la energía cinética..

Todo el proceso se basa en establecer la siguiente relación:

$$\alpha_T \cdot \frac{v_T^2}{2g} = \frac{\sum_{i=1}^{3} Q_i \cdot \frac{v_i^2}{2g}}{\sum_{i=1}^{3} Q_i} \tag{13}$$

Despejando el coeficiente α_T:

$$\alpha_T = \frac{\sum_{i=1}^3 Q_i \cdot v_i^2}{Q_i \cdot v_T^2} \tag{14}$$

Substituyendo convenientemente por el factor de transporte (ver Eq. (5)):

$$\alpha_T = \frac{\sum_{i=1}^3 \frac{K_i^3}{A_i^2}}{\frac{K_T^3}{A_T^2}} \tag{15}$$

Donde:

- K_1, K_2 y K_3 son el factor de transporte de la llanura de inundación izquierda, cauce central y llanura derecha.

- A_1, A_2 y A_3 son las áreas correspondientes a cada una de dichas zonas.

- K_T es el factor de transporte total de la sección.

- A_T es el área total de la sección.

1.2.1.6 Pérdidas de carga localizadas

Las pérdidas de carga localizadas que considera por defecto son pérdidas por ensanchamiento y contracción. La metodología de cálculo es como sigue (HEC 2002):

$$\Delta H_{Local} = \lambda \cdot \left| \alpha_2 \cdot \frac{v_2^2}{2g} - \alpha_1 \cdot \frac{v_1^2}{2g} \right| \tag{16}$$

Donde λ es el coeficiente de pérdidas de carga localizadas. Por defecto HEC-RAS considera λ=0.1 si hay una contracción de sección y λ=0.3 en el caso de ensanchamiento en el sentido del flujo.

El programa asume cualquier aumento de velocidad en el sentido del flujo como una contracción y cualquier disminución de la velocidad como un ensanchamiento. Es decir, incluso en el caso de un canal prismático bajo condiciones de flujo gradualmente variado, HECRAS asume las pérdidas de carga localizadas por contracción y ensanchamiento por el mero hecho de darse un cambio en la velocidad. En tal caso particular (canal prismático) puede ser recomendable imponer que dichos coeficientes sean nulos.

1.2.1.7 Concepto de energía específica. Régimen crítico, subcrítico y supercrítico

Del trinomio de Bernoulli se puede definir el concepto de energía específica:

$$E = y + \alpha \cdot \frac{v^2}{2g} \tag{17}$$

Si se escribe la velocidad en función del caudal y del área mojada, se aprecia que la energía específica en una sección depende del calado y del caudal circulante:

$$E = y + \alpha \cdot \frac{Q^2}{2 \cdot A^2(y) \cdot g} \tag{18}$$

Así pues, si se considera el caudal constante, se puede estudiar cómo varía la energía específica en función del calado.

Se demuestra (Sánchez-Juny, Bladé y Puertas, 2005) que esta curva es asintótica al eje horizontal, es decir, que para calados cercanos a cero la energía específica tiende a infinito, pues, en dicho caso, la velocidad del flujo tiende a infinito, y en cambio para calados muy grandes la energía específica es asintótica a la bisectriz del primer cuadrante, es decir, debido a que para calados muy grandes la velocidad del flujo tiende a cero, entonces la energía específica tiende al propio calado.

Dichas tendencias asintóticas implican la existencia de un calado al que le corresponde un valor mínimo de la energía específica. Se llega a demostrar (Sánchez-Juny, Bladé y Puertas, 2005) que dicho calado corresponde al valor:

$$\frac{v^2}{g \cdot \frac{A}{B}} = 1 \quad \textit{Régimen crítico} \tag{19}$$

Se define el número de Froude como

$$Fr^2 = \frac{v^2}{g \cdot \frac{A}{B}} \tag{20}$$

Por lo que se termina concluyendo que el régimen crítico corresponde un valor del número de Froude igual a la unidad:

$$Fr^2 = 1 \quad \textit{Régimen crítico} \tag{21}$$

Igualmente es fácil verificar que a los calados mayores que el calado crítico les corresponden números de Froude inferiores a la unidad. Dicho caso se define como régimen *subcrítico* o *lento*. Por otro lado, a calados inferiores al crítico les corresponden números de Froude superiores a la unidad. Se define así el régimen *supercrítico* o *rápido*.

$$Fr^2 < 1 \quad \textit{Régimen subcrítico o lento} \tag{22}$$
$$Fr^2 > 1 \quad \textit{Régimen supercrítico o rápido} \tag{23}$$

se puede justificar (Puertas y Sánchez-Juny, 2000) que en régimen subcrítico, al ser el número de Froude inferior a la unidad, cualquier perturbación provocada sobre el flujo puede desplazarse tanto aguas arriba como aguas abajo, mientras que en el caso de régimen supercrítico dicha información sólo puede propagarse aguas abajo. Ello tendrá una gran trascendencia para entender la localización de las condiciones de contorno para iniciar el cálculo de la superficie libre (ver Ap. 1.2.1.13).

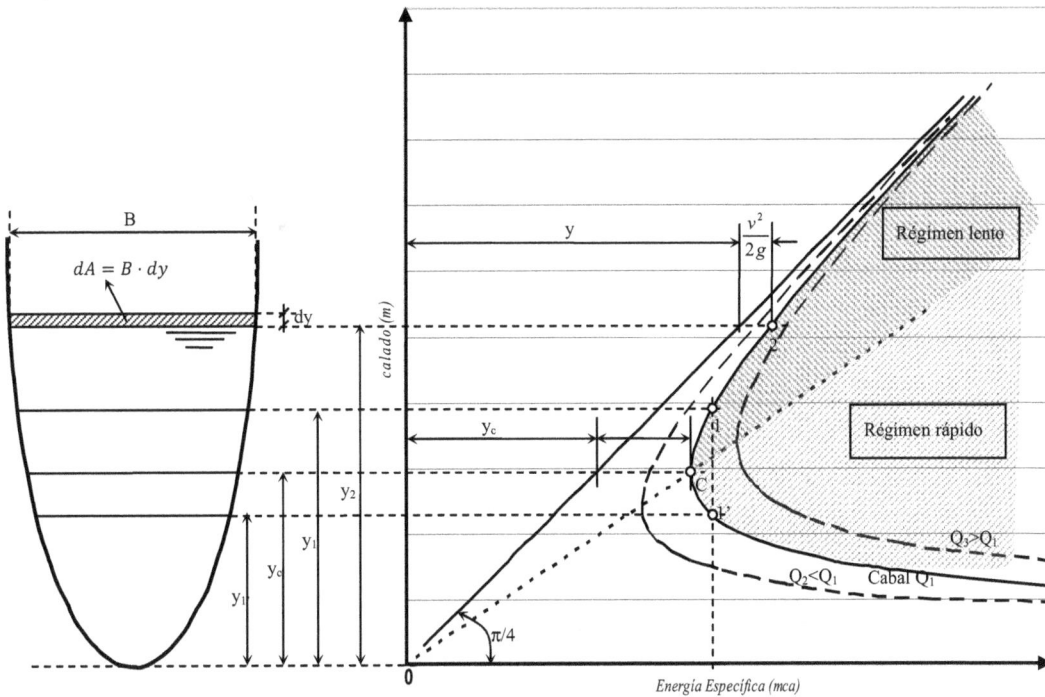

Figura 6. Variación de la energía específica en un canal, en régimen gradualmente variado, para un caudal dado.

1.2.1.8 Ecuación de la cantidad de movimiento

En el caso de que la superficie libre del agua pase por el régimen crítico, el flujo deja de ser gradualmente variado y pasa a ser rápidamente variado. En dicha situación la ecuación de la energía deja de ser aplicable. Dichos casos corresponden a ciertos cambios en la pendiente del cauce, contracciones bruscas provocadas por la presencia de puentes, estructuras de aforo o confluencias de flujos. En tales circunstancias, HEC-RAS utiliza o expresiones empíricas (como en el caso de las estructuras de aforo) o la ecuación de la cantidad de movimiento, también llamada de *momentum*. Así, fundamentalmente, la ecuación de *momentum* se utiliza en el caso del análisis de resalto hidráulico, del estudio de confluencia de flujos y en la hidráulica de puentes.

La ecuación de cantidad de movimiento o de *momentum* se obtiene de aplicar la segunda ley de Newton aplicada en la dirección del movimiento a un volumen de control como el delimitado entre las secciones 1 y 2 de la figura 7. Así se obtiene (Sánchez-Juny, Bladé y Puertas, 2005):

$$P_{2x} - P_{1x} + W_x - F_f = \rho \cdot Q \cdot (\beta_2 \cdot v_2 - \beta_1 \cdot v_1) \tag{24}$$

Donde:

- P_{1x} y P_{2x} son, respectivamente, las componentes en la dirección del movimiento de la resultante de la distribución de presiones hidrostáticas en las secciones 1 y 2.

- W_x es la componente del peso del volumen de control en la dirección del movimiento.

- F_f es la fricción del flujo en movimiento sobre el contorno entre las secciones 1 y 2.

- Q es el caudal circulante.

- ρ es la densidad del agua.

- v_1 y v_2 son, respectivamente las velocidades medias del flujo en las secciones 1 y 2.

- β_1 y β_2 son, respectivamente, los coeficientes de Boussinesq de las secciones 1 y 2.

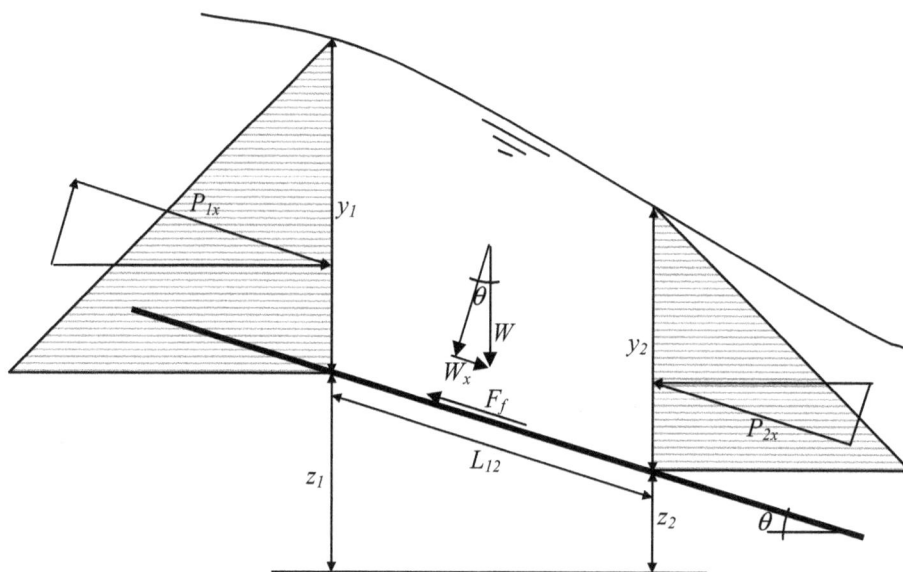

Figura 7. Fuerzas actuantes sobre el volumen de control definido entre dos secciones cualesquiera 1 y 2.

1.2.1.9 Presión hidrostática

La resultante de la presión hidrostática sobre cada sección, en la dirección del movimiento, vale:

$$P_{ix} = \gamma \cdot A_i \cdot \overline{Y}_i \cdot \cos \theta \quad donde \; i = 1,2 \tag{25}$$

Donde:
- A_i corresponde al área mojada de las secciones 1 y 2.

- $\overline{Y}_i$ es la profundidad, medida desde la superficie libre del agua, del centro de gravedad de la sección 1 y 2.

- γ es el peso específico del agua.

- θ es el valor del ángulo del canal con la horizontal.

La hipótesis de distribución hidrostática de presiones es sólo válida para pendientes inferiores a 1v:10h, que corresponde a ángulos inferiores a 6° y que en dicho caso da valores de cos $\theta \approx 1$. De esta manera el empuje hidrostático sobre cada sección resulta:

$$P_1 = \gamma \cdot A_1 \cdot \overline{Y}_1 \tag{26}$$

$$P_2 = \gamma \cdot A_2 \cdot \overline{Y}_2 \tag{27}$$

1.2.1.10 Peso del volumen de control

La componente del peso se puede expresar en función de las áreas de las secciones 1 y 2 como sigue:

$$W_x = \gamma \cdot \left(\frac{A_1 + A_2}{2}\right) \cdot L_{12} \cdot \sin\theta \tag{28}$$

Donde ahora L_{12} corresponde a la distancia entre las secciones 1 y 2.

El seno del ángulo θ puede escribirse como:

$$\sin\theta = \frac{z_2 - z_1}{L_{12}} = i_{12} \tag{29}$$

Que coincide con el valor de la pendiente geométrica media i_{12} entre ambas secciones. De manera que el valor de la componente del peso se puede terminar escribiendo:

$$W_x = \gamma \cdot \left(\frac{A_1 + A_2}{2}\right) \cdot L_{12} \cdot i_{12} \tag{30}$$

1.2.1.11 Fricción sobre el contorno

La fricción del flujo sobre el contorno entre las secciones 1 y 2 vale:

$$F_f = \tau \cdot \overline{P_{12}} \cdot L_{12} \tag{31}$$

Donde:
- $\overline{P_{12}}$ corresponde al perímetro mojado medio entre las secciones 1 y 2.

- τ es la tensión tangencial media sobre el contorno.

Planteando un balance de fuerzas puede demostrarse (Sánchez-Juny, Bladé y Puertas, 2005) que el valor de la tensión tangencial media sobre el contorno puede obtenerse a partir de:

$$\tau = \gamma \cdot \overline{R_{h12}} \cdot I_{12} \tag{32}$$

Siendo:
- $\overline{R}_{h12}$ el radio hidráulico medio entre 1 y 2.

- I_{12} la pendiente motriz media entre 1 y 2.

Así resulta:

$$F_f = \gamma \cdot \left(\frac{A_1 + A_2}{2} \cdot \frac{1}{\overline{P_{12}}}\right) \cdot I_{12} \cdot \overline{P_{12}} \cdot L_{12} \tag{33}$$

Y simplificando

$$F_f = \gamma \cdot \left(\frac{A_1 + A_2}{2}\right) \cdot I_{12} \cdot L_{12} \tag{34}$$

1.2.1.12 Coeficiente de Boussinesq

Teniendo en cuenta, en general, la descomposición de la sección que considera HEC-RAS en canal principal y llanuras de inundación derecha e izquierda, de manera análoga a la que se ha permitido obtener el valor aproximado del coeficiente de Coriolis en la ecuación (15), para determinar el coeficiente de Boussinesq, hay que partir de:

$$\beta_T \cdot v_T = \frac{\sum_{i=1}^{3} Q_i \cdot v_i}{Q_T} \tag{35}$$

Despejando el coeficiente β_T:

$$\beta_T = \frac{\sum_{i=1}^{3} Q_i \cdot v_i}{Q_T \cdot v_T} \tag{36}$$

Substituyendo convenientemente por el factor de transporte K (ver Eq. (5)):

$$\beta_T = \frac{\sum_{i=1}^{3} \dfrac{K_i^2}{A_i}}{\dfrac{K_T^2}{A_T}} \tag{37}$$

Donde los valores de las distintas variables son equivalentes a las de la expresión (15).

1.2.1.13 Condiciones de contorno

Fijar las condiciones de contorno en la determinación de la lámina libre en un canal o río es una de las cuestiones transcendentales a la hora de obtener una buena estimación. Conocer la condición de contorno implica conocer el nivel de la lámina de agua en una cierta sección del río o canal a estudiar. La localización de dicha sección depende del flujo que se establezca. Así, se comprende que para establecer la condición de contorno será necesario, como mínimo, intuir el tipo de régimen que se formará:

- Si el régimen es rápido o supercrítico, será necesario conocer el calado en el extremo aguas arriba.
- Si el régimen es rápido o subcrítico, el calado deberá darse en el extremo aguas abajo.
- Si el canal o río a estudiar tiene tramos en régimen lento y otros en rápido, será necesario fijar el calado en los extremos aguas arriba y aguas abajo.

1.2.2 Metodología de cálculo: método paso a paso

Dadas dos secciones contiguas distantes Δx, como se esquematiza en la figura 8, entre ambas se puede plantear el balance de energía a partir del trinomio de Bernoulli como se ha expresado en la ecuación (1).

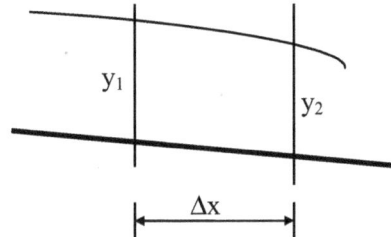

Figura 8. Nomenclatura típica de las secciones usada para el cálculo de la superficie libre.

Ya que sólo se conoce el comportamiento hidráulico de las secciones en que se ha discretizado el tramo a estudiar (figura 8), una manera explícita de escribir los valores representativos tanto de la velocidad como del coeficiente de Manning, como del factor de transporte (6) del tramo comprendido entre las secciones 1 y 2, es hacerlo a partir de la media, ya sea aritmética (7), geométrica (8) o armónica (9), de los valores correspondientes a la pendiente motriz de ambas secciones. La media que se utiliza comúnmente es la aritmética, a pesar de que se puede configurar HEC-RAS para que seleccione el método más adecuado en función del perfil de la lámina de agua que se esté calculando.

A partir de aquí si, por ejemplo, se conoce la condición de contorno en la sección 1 (y_1) y se pretende calcular el perfil de la superficie libre aguas abajo, es necesario proceder como sigue: supuesto conocido el calado en la sección 1 (y_1) se asume un valor y_2^* a partir del que se puede determinar el área mojada correspondiente $A_2(y_2^*)$ y, con ella, la velocidad media $v_2(y_2^*)$ y su radio hidráulico $R_{h2}(y_2^*)$ y factor de transporte $K_2(y_2^*)$ (ec. (6)). Así se puede determinar su pendiente motriz $I_2(y_2^*)$ y, obviamente, las pérdidas de energía entre las secciones 1 y 2, $\Delta H_{12}(y_2^*)$ dadas por la ecuación (2). Substituyendo en el balance de energía (1), se puede verificar si los dos miembros calculados son realmente iguales. En caso afirmativo, el proceso finaliza, y en caso contrario es necesaria una nueva iteración. El problema consiste en determinar un nuevo valor de y_2 para poder continuar con el proceso iterativo.

En general, sea cual sea la sección en la que se conoce el calado, la expresión (1) se puede escribir:

$$H(y_1) = H(y_2) + \varepsilon \cdot \Delta H_{12}(y_2) \tag{38}$$

Donde,
- si el régimen es rápido, $\varepsilon = 1$ y el extremo 1 es el extremo aguas arriba

- si el régimen es lento, $\varepsilon = -1$ y el extremo 1 es el extremo aguas abajo.

En la figura 9 se muestra un esquema en el que se resume el proceso de cálculo que sigue HEC-RAS para la resolución de la ecuación del balance de energía.

En particular, la primera iteración que realiza el algoritmo diseñado para HEC-RAS parte de la proyección del calado conocido en la primera sección sobre la siguiente. Ello permite calcular un primer valor del calado en ésta, que tendrá un cierto error:

$$e = (z_2 + y_2)^{calculado} - (z_2 + y_2)^{asumido} \tag{39}$$

$$H(y_1) = H(y_2) + \varepsilon \cdot \left[I \cdot L_{12} + \lambda \cdot \left| \alpha_2 \cdot \frac{v_2^2}{2g} - \alpha_1 \cdot \frac{v_1^2}{2g} \right| \right]$$

$$y_2^* = y_1$$

$$K(y_2^*) \text{ Ecuación (6)}$$
$$\frac{v^2}{2g}(y_2^*)$$

$$I(y_2^*)$$
Por defecto ecuación (7), aunque puede usarse (8), (9) ó (10)

$$\Delta H_{12}(y_2^*, y_1) = I_{12}(y_2^*, y_1) \cdot L_{12} + \lambda \cdot \left| \alpha_2 \cdot \frac{v^2}{2g}(y_2^*) - \alpha_1 \cdot \frac{v^2}{2g}(y_1) \right|$$

$$H(y_1) = H(y_2) + \varepsilon \cdot \Delta H_{12}(y_2^*, y_1)$$

Obtención de y_2

$$y_2^* = y_2^{asumido,nuevo}$$

$$\xi H(y_1) = H(y_2) + \varepsilon \cdot \Delta H_{12}(y_2, y_1)?$$ SÍ $\Rightarrow$ FIN

NO

Iteración i+1

2ª iteración: $y_2^{asumido,nuevo} = y_2^{asumido} + 0.7 \cdot \left[y_2^{calculado} - y_2^{asumido} \right]$

3ª iteración y siguientes: $y_{2,i}^{asumido,nuevo} = y_{2,i-2}^{asumido} - e_{i-2} \cdot \dfrac{e_{asumido}}{e_{dif}}$

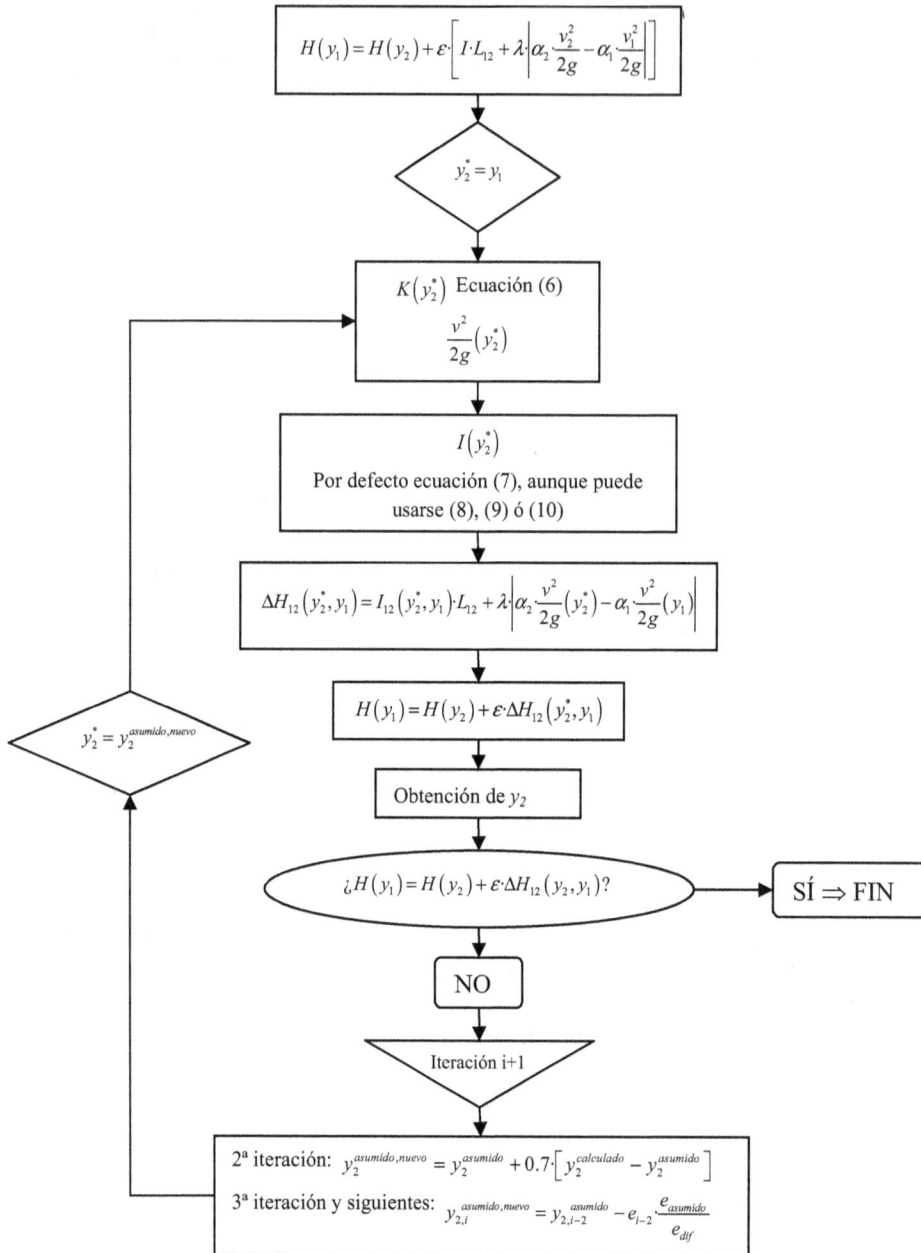

Figura 9. Procedimiento de cálculo seguido por HEC-RAS para la resolución del balance de energía (1) entre dos secciones consecutivas.

La segunda iteración empieza con el calado asumido en la primera, más un 70% del valor del error producido en dicha iteración (39). La tercera y siguientes iteraciones se llevan a cabo mediante el método de la secante. Éste consiste en proyectar una proporción de la diferencia obtenida entre los niveles de agua calculados y asumidos en las dos iteraciones anteriores.

$$(z_2 + y_2)_i^{asumido} = (z_2 + y_2)_{i-2}^{asumido} - e_{i-2} \cdot \frac{e_{asumido}}{e_{dif}} \tag{40}$$

Donde,

- $(z_2 + y_2)_i^{asumido}$ es la nueva cota de la lámina de agua asumida.

- $(z_2 + y_2)_{i-1}^{asumido}$ corresponde a la cota de la lámina de agua asumida en la iteración anterior.

- $(z_2 + y_2)_{i-2}^{asumido}$ es la cota de la lámina de agua asumida en la iteración i-2.

- $e_{i-2} = (z_2 + y_2)_{i-2}^{calculado} - (z_2 + y_2)_{i-2}^{asumido}$ se determina a partir de la diferencia entre la lámina de agua calculada menos la asumida en la iteración i-2.

- $e_{asumido} = (z_2 + y_2)_{i-2}^{asumido} - (z_2 + y_2)_{i-1}^{asumido}$ es la diferencia entre las láminas de agua asumida en las dos iteraciones previas.

- $e_{dif} = (z_2 + y_2)_{i-1}^{asumido} - (z_2 + y_2)_{i-1}^{calculado} + e_{i-2}$ es la diferencia entre la lámina de agua asumida en la iteración anterior menos la calculada en dicha iteración más el error resultante de dos iteraciones anteriores.

El cambio de una iteración a la anterior se limita a un máximo del 50% del calado asumido en la iteración anterior. Cabe tener en cuenta que el método de la secante puede no converger si el parámetro e_{dif} es menor que 10^{-2}. En tal caso, HEC-RAS calcula la nueva superficie libre realizando una media de la lámina de agua asumida y la calculada en la iteración anterior.

HEC-RAS está limitado a un máximo número de iteraciones (20 por defecto, pudiéndose aumentar hasta 40). De todas ellas determina el valor de la lámina de agua que da menor error entre los valores asumidos previamente y los calculados. A dicho valor, lo llama el programa *lámina de agua de mínimo error*. Dicho valor tiene importancia en el caso en que el balance de energía no converja en el máximo número de iteraciones, tal y como se resume en el diagrama de la figura 10.

Cuando, dentro del número establecido de iteraciones del proceso, se obtiene una lámina de agua que equilibra el balance de energía entre dos secciones consecutivas cualesquiera, el programa comprueba que el calado obtenido corresponda al tipo de régimen requerido por el usuario (p. ej. un calado mayor que el crítico si se prevé obtener un perfil subcrítico). En caso contrario, se asume en dicha sección el propio calado crítico y, en tal caso, el programa envía un aviso al respecto.

Cabe indicar que el usuario es convenientemente avisado siempre que el programa asume el calado crítico en alguna sección. Los motivos que lo provocan pueden ser:

- Distancias entre secciones excesivamente grandes
- Mala representación de las zonas de flujo efectivo en la sección transversal
- El proceso no ha encontrado una solución que resuelva el balance de energía en el tipo de flujo inicialmente previsto por el usuario

En el caso de un perfil subcrítico, para determinar si el resultado del calado obtenido corresponde a dicho régimen, HEC-RAS calcula el número de Froude asociado. El número de Froude se calcula tanto para el canal principal como para la sección completa. Si alguno de los dos números calculados es superior a 0.94, entonces el programa analiza el flujo calculando con mayor precisión el calado crítico (ver apartado 1.2.3). Se utiliza un número de Froude de 0.94 en lugar de 1.00, ya que el cálculo de número de Froude en canales irregulares no es muy preciso. Así, se entiende que utilizar un valor de 0.94 es conservador, por lo que el programa calculará el calado crítico más a menudo de lo necesario.

Para un perfil supercrítico, HEC-RAS calcula el calado crítico automáticamente en todas las secciones transversales. Ello permite una comparación directa entre la lámina de agua obtenida del balance de energía y la correspondiente al calado crítico, y así se asegura que la solución obtenida corresponde realmente al régimen supercrítico.

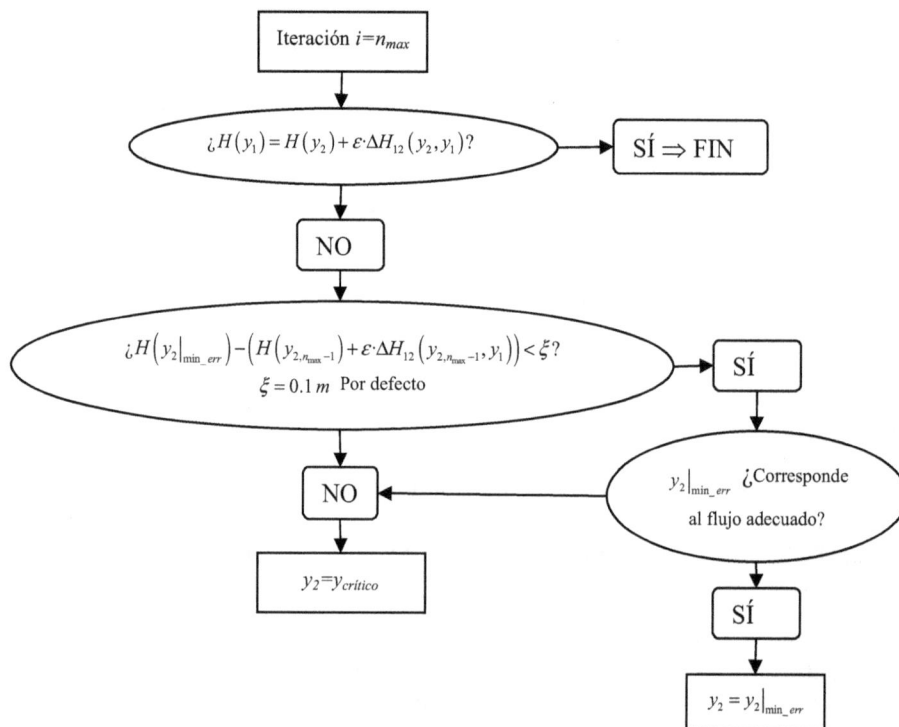

Figura 10. Procedimiento de cálculo seguido por HEC-RAS cuando se alcanza el máximo número de iteraciones posible en la resolución del balance de energía entre dos secciones consecutivas.

1.2.3 Determinación del calado crítico

HEC-RAS calculará el calado crítico en una cierta sección siempre que:

1. Se requiera explícitamente por el usuario

2. Se especifique que el cálculo se desarrollará en régimen supercrítico o rápido.

3. El programa no pueda establecer el balance de energía dentro de la tolerancia especificada por el usuario en el número de iteraciones fijado.

4. En un perfil subcrítico el control que se establece a partir del cálculo del número de Froude ($Fr \geq 0.94$) indica la necesidad de calcularlo para verificar que, en dicha sección, no se desacople el flujo (sección de control).

5. Concluya la necesidad de establecer una sección en la que se desacoplen los flujos aguas arriba y aguas abajo (sección de control).

La energía total en una cierta sección se ha establecido a partir del trinomio de Bernoulli:

$$H = z + y + \alpha \cdot \frac{v^2}{2g} \qquad (41)$$

Por otro lado, se ha definido el calado crítico como aquel en que dicha energía alcanza un mínimo[2] (mínima energía específica en una sección para un cierto caudal dado, ver figura 6). Así, HEC-RAS determina el calado crítico a partir de un procedimiento iterativo, según el cual se suponen unos valores de la elevación de la superficie libre $y+z$, para los que se calcula el valor de la energía en dicha sección a partir de la ecuación (17), hasta que se alcanza el valor mínimo.

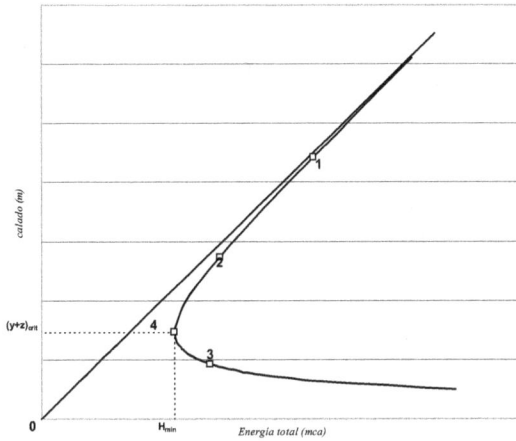

Figura 11. Energía específica frente al calado para un caudal dado.

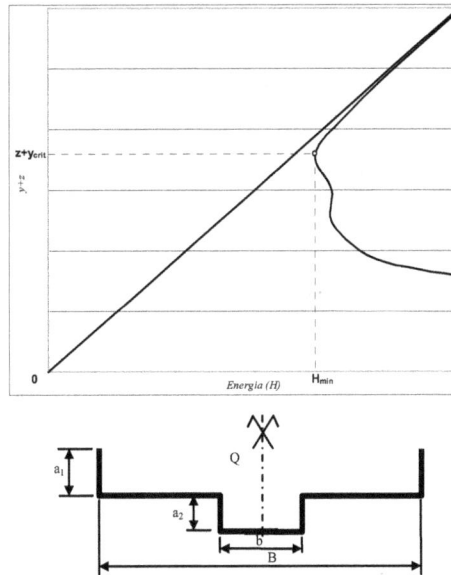

Figura 12. Curva de energía específica frente al calado para un caudal dado en el caso de una sección que conduce a la existencia de dos mínimos relativos.

---

[2] Ya que la cota de fondo z se define en una determinada sección como el punto más bajo de la misma, y dicho valor es fijo, la energía total también será mínima en régimen crítico.

En el anterior apartado 1.2.1.7 se ha definido el concepto de energía específica y su relación con el régimen crítico. La curva de variación de la energía específica en función del calado para un caudal dado (ver figura 11) puede variar sensiblemente en función de la geometría de la sección. Así, hay secciones para las que la curva de energía específica presenta más de un mínimo relativo. En la figura 12 se ilustra el caso de una sección típica con un cauce de aguas bajas y otro para aguas altas. Tales secciones, en función del caudal pueden presentar dos mínimos relativos. Ciertas secciones más irregulares pueden llegar a presentar hasta tres mínimos relativos. En cualquier caso el valor del calado crítico se define como aquel al que corresponda una mínima energía específica.

HEC-RAS dispone de dos métodos distintos para estimar el calado crítico: el método parabólico y el método de la secante.

1.2.3.1 Método parabólico para el cálculo del calado crítico

Este es el método más rápido y el que el programa adopta por defecto, pero sólo permite determinar un único crítico. Si se utiliza el método parabólico en una sección con una curva de energía específica con múltiples mínimos relativos, convergerá al primer mínimo que encuentre, que puede no ser el correspondiente al régimen crítico. En tal caso, habría que recurrir al método de la secante.

El método parabólico consiste en determinar los valores de la energía H correspondientes a tres valores de la superficie libre $z+y$, situados a intervalos iguales $\Delta(z+y)$. El valor de z+y correspondiente a la mínima energía H, definido por la parábola ajustada con los tres puntos iniciales, se toma como punto de partida para una segunda iteración del proceso. HEC-RAS asume que el valor del calado crítico se alcanza cuando la diferencia de las estimaciones realizadas en dos iteraciones consecutivas es inferior a 0.003 m tanto de los valores del calado como de las energías asociadas.

1.2.3.2 Método de la secante para el cálculo del calado crítico

El método consiste en crear una tabla de 30 valores de cota de la lámina de agua frente a la energía asociada. HEC-RAS toma entre 30 valores de la superficie libre equiespaciados en la sección, dependiendo de si la altura máxima en toda la sección (del punto más elevado al más bajo) es menor a 1.5 veces la máxima altura del canal principal (del punto límite del canal principal más alto al punto más bajo de la sección). Si es mayor que 1.5 veces, el método toma 25 valores equiespaciados en la zona correspondiente al canal principal y los 5 restantes desde el canal principal al punto más alto de la sección. El programa busca entonces un punto que dé un valor de energía inferior al de los dos adyacentes en dicho punto, mediante el método de la secante. HEC-RAS puede repetir este proceso hasta treinta veces o hasta que determina un valor por debajo de la tolerancia fijada para la determinación del crítico, valor que se toma como el mínimo buscado. El programa puede localizar hasta tres mínimos locales, en tal caso asocia el crítico al valor de la superficie libre que dé menor energía de los tres. Podría suceder también que el programa no encuentre valores mínimos locales, en tal caso utiliza el valor de la superficie libre con menor valor de la energía. Si el calado crítico determinado coincide con el valor más elevado de la sección, probablemente no sea realmente un calado crítico. En tal caso, HEC-RAS considera la misma sección extendiendo verticalmente su altura al doble. El proceso puede continuar hasta doblar cinco veces dicha altura, en tal caso se detiene sin localizar un valor del calado crítico real.

2. Características generales y prestaciones básicas de HEC-RAS

2.1 Antes de empezar a trabajar con HEC-RAS

Para iniciar HEC-RAS, clicar sobre el icono del programa o ir a: Inicio + Programas y buscar el programa.

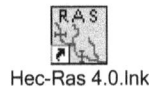

Hec-Ras 4.0.lnk

Figura 1. Icono del programa HEC-RAS 4.0

Puede ser que aparezca un aviso de error, en el caso que el sistema esté configurado para utilizar la coma como separador de los decimales, ya que HEC-RAS utiliza el formato anglosajón de separación de decimales (punto en lugar de coma).

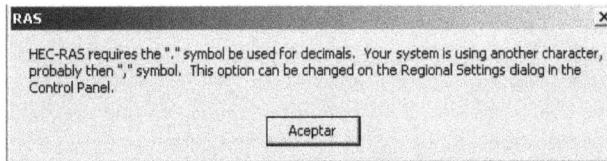

Figura 2. Aviso de HEC-RAS, configuración del punto de separación de los decimales incorrecto

Para solucionarlo:

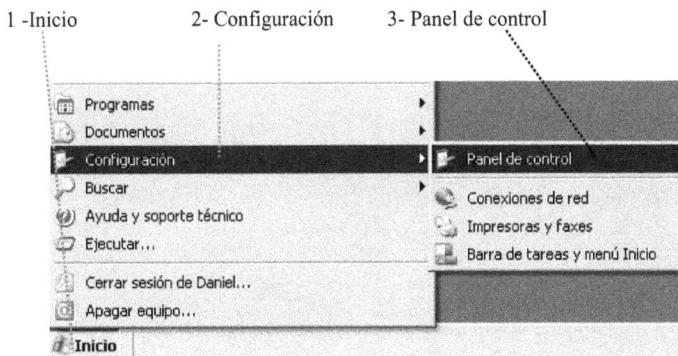

Figura 3. Pasos para entrar en "panel de control" de Windows

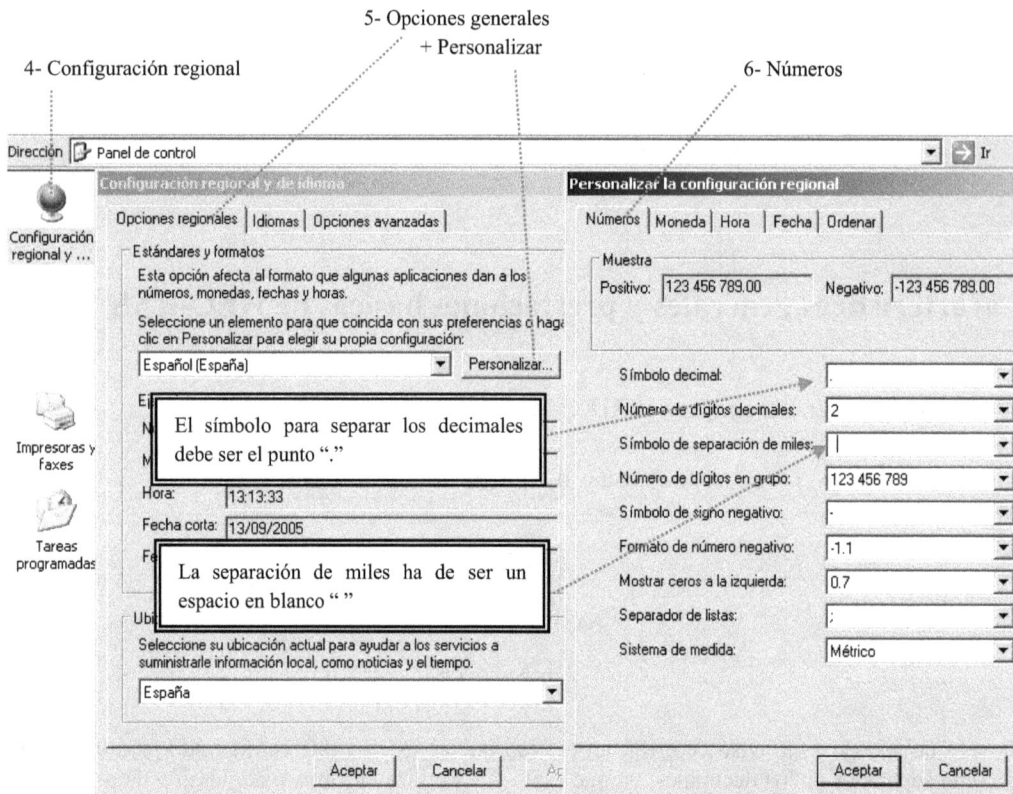

Figura 4. Pasos para cambiar la separación de los decimales de coma a punto

Una vez efectuados estos cambios, al entrar en HEC-RAS, aparecerá la pantalla que se ve a continuación; es recomendable cambiar el sistema de unidades, ya que por defecto el utilizado por el programa es el de los países anglosajones, para ello hay que entrar en *Options* y cambiar el sistema de medida, también es interesante marcar esta posición como fija para fututos proyectos.

Este apartado indica el sistema que se utilizará en el proyecto.

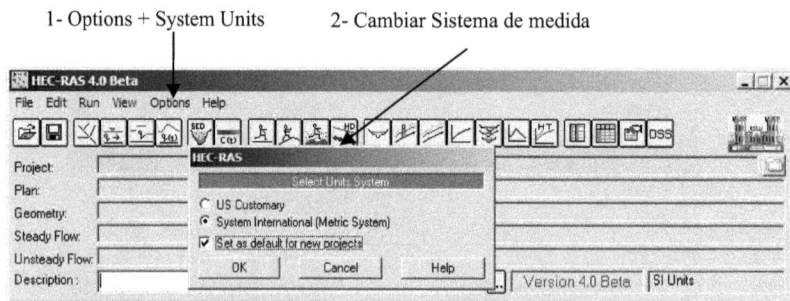

Figura 5. Cambio de sistema de unidades en HEC-RAS

2.1.1 Pantalla de inicio de HEC-RAS

En la Figura 6 se muestra la pantalla de inicio de HEC-RAS con las principales funciones a las que se puede acceder desde ella.

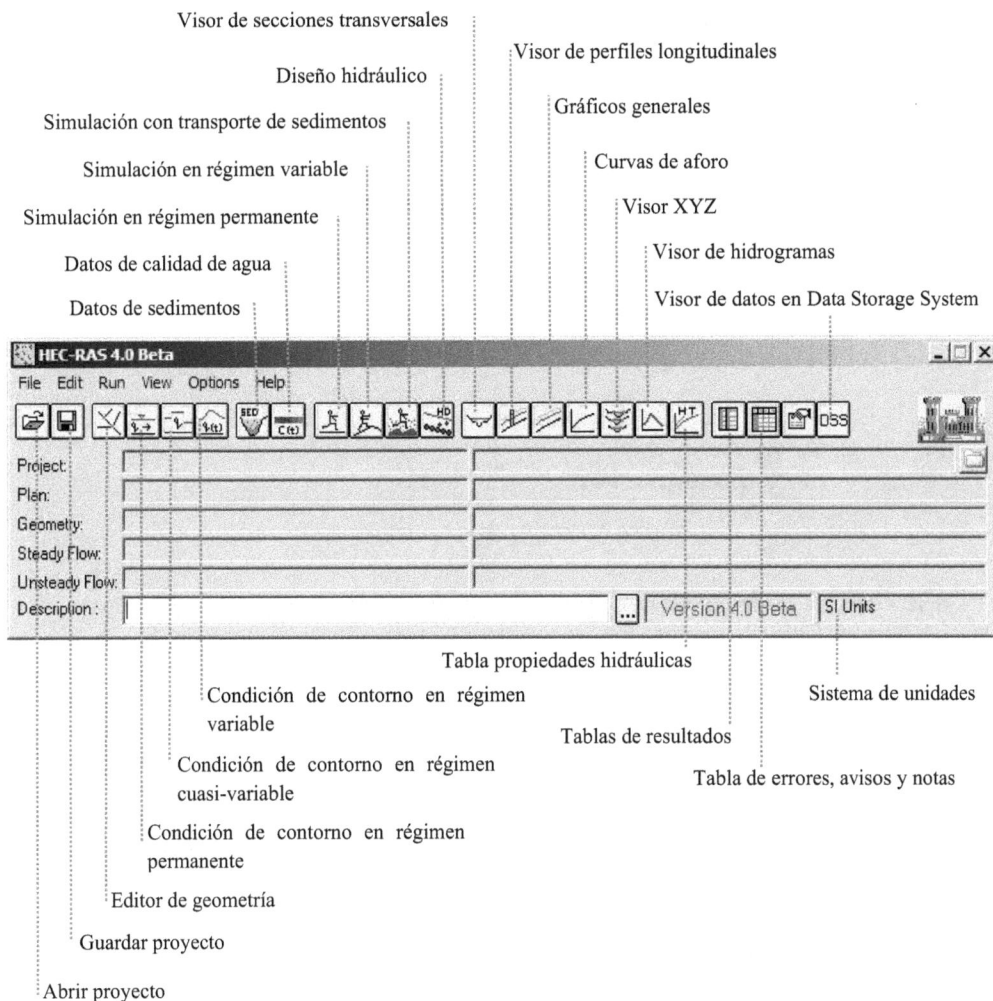

Figura 6. Pantalla de inicio de HEC-RAS.

En este documento se discutirán aquellos aspectos relacionados con la creación de una simulación en régimen permanente.

2.2 Desarrollo de una simulación con HEC-RAS

Los pasos básicos para desarrollar un modelo con HEC-RAS, pueden resumirse en 5 puntos:

1- Iniciar un nuevo proyecto (Ap. 2.2.1).
2- Entrar los datos de la geometría de las secciones (Ap. 2.2.2).
3- Introducir los datos de caudal y las condiciones de contorno (Ap. 2.2.3).

4- Ejecutar los cálculos hidráulicos (Ap. 2.2.4).
5- Visionar (Ap. 2.2.5) y validar los resultados (Cap. 3).

2.2.1 Inicio de un nuevo proyecto

- Antes de iniciar un nuevo proyecto es aconsejable crear una carpeta donde guardar los ficheros creados por HEC-RAS.
- Desde la pantalla principal de HEC-RAS, hay que escoger *File* y después *New Project*, aparecerá una pantalla como la que se muestra a continuación

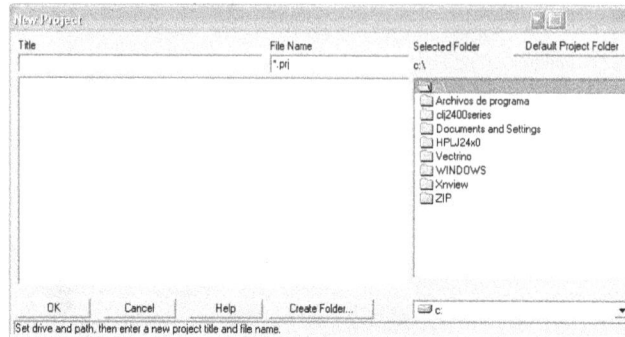

Figura 7. Pantalla de nuevo proyecto

- Seleccionar en la parte derecha de la pantalla la carpeta donde se guardarán los ficheros.
- Escribir en *Title* el nombre que va a tener el proyecto. Se dispone de 40 espacios y se recomienda utilizarlos, para facilitar la identificación del proyecto.
- En *File Name* introducir el nombre del fichero que se abre en este momento; la extensión ha de ser *.prj*. Todos los archivos de HEC-RAS quedan vinculados a este proyecto, tendrán el mismo nombre cambiando la extensión.
- Pulsar OK; si el titulo y el nombre del fichero son correctos aparecerá un mensaje indicando el titulo del proyecto, nombre del fichero y carpeta donde se guardarán. Además indica el sistema de unidades que se utilizará en este proyecto. Si la información es correcta, apretar Aceptar, en caso contrario podemos efectuar los cambios necesarios pulsando Cancelar.
- En la pantalla principal de HEC-RAS aparecerá el nombre del proyecto y el del fichero con su ubicación en el ordenador.

2.2.2 Caracterización de la geometría

2.2.2.1 Definición del esquema básico

En este paso debe definirse la información del río o canal principal, posibles afluentes, forma de las distintas secciones y estructuras hidráulicas posibles (vertederos, puentes, etc.). Para ello debe escogerse *Edit* y después *Geometric Data* en el menú desplegable. También puede utilizarse el editor de geometria de la pantalla principal (ver figura 6).

Aparecerá la pantalla que se ve a continuación, provista de una serie de iconos de utilidades y una zona que estará en blanco si el proyecto es nuevo.

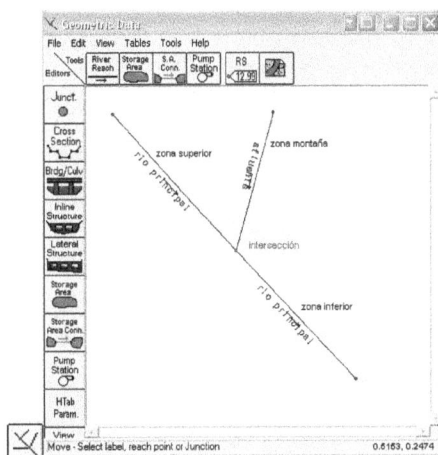

Figura 8. Ventana "Geometric Data"

En primer lugar debe definirse la planta del canal o río de estudio, esquematizando el curso principal y si existen, afluentes y puntos de conexión. Para ello debe apretarse *River Reach*, en ese momento aparecerá un "lápiz", el cual permitirá dibujar la planta.

Manteniendo apretado el botón izquierdo del ratón, el "lápiz" empieza a "escribir". El inicio del dibujo siempre es considerado como el punto aguas arriba del canal; para simular las curvas o posibles variaciones de planta que puedan existir, dejar ir el botón izquierdo y volver a apretar para iniciar un cambio de dirección. Al terminar de dibujar el curso principal, hacer doble clic en el botón izquierdo del ratón. Inmediatamente aparecerá una pantalla que pide el nombre del río *River name* y el nombre de una extensión *Reach name*; un mismo río puede tener varias extensiones en el caso de que existan afluentes, por ejemplo zona superior y zona inferior del río principal.

El esquema en planta del canal o río principal aparecerá en pantalla, además de indicar con una flecha el sentido del flujo.

En el caso de que existan afluentes, volver a *River Reach* y dibujarlo de la misma manera; el programa volverá a pedir nombre y extensión de este afluente y, seguidamente, si se quiere cambiar el nombre del río principal a partir de esa "conexión". En ese caso también pedirá un nombre para la intersección.

Se puede modificar cualquier elemento de los dibujados. Para ello entrar en *Edit*; desde ahí es posible cambiar nombres, mover los objetos del esquema, añadir, modificar o eliminar puntos, cambiar los colores o eliminar elementos.

2.2.2.2 Secciones transversales

Una vez definido el esquema básico del río o canal, es necesario utilizar el editor de secciones que, servirá para modelar la geometría del canal. Las únicas secciones obligatorias son las de inicio y final de cada canal o río (*River*), aunque lógicamente hay que definir también las secciones representativas que marcan diferencias o cambios de sección, solera, pendiente, altura de los cajeros; estructuras hidráulicas como vertedores, puentes, etc., y secciones con entradas o salidas de caudal.

Para utilizar el editor de secciones estando en la pantalla *Geometric Data*, apretar el botón *Cross Section*, aparecerá la pantalla que puede verse en la Figura 9.

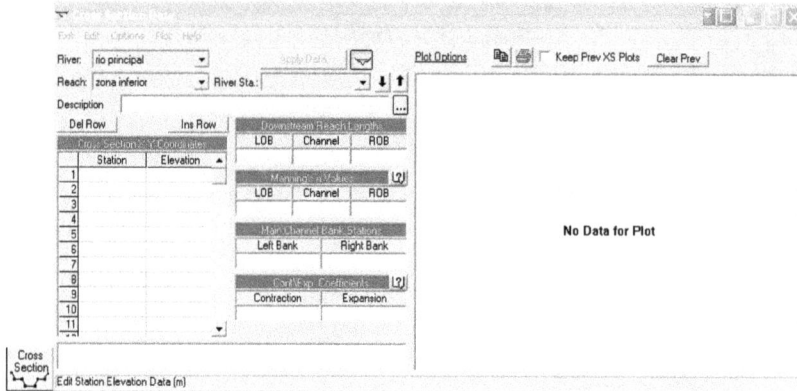

Figura 9. Pantalla para editar secciones "Cross Section Data"

1- Escoger la zona donde estará la sección a editar; para ello hay que situarse en los apartados *River* y *Reach* clicando en las flechas de la derecha.

2- Seleccionar de la barra de menús superior *Options* y escoger *Add a new Cross Section*. El programa solicitará la identificación de la sección dentro de la zona; esta indicación debe ser un número (p.ej.: 1, 1.2, 12.3, 3057....), que servirá al programa para ordenar las distintas secciones, situando la sección con el número más pequeño en el extremo aguas abajo. Una manera práctica para marcar las secciones es numerarlas a partir de una distancia en metros a alguna sección singular que sea fácilmente verificable por el usuario.

3- En *Description* se puede escribir una pequeña indicación que ayude a definir o identificar la sección (sección estrecha, sección baja, etc.).

4- Dentro de la tabla *Cross Section X-Y Coordinates*, se deben introducir los puntos que definen la sección a editar. La información debe indicarse con las coordenadas de cada punto: *Station* (coordenadas horizontales, eje X) y *Elevation* (Coordenadas verticales, eje Y). Para ello hay que suponer un eje de coordenadas, el cual puede estar situado donde se prefiera; una posibilidad práctica es situarlo en el centro de la sección.

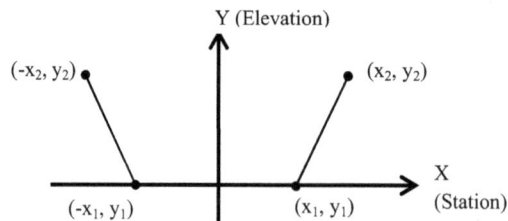

Figura 10. Ejemplo de puntos a definir en un canal trapecial

En la Figura 11 podemos ver los datos que deberían introducirse para la sección inicial y final en un canal trapecial de longitud 2500 m con pendiente constante de $1^0/_{00}$. Las coordenadas de la sección deben introducirse de forma ordenada en sentido antihorario.

5- El apartado *Main Channel Bank Stations* permite subdividir la sección en: llanura de inundación del margen izquierdo, *left overbank* (*LOB*); cauce central, *main chanel* (*Channel*) y llanura de inundación del margen derecho, *right overbank* (*ROB*). Para ello es necesario indicar los puntos del eje X (*Station*), que dividen la sección en las tres zonas, éstos se diferencian en el dibujo de la sección porque se muestran en color rojo.

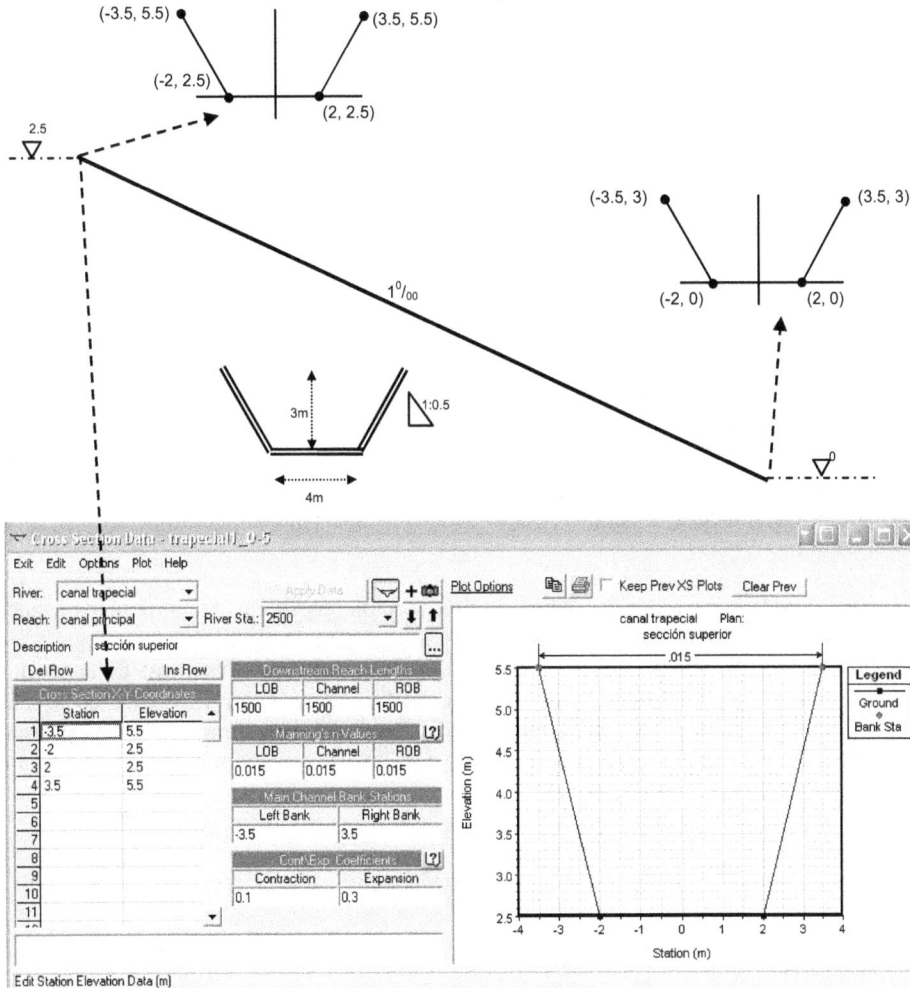

Figura 11. Ejemplo de las coordenadas correspondientes a las secciones de un canal trapecial

6- En *Doswstream Reach Lenghts*, hay que indicar la distancia entre la sección actual y la siguiente sección aguas abajo. Puede indicarse una distancia distinta para cada zona de la sección, según la división definida en *Main Channel* y en *Bank Stations*. De esta manera se pueden simular curvas en planta[1].

---

[1] No olvidar, de cualquier modo, que HEC-RAS es un modelo 1D.

7- Dentro de *Manning's Values* debe introducirse el valor del coeficiente n de Manning, al igual que en el apartado anterior puede diferenciarse entre las tres zonas de la sección: *LOB*, *Channel, ROB*.

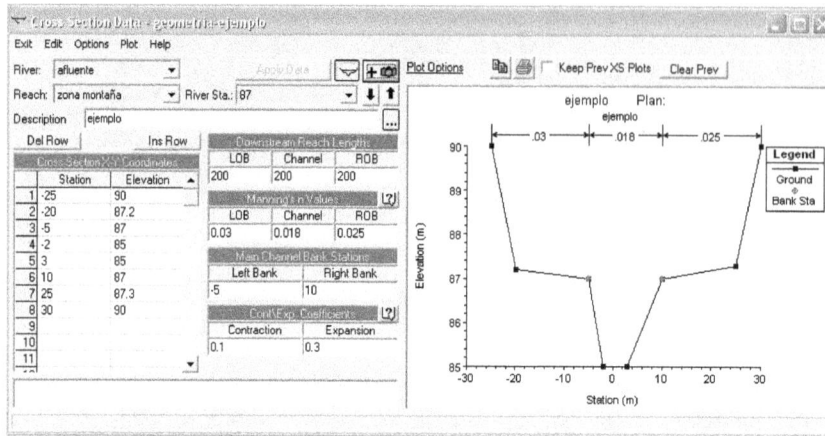

Figura 12. Ejemplo de división LOB, Channel, ROB, en la sección de un río

8- Finalmente, en *Contraction and Expansion Coefficients* se indican las constantes que multiplicarán al término cinemático para evaluar la pérdida de energía locales producidas por la existencia de una contracción, un ensanchamiento o una sobreelevación de la solera, entre la sección actual y la inmediatamente aguas abajo. HEC-RAS ofrece unos valores por defecto, 0.1 para estrechamientos y 0.3 para ensanchamientos, pero pueden modificarse si se considera necesario.

9- Una vez introducidos todos los datos de una sección, presionar *Apply data* para que sean leídos por el programa, aunque no guardados aún en ningún archivo. Si todos los datos son correctos o lógicos, se visualizará en el recuadro de la derecha el esquema de la sección. En caso de existir algún parámetro incorrecto aparecerá un aviso de error resumiendo aquello que el programa no acepta. Hay que tener especial cuidado en no confundir la separación de decimales de puntos por comas y también que los valores correspondientes a *Station* y *Elevation* figuren en el orden correcto.

10- La visualización del esquema representado puede modificarse entrando en *Plot Options*:

- *Zoom in*: aparece una lupa que permite ampliar una zona del dibujo (para volver al inicio: *Full plot*).
- *Lines and symbols*: para cambiar colores y formas.
- *Set Temporary Scale*: para adaptar los ejes de representación.
- *Font Sizes*: permite modificar el tamaño de números y letras.

Los pasos anteriores deben repetirse para cada sección. Con las flechas de *River Station* pueden visualizarse las secciones ya introducidas.

11- Una vez introducidas todas las secciones deben entrarse, si se da el caso, los distintos tipos de estructuras hidráulicas que existan en el recorrido: puentes, vertedores, etc.

12- Antes de seguir adelante es recomendable verificar que los datos de las secciones son correctos. Las secciones quedarán incluidas en la planta del canal o río de la pantalla *Geometric Data* indicándose el número que se ha introducido en *River Station*.

- Comprobación de los perfiles: se presupone que se ha ido realizando a medida que se introducen los valores de cada sección, sin embargo es recomendable revisar todos los perfiles; puede hacerse desde la misma pantalla de edición con las flechas anexas a la celda de *River Station*.

- Comprobación del perfil longitudinal: desde la pantalla principal del programa (ver Figura 6) (escoger *Visor de Perfiles Longitudinales*), aparecerá una pantalla con una gráfica del perfil longitudinal de la base y de la cota superior de los cajeros laterales, lo que permite verificar la pendiente que tiene el canal o río a lo largo de todo su recorrido además de la altura de los cajeros.

  Es interesante mantener esta pantalla abierta durante la introducción de los datos de las secciones para ir viendo el perfil del canal; una vez introducidos los valores de cada sección con *Apply Data*, mediante *Reload Data*, en la ventana *Profile Plot* aparecerá la nueva sección.

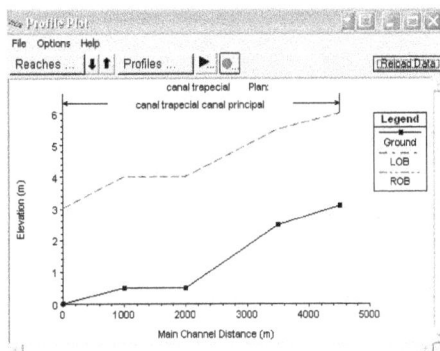

Figura 13. Gráfica longitudinal del canal (ROB: base, LOB: cota superior lateral izquierdo, ROB: cota superior lateral derecho)

2.2.2.3 Interpolación entre secciones

A menudo es necesario interpolar secciones entre otras previamente definidas. Esto es muy importante cuando el cambio de la energía es demasiado grande entre dos secciones contiguas, o cuando la distancia entre dos secciones consecutivas es muy elevada.

Una vez efectuadas las interpolaciones, estas aparecen en la planta del río o canal, se diferencian de las secciones editadas porque tienen un asterisco junto al número de sección.

Existen dos métodos para efectuar la interpolación entre secciones.

- **Interpolación automática por defecto (*"Whithin a Reach"*)**

La interpolación es efectuada por parte de HEC-RAS entre cada dos secciones consecutivas, sin que el usuario pueda variar la forma de efectuarla. En caso de canales, se trata de la opción más práctica, pudiéndose seleccionar el tramo en que se pretende realizar la interpolación.

Para realizar la interpolación hay que entrar en la pantalla *Geometric Data* y escoger en el menú desplegable de *Tools* la opción *Within a Reach*. Aparecerá la ventana que permitirá escoger el tramo donde se quiere realizar la interpolación. En ella:

1- Seleccionar el tramo, si procede, donde se pretende efectuar la interpolación (celdas *River* y *Reach*).

2- Escoger las secciones entre las que se quiere interpolar, *Upstream Riv. Sta.*, sección aguas arriba, y *Dowstream Riv.Sta.*, sección aguas abajo. Por defecto, si no se escoge ninguna sección, se interpola entre las secciones primera y última del tramo escogido.

3- Indicar la distancia que se quiere entre las secciones intercaladas en *Maximun Distance between XS's*. La interpolación se efectuará de manera que la distancia entre las secciones finales sea equidistante.

Si con la distancia indicada no resulta un número entero de secciones, HEC-RAS modifica la distancia automáticamente imponiendo la distancia más cercana a la deseada que dé un número entero de secciones.

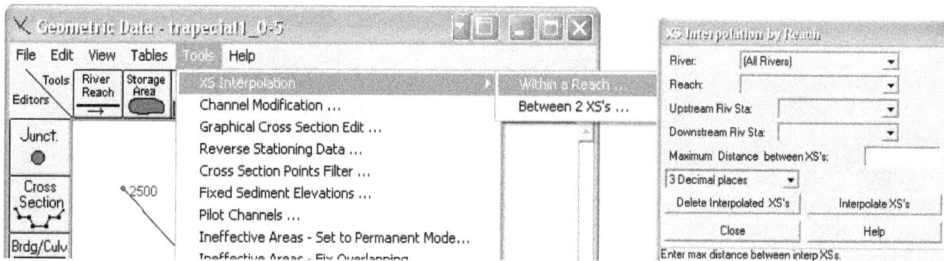

Figura 14. Interpolación automática entre secciones opción Interpolation whithin a Reach

4- Finalmente hay que escoger el número de decimales que el programa utilizará para recalcular los nuevos valores de Station y Elevation, (puede escogerse desde ningún decimal hasta un máximo de 4), en este apartado hay que ir con cuidado ya que si el número de decimales es insuficiente, el redondeo en los valores de Elevation, puede llevar a que no varié la pendiente con respecto a las secciones iniciales, (el programa da por defecto 3 decimales).

5- Pulsar Interpolate XS's, si existiera alguna interpolación anterior, un aviso nos indicará si se quiere seguir con la interpolación actual y borrar la anterior.

6- Finalmente cerrar la ventana de diálogo (*Close*). Se verá en la pantalla *Geometric Data* el esquema del río o canal con todas las secciones disponibles, originales e interpoladas, estas últimas llevan un asterisco para distinguirlas de las originales.

7- En cualquier momento se puede volver al menú anterior y borrar la interpolación que se quiera mediante *Delete Interpolated XS's*.

- **Interpolación automática: "Interpolate XS's"**

En este caso la interpolación se realiza entre dos secciones consecutivas determinadas y, en este caso, permite que el usuario tenga control sobre la manera en que se realizará. Es útil cuando el estudio se está realizando sobre un río o canal con variaciones de secciones complejas y se dispone de un buen conocimiento topográfico de la zona

Para realizar esta interpolación hay que entrar en el editor *Geometric Data* y escoger en el menú desplegable de *Tools* la opción *Between 2 XS's*. Aparecerá una pantalla que permitirá elegir el tramo donde se pretende interpolar, además de las dos secciones entre las cuales se va a efectuar la interpolación.

En la Figura 15 se aprecia que se muestran las directrices de la interpolación entre las secciones aguas arriba y aguas abajo escogidas.

La opción mostrada en el apartado anterior (*Interpolation whithin a Reach*) produce una interpolación lineal siguiendo dichas directrices fijadas por defecto. Con la nueva opción, pueden añadirse a ésas otras directrices secundarias.

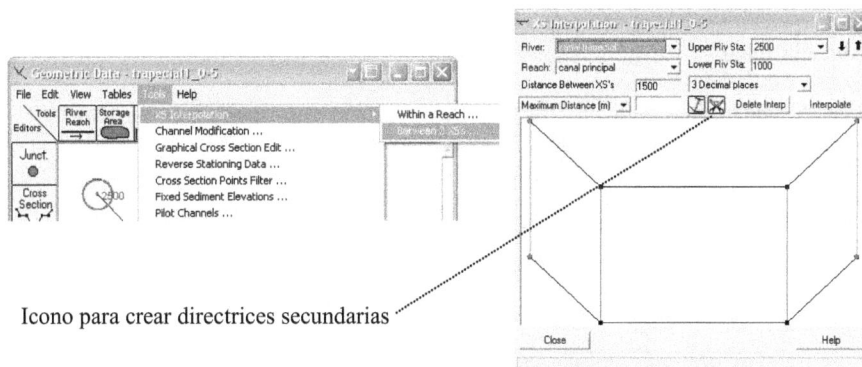

Figura 15. Interpolación automática entre dos secciones trapeciales con la opción Between 2 XS's

Para crear una directriz secundaria, utilizar el icono que se muestra en la figura 15, clicando sobre la coordenada inicial y después la final. Para borrar cualquier directriz secundaria, seleccionar el icono que muestra las tijeras abiertas y hacer doble clic sobre la línea a borrar. Sólo pueden eliminarse las líneas secundarias.

En el siguiente ejemplo se muestra la importancia de este método en secciones complejas y de las cuales se conoce con precisión cómo varían a lo largo del tramo de estudio. Para ello se ha supuesto un canal con una elevación interior que varía diagonalmente de derecha a izquierda hacia aguas abajo.

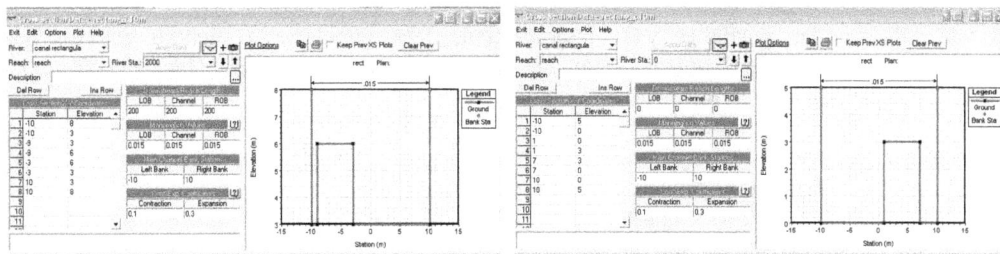

Figura 16. Secciones aguas arriba y aguas abajo de un canal con una elevación interior que varía diagonalmente.

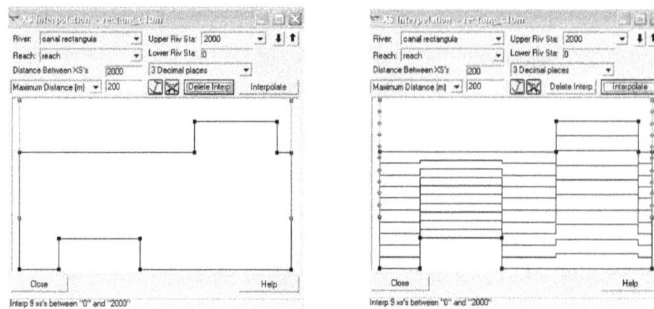

Figura 17. Interpolación entre secciones sin añadir líneas secundarias

La interpolación que efectuaría HEC-RAS con el método *Within a Reach* o con el método Between 2 XS's por defecto se muestra en la figura 17. Puede apreciarse que se traduce en la aparición de de dos rampas paralelas una creciente y la otra decreciente hacia aguas abajo.

Añadiendo unas directrices secundarias que unan los puntos elevados de los dos escalones aguas arriba y abajo puede apreciarse (figura 18) que aparece un único escalón que se desplaza diagonalmente de aguas arriba hacia abajo.

Cabe resaltar, de nuevo, que para modificar la interpolación que realiza por defecto HEC-RAS hay que disponer de una información muy detallada de la geometría.

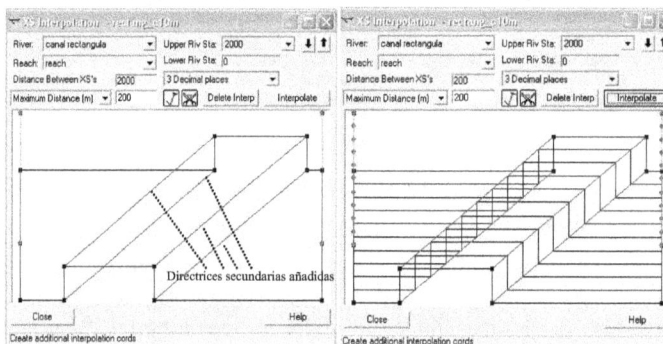

Figura 18. Interpolación entre secciones añadiendo líneas secundarias

2.2.2.4 Guardar los datos geométricos

Una vez definidas las secciones y la interpolación, debe guardarse el fichero con los datos geométricos, para ello desde *Geometric Data,* en el menú de *File,* entrar en *Save Geometric Data As....* Aparecerá una pantalla que permitirá nombrar el fichero.

Un mismo proyecto puede tener más de un fichero de geometría. HEC-RAS los nombrará con la extensión .g*, de manera que el primero será .g01, el segundo .g02, etc.

Para cambiar de archivo de geometría en un proyecto debe entrarse en *Open Geometric Data* y escoger el fichero con el que se desee trabajar.

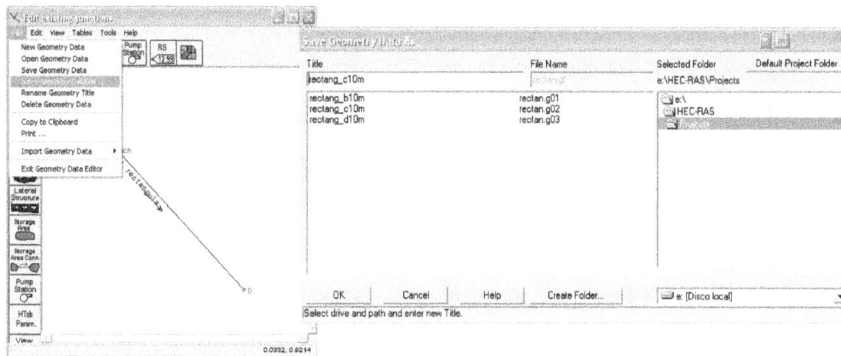

Figura 19. Pantalla para guardar la configuración geométrica

2.2.3 Caudales y condiciones de contorno en régimen permanente

2.2.3.1 Entrada de datos de caudal

Una vez introducidos todos los datos referentes a la geometría, el siguiente paso consiste en definir las condiciones del flujo: caudal y condiciones de contorno.

El programa presupone dos puntos básicos:

- El caudal se incorpora en el extremo aguas arriba del tramo de estudio.

- El caudal se mantiene constante (condición de régimen permanente) a menos que el usuario defina un entrada o salida del mismo.

Para definir el caudal, dentro de la pantalla principal de HEC-RAS (figura 6), desplegar el menú *Edit* y escoger *Steady Flow Data*, o apretar el icono correspondiente. Aparecerá la ventana de la figura 20.

Debe introducirse el caudal en el inicio de cada tramo, para ello seleccionar el tramo usando *River* y *Reach*. Si sólo hay un canal, el programa indicará automáticamente la sección aguas arriba de éste, debiendo indicarse el caudal que entrará en esta sección.

Puede simularse una entrada o salida de caudal puntual en una determinada sección. Para ello se debe escoger del desplegable *River Sta.,* la sección donde se producirá la variación de caudal, aumento o disminución, y pulsar *Add Flow Change Location* (sólo se puede variar el caudal en las secciones definidas inicialmente, no en las interpoladas); seguidamente introducir el valor del caudal total que circulará a partir de esta sección, no el incremento o decremento que se produzca. En el ejemplo de la Figura 20, se produce un incremento de 10m^3/s en la sección 1000.

Repitiendo la pauta anterior, puede definirse el caudal en todo el recorrido.

Pueden analizarse simultáneamente hasta 2000 caudales. Para ello se debe escoger el número de columnas en *Enter/Edit Number of Profiles*. Para cambiar el nombre de cada columna entrar en *Options* y escoger *Edit Profile Names*. En la figura además del caudal inicial en la columna PF1, se muestran los caudales para dos perfiles más.

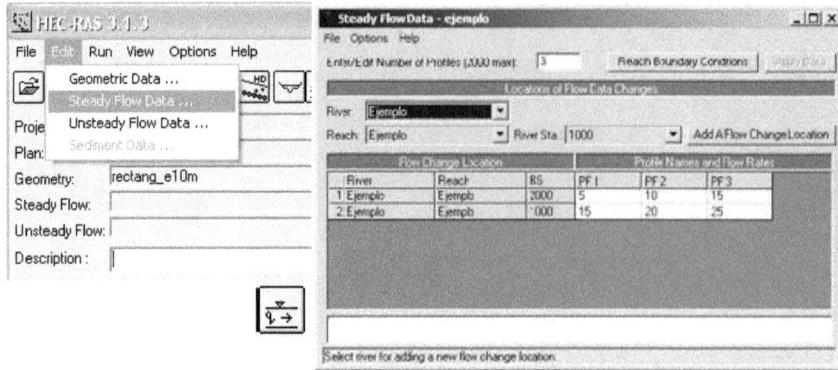

Figura 20. Entrada de datos de caudal, pantalla Steady Flow Data

Repitiendo la pauta anterior, puede definirse el caudal en todo el recorrido.

Pueden analizarse simultáneamente hasta 2000 caudales. Para ello se debe escoger el número de columnas en *Enter/Edit Number of Profiles*. Para cambiar el nombre de cada columna entrar en *Options* y escoger *Edit Profile Names*. En la figura además del caudal inicial en la columna PF1, se muestran los caudales para dos perfiles más.

De nuevo es necesario guardar el fichero de condiciones de flujo. Para ello, desde el editor del caudal seleccionar en *File* la opción *Save Flow Data as*. En el mismo menú *File* puede encontrarse la opción de abrir un nuevo fichero de condiciones de flujo.

2.2.3.2 Condiciones de contorno

Después de definir la geometría y el caudal, es necesario establecer las condiciones de contorno. Las condiciones de contorno son necesarias para definir los niveles de agua de partida, tanto aguas arriba como aguas abajo. Para ello, desde la misma pantalla de edición del caudal (*Steady flow Data*, Figura 20), se accede al editor de condiciones de contorno mediante el botón *Reach Boundary Conditions*.

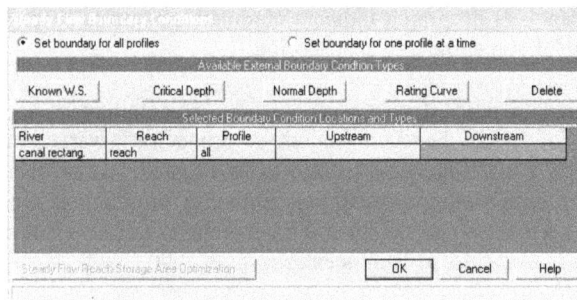

Figura 21. Editor de condiciones de contorno "Steady Flow Boundary Conditions"

Como ya se ha discutido en el capítulo 1, para iniciar los cálculos es imprescindible conocer al menos un calado. Si el régimen del flujo es rápido (supercrítico), es necesario conocer el calado en el extremo aguas arriba. Si el régimen es lento (subcrítico), entonces se necesita definir el calado en el extremo aguas abajo. Si se prevé que en el tramo de estudio se darán los dos tipos de régimen, entonces será necesario establecer el nivel de agua en los dos extremos.

El editor de las condiciones de contorno contiene una tabla en la que cada fila representa un tramo del sistema (principal más afluentes). Cada tramo necesita sus propias condiciones de contorno. En el caso de que existan conexiones del curso principal con afluentes, no es necesario definir las condiciones de contorno en las confluencias, ya que son consideradas condiciones de contorno interior. Así pues, hay que definir únicamente las condiciones de contorno de los extremos aguas arriba y abajo dependiendo del tipo de flujo que se prevea en el tramo que se quiere estudiar.

Para definir una condición de contorno, seleccionar la celda correspondiente al tramo y extremo que se va a definir, aguas arriba (*upstream*) o abajo (*downstream*), según proceda.

Si el cálculo se va a realizar con un caudal único (una sola columna en *Steady Flow Data*, Figura 20 hay que dejar la opción por defecto en la parte superior derecha de la pantalla, *Set boundaty for all profiles*. En el caso de haber definido distintos caudales, como en el ejemplo indicado en la citada Figura 20, calculará todos los caudales con la misma condición de contorno; sin embargo, es posible definir para cada uno de los caudales una condición de contorno distinta, para ello seleccionar "*Set boundary for one profile at a time*", así aparecerán tantas filas como caudales se hayan definido, y se podrán indicar la condiciones de contorno por separado.

Existen cuatro tipos posibles de condiciones de contorno:

- Nivel de agua conocido (*known water surface elevation*): cuando se conoce el nivel de agua (calado más cota de fondo) del extremo que proceda que produzca una curva de remanso.
- Calado crítico (*critical depth*): HEC-RAS calcula el calado para el caudal impuesto en la sección elegida de manera automática.
- Calado uniforme (*normal depth*): al seleccionar esta opción aparece una ventana donde debe introducirse la pendiente a la que hay que asociar dicho calado uniforme.
- Curva de calado (*rating curve*): en este caso aparece una ventana de diálogo que permite entrar la relación de valores caudal-calado. Para cada perfil el programa interpolará el calado según esta relación.

Cuando todas las condiciones estén definidas y aceptadas, es conveniente guardar el archivo de caudales y condiciones de contorno.

2.2.4 Cálculos hidráulicos

Cuando todos los datos ya están definidos: geometría, caudales, condiciones de contorno, ya se está en condiciones de calcular el perfil de la lámina de agua. Para ello hay que acceder al editor *Steady Flow Analysis* del menú *Run* en la pantalla principal de HEC-RAS, o bien, pulsar el icono correspondiente (Figura 6).

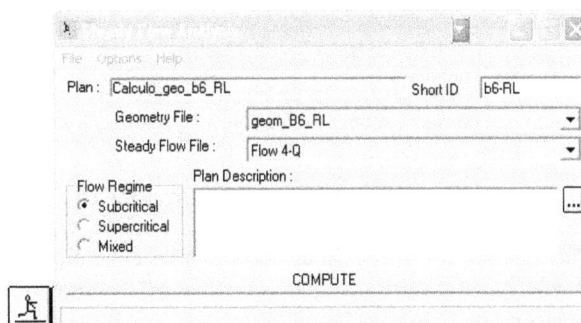

Figura 22. Pantalla "Steady Flow Analysis"

1. Escoger en *Geometry File* la geometría sobre la que se van a realizar los cálculos en el caso de que se haya definido más de una; en caso contrario, aparecerá directamente la única existente.

2. En *Steady Flow File* indicar el fichero de caudal y condiciones de contorno que van a utilizarse, igual que antes; sólo es necesario si se ha definido más de un régimen de caudales.

3. Es conveniente salvar el cálculo sobre la geometría y caudal escogidos. HEC-RAS llama a cada combinación *Plan*. Si no se define previamente, por defecto la primer simulación la llamará Plan 01, e irá aumentando el número si se realizan posteriores cálculos. Es práctico poner un nombre que permita reconocer posteriormente el caso calculado; para ello entrar en el menú *File* y *New Plan*, aparece una pantalla que permite escribir el nombre del *Plan* actual; después de aceptarlo, una nueva ventana permite escribir el nombre que identifique el *Plan* de forma resumida (máximo 12 caracteres), *Short ID*, que será el identificador que aparecerá en todas las representaciones gráficas y tabuladas.

4. Existe la posibilidad de que el programa realice una primera aproximación de la distribución de velocidades a lo ancho de la sección, en franjas verticales de igual velocidad. Posteriormente esta distribución podrá representarse gráficamente. Para ello, desde el menú *Options* seleccionar *Flow Distribution Locations*. Aparecerá la ventana de diálogo que se muestra en la Figura 23, y que permite definir el número de verticales que se deben estimar en el margen derecho, cauce central y margen izquierdo en cada sección. En el caso de pretender especificar una zona del canal con una distribución de verticales distinta, desde *Set Specification Location Subsection Distribution* escoger el río y afluente, además de las secciones inicial y final. Finalmente, indicar el número de subsecciones escogidas y presionar *Set Selected Range*, aparecerá en la zona inferior la lista de todas las secciones que entraran en esa nueva distribución además del número de verticales para cada zona de la sección (*LOB, Channel, ROB*). Este proceso puede repetirse para todas la zonas que se desee; sin embargo, en un mismo tramo o canal no se pueden escoger distinto número de verticales. De cualquier modo, es muy importante recordar que HEC-RAS es un modelo 1D y que por tanto esta distribución de velocidades no deja de ser una mera aproximación.

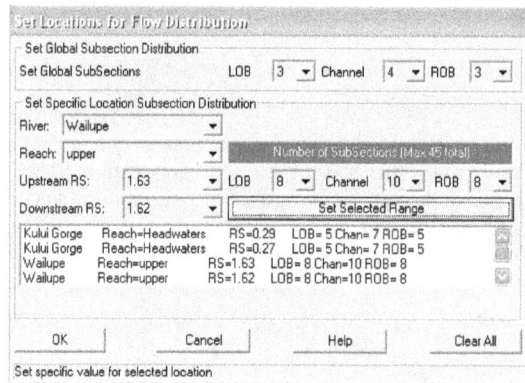

Figura 23. Pantalla que permite escoger la distribución de velocidades de las secciones

5. El último paso es la especificación de cómo debe realizar los cálculos el programa indicando el régimen que se prevé encontrar en la zona de estudio (*Subcritical, Supercritical* o *Mixed*). Evidentemente hay que marcar la opción de acuerdo a las condiciones de contorno que se han definido previamente, en caso contrario aparecerá un aviso de error.

6. Finalmente, el botón *Compute* permite iniciar el proceso de cálculo; cuando éste haya terminado, indicará el tiempo usado para ello: *Total Computation Time*, puede cerrarse esta ventana y pasar a ver los resultados.

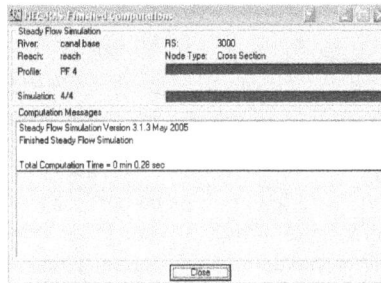

Figura 24. Pantalla final de cálculos hidráulicos correctos

2.2.5 Visualización de los resultados

Terminado ya todo el proceso de introducción de datos y cálculo de los mismos, el último punto será la visualización gráfica de los resultados. La presentación de éstos puede variarse en el menú *Options* de las distintas pantallas de gráficos. Existen diversas opciones de visualización:

Zoom in: Permite efectuar una ampliación de una parte del gráfico, situando el puntero del ratón en la esquina de la superficie a ampliar y manteniendo apretado el botón izquierdo moverlo hasta obtener la zona deseada para su ampliación. En la parte inferior de la pantalla aparecerá una imagen reducida de todo el gráfico con un recuadro que indicará la zona ampliada; situando el puntero del ratón en esa zona, puede variarse el tamaño de la misma.

Zoom out: Disminuye el zoom actual a aproximadamente el doble de la superficie que hay en pantalla.

Full plot: Permite volver a tener en pantalla el gráfico con su tamaño original.

Pan: En modo zoom permite mover el gráfico con el ratón.

Plan: En el caso de que el proyecto tenga más de un plan, permite escoger aquellos que se quieran representar conjuntamente.

Profiles: Si se ha definido más de un caudal (PF1, PF2,…), es posible obtener graficas conjuntas de aquellos que se escojan.

Reach: Permite escoger el tramo que se desee visualizar.

Variables: Es posible representar distintas variables a la vez, según el gráfico que se esté presentando en pantalla.

Labels: En este apartado pueden variarse los distintos títulos o etiquetas del gráfico.

Lines and Symbols: Permite modificar los colores, grosores y formas de las líneas que identifican las distintas variables. Marcando *Default Line Styles*, (parte superior) es posible cambiar las variables de cualquier gráfico con *Current Plot Line Styles*, sólo pueden modificarse las variables de la pantalla que se estén visualizando.

Scaling: Pueden modificarse las escalas de ordenadas y abscisas del gráfico.

Grid: Permite visualizar o no las líneas horizontales y verticales desde las marcas de los ejes vertical y horizontal.

Zoom Window Location: Estando en modo zoom, permite variar la posición de la imagen reducida de todo el gráfico.

Font sizes: Puede modificarse el tamaño del texto que aparece en pantalla.

Land Marks: Esta opción es específica de los gráficos de perfiles (*profile plots*). Permite visualizar en vertical el valor de cada sección (*River Station*), o bien, la descripción que se haya introducido al editar las distintas secciones. También puede editarse y modificarse, aunque esto es sólo temporal del gráfico que se está viendo y no quedará grabado en la sección.

HEC-RAS permite muchas opciones para visualizar los resultados, sin embargo cabe destacar los cinco métodos básicos que son los que ofrecen una información más práctica.

2.2.5.1 Gráfico del perfil longitudinal de la lámina de agua

Desde la pantalla principal de HEC-RAS (Figura 6), mediante el icono del visor de perfiles o entrando en el menú *View* escoger *Water Surface Profiles*; aparecerá el perfil de la lámina de agua del tramo de estudio desde el inicio al final; es posible representar distintas variables, los afluentes que pueda tener el río o canal y particularizar el gráfico entrando en el menú *Options*.

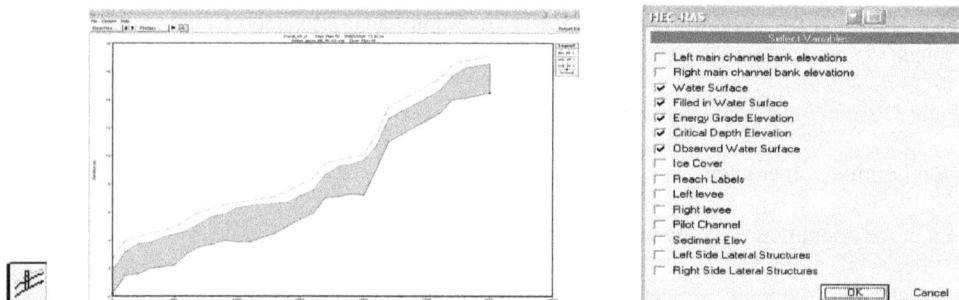

Figura 25. Grafico del perfil longitudinal de la lámina de agua y lista de variables que pueden representarse

2.2.5.2 Gráfico de la lámina de agua sección a sección

Este análisis permite comprobar el nivel de agua en cada sección con el calado calculado para cada caudal simulado. Puede accederse desde la pantalla principal (Figura 6) con el icono correspondiente o entrando desde la pantalla principal en el menú *View* y escogiendo *Cross Section*, también puede accederse desde la pantalla de geometría (Figura 8), *Cross Section Data* editando las secciones.

Escogiendo el tramo en *River* y *Reach* y moviendo las flechas junto a la celda *River Station* pueden observarse todas las secciones definidas en el proyecto. Entrando en el menú *"Option"* pueden visualizarse distintas variables y también personalizar los colores y formas. Si al realizarse los cálculos se definió una distribución de velocidades transversal (Ap. 2.2.4.4), ésta puede visualizarse entrando en *Options* y escogiendo, dentro de *Velocity Distribution*, *Plot Velocity Distribution*, ya que por defecto el programa no los dibuja.

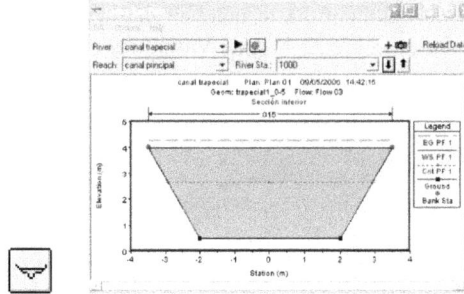

Figura 26. Pantalla Cross Section

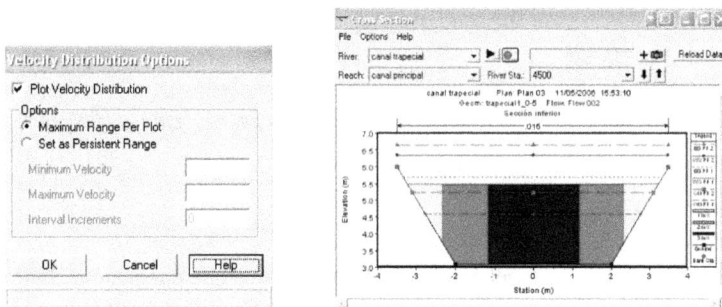

Figura 27. Sección con distribución de velocidades

2.2.5.3 Gráfico general

Seleccionando *General Profile* desde *View* en la pantalla principal, o mediante el correspondiente icono, puede visualizarse la variación de cualquiera de los parámetros calculadas a lo largo del tramo de estudio.

Las variables pueden seleccionarse entrando en *Variables*, en el menú *Options*; también como en el resto de gráficas puede personalizarse el gráfico en colores y tamaños

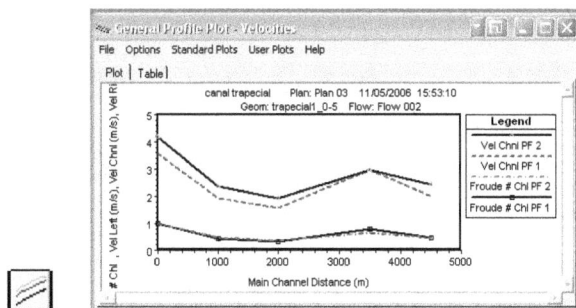

Figura 28. Icono de General Profile Plot y ejemplo de grafico versus longitud

Entrando en *Standard Plots*, pueden representarse las variables más generales de forma directa, velocidad, número de Froude, área mojada, caudal….

Existe la posibilidad de graficar una variable versus cualquier otra. Para ello, dentro de la pantalla principal entrar, en *Rating Curves* del menú *View*, una vez en esa pantalla escoger dentro de *Options* la variable que se quiere representar en el eje X, X Axis Variable y en el eje Y, Y Axis Variable.

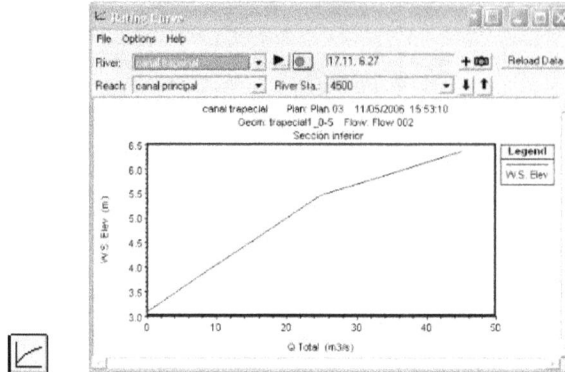

Figura 29. Botón para entrar en Rating Curve y acceder a la representación grafica entre dos variables.

2.2.5.4 Representación 3D

Un último tipo de gráfico que puede generarse con HEC-RAS es una perspectiva 3D, entrando en *X-Y-Z Perspective* del menú *View* en la pantalla principal, o mediante el icono correspondiente.

La pantalla *X-Y-Z Perspective* permite escoger el tramo a visualizar mediante *River Estation Start* y *River Station End,* así como variar el punto de vista mediante la variación del ángulo de rotación y azimut, en la parte superior de la pantalla.

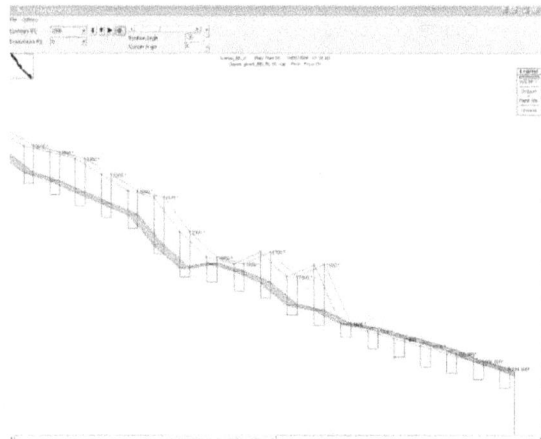

Figura 30. Perspectiva 3D.

2.2.5.5 Visualización numérica

Es posible obtener una tabla o listado con los valores de todas las variables calculadas por HEC-RAS. Puede accederse desde el icono correspondiente de la pantalla principal (Figura 6) o entrando en el apartado *Profile Summary Table* del menú *View*.

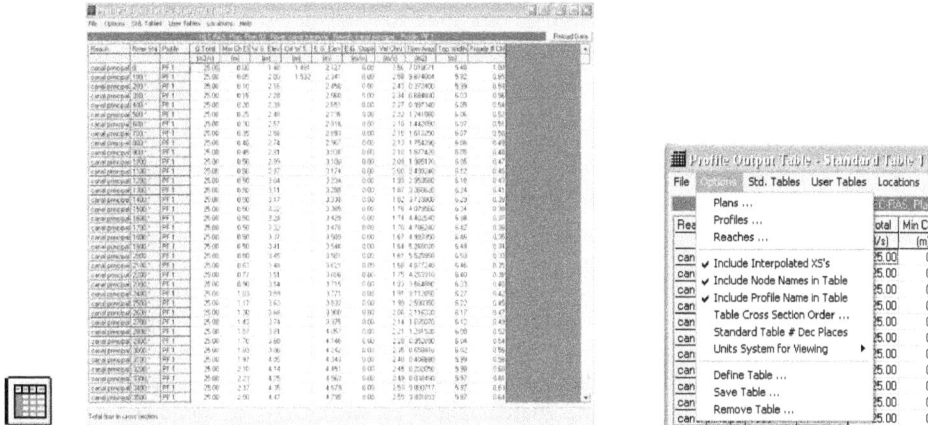

Figura 31. Listado numérico de las variables y menú Options de dicha ventana

Puede escogerse el tramo que se desee entrando en el menú *Options* y seleccionando en los apartados: *Plan*, *Profiles*, *Reaches*.

También es posible listar sólo los valores calculados en la secciones definidos por el usuario, o bien todos los cálculos en todas las secciones que se hayan utilizado (definidos más interpolados), seleccionando *Include Interpolated XS's*; en tal caso, los perfiles interpolados se indican con un asterisco. Además puede añadirse o no el nombre que se ha dado a cada perfil, así como las conexiones con otros ríos o canales, marcando *Include Node Names in Table* e *Include Profile Name in Table*. Finalmente puede escogerse el orden del listado, de forma que la primera fila sea la sección aguas abajo o por el contrario aguas arriba, entrando en *Table Cross Section Number*.

Respecto a los valores numéricos, puede escogerse el número de decimales: *Standard Table Dec. Places*, y el sistema de unidades: *Units System for Viewing*. Por defecto, el programa deja dos decimales y el sistema que se ha definido inicialmente.

Puede hacerse que HEC-RAS liste cualquier variable que haya calculado. Para, ello dentro del mismo menú *Options,* entrar en *Define Table*. Aparece la pantalla *Create a Table Heading*.

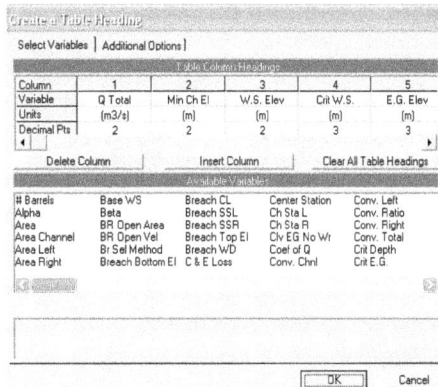

Figura 32. Pantalla que permite definir las variables de la tabla de resultados

La parte superior de esta pantalla muestra las variables existentes en la tabla actual. Puede borrarse cualquier columna correspondiente a una variable marcándola y pulsando posteriormente *Delete Column,* o bien, se pueden borrar todas las variables eligiendo *Clear All Table Headings*.

Para insertar una nueva columna situar el raton en la columna donde se desea insertar y hacer *Insert Column*. La nueva columna se creará siempre a la izquierda de la marcada, desplazando un lugar todas las columnas de la derecha.

La parte inferior de la pantalla contiene todas las variables que el programa puede introducir en el listado. Puede escogerse la variable que se desee, al hacer doble clic sobre ella. La tabla puede adaptarse a las necesidades del usuario insertando o borrando las variables que se precisen.

La tabla, una vez definida, puede guardarse. Para ello, entrar dentro de *Options* en *Save Table*, donde se pedirá un nombre para esa tabla; puede guardarse más de una tabla y por tanto es aconsejable poner un nombre que ayude a definir su contenido. Cuando quiera usarse una forma de tabla ya definida hay que ir a *Remove table* y escoger la que se desee.

3. Validación y análisis de los resultados

3.1 Descripción del caso de estudio

La geometría disponible que va a servir de hilo conductor para ejemplificar en este capítulo los distintos aspectos que se quieran destacar corresponde a un tramo del río Llobregat entre el azud de Sant Vicenç dels Horts y unos 6000 m aguas arriba, donde la riera de Rubí confluye con el río Llobregat, en el término municipal de El Papiol (figura 1).

A 150 m del inicio del tramo propuesto, se encuentra el azud de Sant Vicenç, que se representa mediante una caída en la solera de 1.78 m. Hasta 2850 m aguas arriba el río se encuentra regularizado con una pendiente del 1.6‰ y unas secciones con un cauce central de 80 m de ancho y taludes laterales entre 2 h:1 v y 3 h:1 v. A dicha distancia (2850m) del extremo aguas abajo se encuentra una nueva caída de 1.99 m de altura, desde la cota 17.34 m a la 19.33 m, y aguas arriba de éste se mantiene el terreno con su geometría natural, hasta el extremo aguas arriba del tramo que se quiere simular, a 5800 m del origen.

Se ha considerado un coeficiente de rugosidad de Manning en el cauce central de 0.030, de 0.038 en la llanura del margen derecho y de 0.040 en la del margen izquierdo.

Las secciones disponibles, que han servido para simular el tramo de estudio presentan un espaciamiento variable entre 50 m y 150 m. En la figura 2 se muestr el perfil de dicho tramo

Así, una vez se dispone de la información suficiente para implementar un proyecto en HEC-RAS, y partiendo de la base de que la información topográfica disponible es suficientemente fiable, durante el desarrollo de cualquier proyecto a uno le pueden asaltar diversas dudas:

- ¿Estoy fijando correctamente los coeficientes de Manning?

- ¿Dispongo de suficientes secciones para el cálculo?

- ¿Son adecuadas las condiciones de contorno que estoy considerando?

- ¿Son fiables los resultados que estoy obteniendo?

Se procederá a continuación a analizar las anteriores cuestiones.

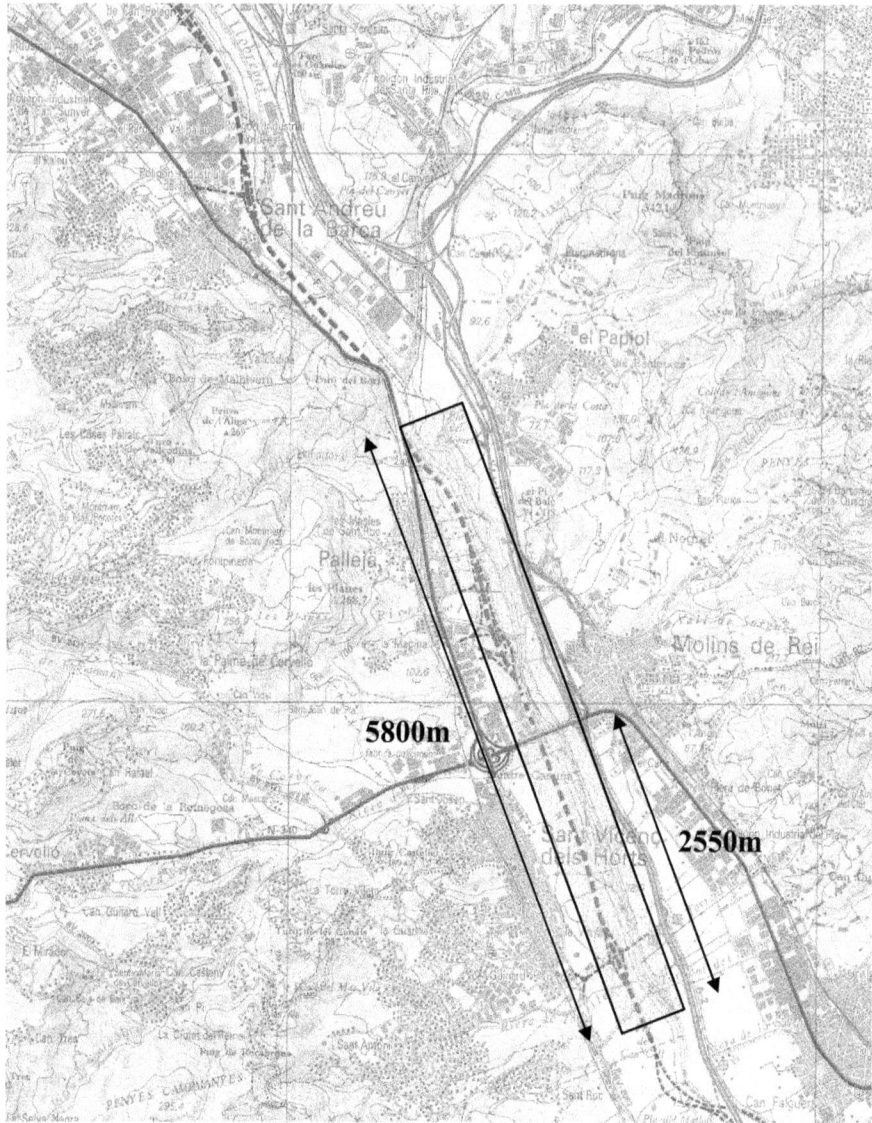

Figura 1. Ámbito del tramo de estudio. Punteado, por el margen derecho, se observa el trazado de la actual autovía del Baix Llobregat; por el margen izquierdo, el trazado de la autopista AP7. Fuente: Plano comarcal ICC 1996

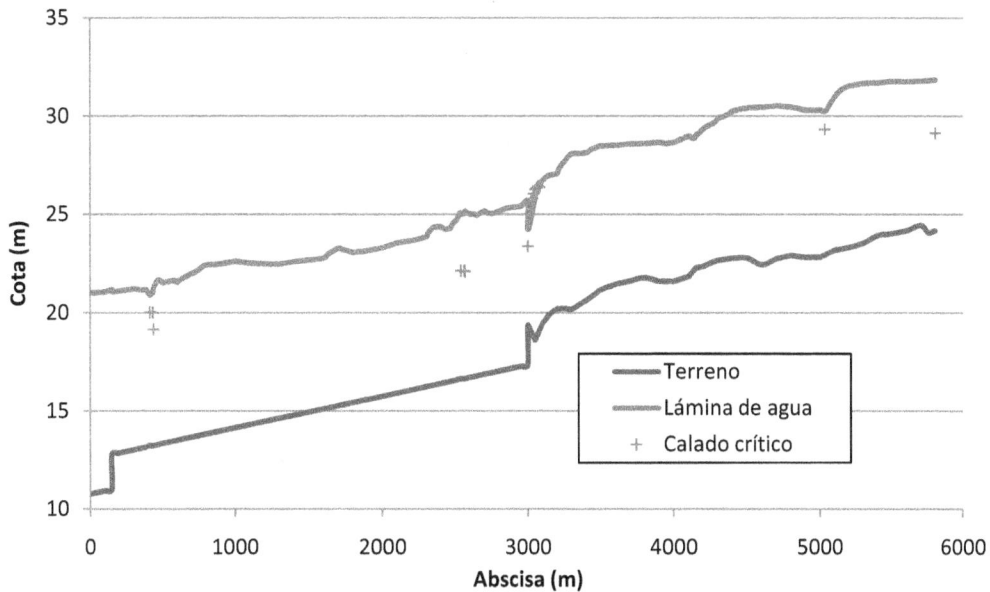

Figura 2. Simulación resultante de la geometría disponible de partida para un caudal de 4000 m³/s imponiendo como condiciones de contorno, aguas abajo, de 21 m y aguas arriba de régimen crítico

3.2 Validación de la simulación

HEC-RAS es una herramienta muy versátil: por deficiente que sea la geometría de partida o erróneas o irreales las condiciones de contorno, siempre producirá resultados. Por este motivo, una vez implementada la geometría y condiciones de contorno y ejecutado por primera vez el modelo, es necesario realizar lo que vendríamos a llamar el *ajuste del modelo*, esto es, la verificación y contraste de los resultados obtenidos.

HEC-RAS dispone de algunas utilidades para facilitar dicho análisis:

- La propia visualización gráfica que se ha comentado en el capítulo anterior permite tener una impresión sobre la calidad de los resultados. Algunos de los problemas más habituales que pueden apreciarse a simple vista son:

    - En tramos donde debería darse un régimen rápido o lento, si el cálculo se ha realizado en régimen lento o rápido respectivamente, se observará todo dicho tramo con una lámina de agua en régimen crítico.

    - En tramos donde debería darse un régimen rápido, habiéndose realizado el cálculo en régimen supercrítico, resulta una lámina de agua que produce ondulaciones alrededor del régimen crítico.

- El programa dispone de una salida de resultados particularizada a cada sección. En ésta se detallan las principales variables hidráulicas que se han calculado, así como un listado de los principales avisos y notas que, de manera automatizada, HEC-RAS ha sido capaz de detectar en cada una de las secciones transversales de cálculo. En la figura 1 se muestra un ejemplo de dicha pantalla.

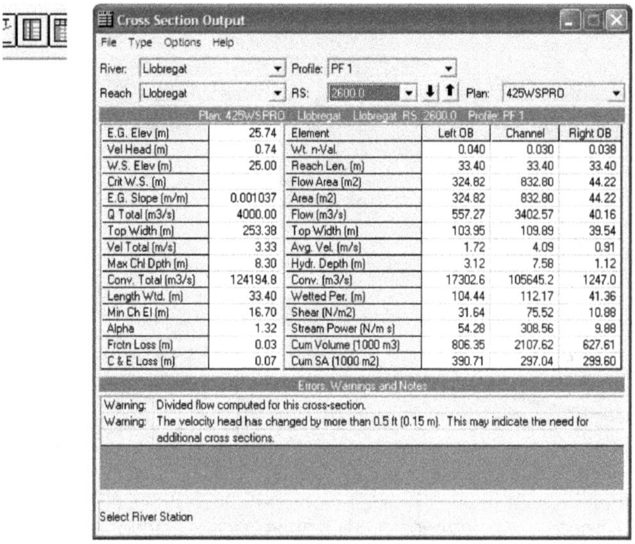

Figura 3. *Pantalla con el listado de variables calculadas, avisos y notas que describen cada sección transversal*

- El listado de todos los avisos y notas que HEC-RAS ha detectado durante el cálculo para todas las secciones analizadas puede editarse para ser analizado en global. En la figura 4 puede verse un ejemplo del mismo.

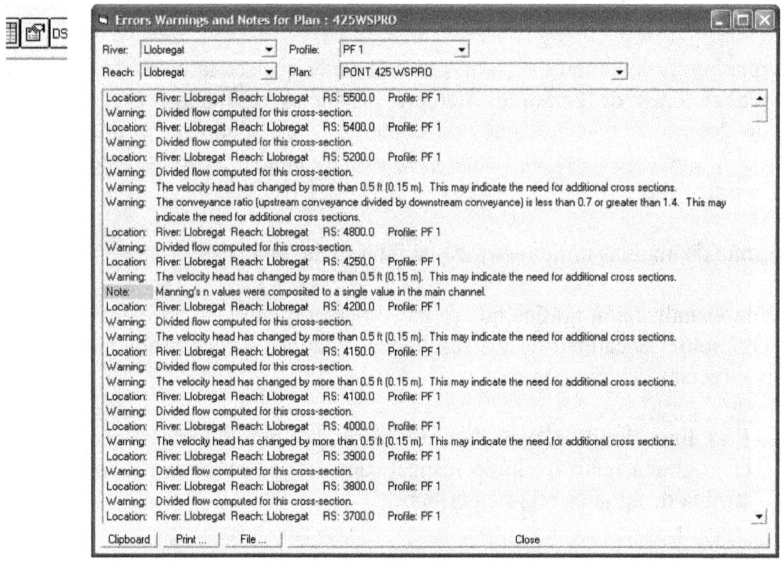

Figura 4. Pantalla con el resumen de todos los avisos y notas resultantes del cálculo

Es imprescindible, pues, antes de proceder a la interpretación puramente hidráulica de los resultados obtenidos, realizar una serie de comprobaciones a cerca del cálculo a fin de estar seguros de la validez de los mismos.

3.2.1 Problemas de convergencia

3.2.1.1 Previo

En el menú de opciones de la ventana de ejecución del cálculo del régimen permanente existen una serie de opciones que se han discutido en el capítulo anterior correspondiente a las prestaciones básicas del programa. Una de ellas permite controlar las tolerancias del cálculo (figura 5), cuyo algoritmo se ha comentado en el primer capítulo correspondiente a los conceptos básicos.

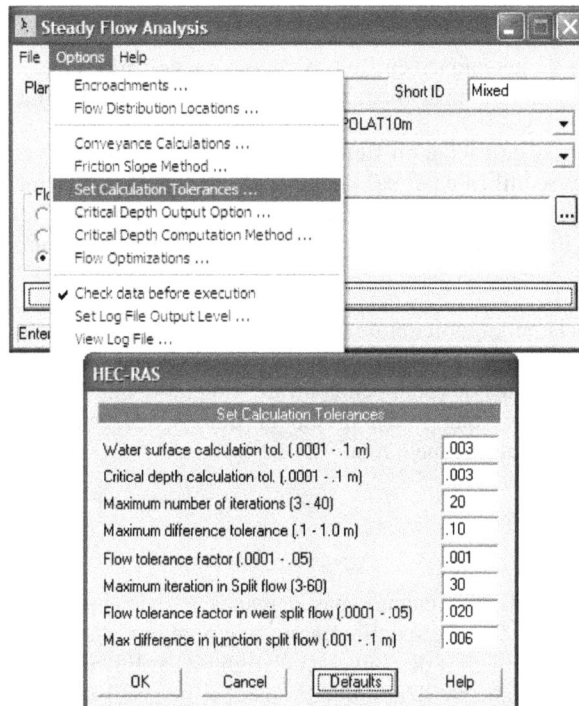

Figura 5. Ventana de diálogo que permite modificar las tolerancias de cálculo

El programa permite controlar los siguientes parámetros de control del cálculo:

- Tolerancia de cálculo de la superficie libre: permite un rango entre 0.0001 m y 0.1 m. Cuando la diferencia entre los valores calculados entre una iteración y la anterior es inferior a la tolerancia elegida el programa asume que la solución es válida. El valor por defecto es de 3 mm.

- Tolerancia de cálculo del calado crítico: permite escoger un valor entre 0.0001 m y 0.1 m. De nuevo el valor por defecto es de 3 mm.

- Máximo número de iteraciones para el algoritmo de convergencia del método paso a paso: a escoger entre 3 y 40 iteraciones. HEC-RAS ofrece un valor por defecto de 20. Cabe indicar que cuanto menor sea la tolerancia de cálculo impuesta, mayor debería ser el número de iteraciones escogido.

- Tolerancia de la máxima diferencia: cuando el programa pretende resolver el balance de energía entre dos secciones consecutivas, y alcanza el máximo número de iteraciones sin converger por debajo de la tolerancia de cálculo escogida, HEC-RAS compara la solución de mínimo error con la tolerancia de la máxima diferencia. Si el mínimo error obtenido en el proceso iterativo es inferior a esta tolerancia entonces el programa se queda con dicha solución, dando un aviso (*warning*) al respecto, y continua con el cálculo. Si, en cambio, es superior, entonces el programa toma como solución el régimen crítico, da de nuevo un aviso y procede con el cálculo. El valor por defecto es 0.1 m.

- Factor de tolerancia de caudal: este factor se usa en puentes y tubos bajo vías (*culverts*) y puede variar entre 0.0001 y 0.05. El factor se usa cuando el programa realiza el balance entre el caudal a través de la estructura y el caudal vertido sobre ella. Este factor multiplica el caudal total, de manera que el caudal resultante se utiliza como tolerancia para el balance de caudales. Por defecto HEC-RAS asume 0.1%.

- Máximo número de iteraciones en flujo partido: puede variar entre 3 y 60 y se utiliza en el caso del cálculo de la optimización de flujos partidos. HEC-RAS toma 30 por defecto.

- Factor de tolerancia de caudal en flujos partidos en vertederos: de nuevo puede variar entre 0.0001 y 0.005 y se utiliza en el caso del cálculo de una optimización de un vertedero lateral con o sin compuertas. La optimización del cálculo continúa hasta que el caudal lateral estimado en dos iteraciones consecutivas se encuentra dentro de un porcentaje del caudal total. El porcentaje por defecto es 2%.

- Máxima diferencia en la partición de caudal: el programa acepta valores entre 0.001 m y 0.1 m. Este se utiliza durante la optimización del caudal en una bifurcación. HEC-RAS continúa la estimación del balance de caudal en la bifurcación hasta que las líneas de energía de los dos tramos aguas abajo en que se ha dividido el flujo se encuentren dentro de la tolerancia especificada. Por defecto asume 6 mm.

3.2.1.2 Discusión

En un flujo gradualmente variado, cuanto más cercanas se encuentren dos secciones tanto más parecidos serán sus respectivos calados. En tramos cuyo régimen se prevea supercrítico pueden aparecer, en ciertos casos, problemas de convergencia numérica. En concreto, si el cálculo se realiza para una interpolación excesivamente densa, puede aparecer un perfil de la lámina de agua que oscila alrededor del calado crítico. En la figura 6 se muestran distintas simulaciones realizadas en un canal prismático de sección rectangular de 3 m de ancho, coeficiente de Manning 0.015, con una pendiente del 9‰ y para un caudal de 10 m³/s. Puede apreciarse como, en ciertos casos, la solución presentada es nítidamente incorrecta mostrando la oscilación descrita. Ello es provocado por una densidad excesiva de secciones combinada con un criterio de convergencia numérica demasiado grande. Pueden darse los siguientes casos:

- Tolerancia de cálculo de superficie de agua demasiado grande: si el criterio de convergencia del esquema numérico se fija con una valor demasiado elevado (p. ej. 0.003 m en ciertos casos puede serlo), la solución de la ecuación de energía puede converger a un valor de calado que en realidad no sea el correcto y este error se vaya propagando en cada paso del cálculo. En tales casos, la precisión del esquema numérico no es suficiente para "despegar" el perfil de la lámina de agua de la línea de calados críticos. Así, puede observarse en la tabla 1 como en este caso, en todas las secciones que se muestran, el cálculo converge por debajo de la tolerancia fijada en un número de iteraciones inferior al tomado. A pesar de ello, en la figura 6(A) se aprecia que los resultados obtenidos por HEC-RAS no pueden ser correctos, porque muestran un nivel de agua constante e igual al calado crítico.

- Número de iteraciones insuficiente o tolerancia demasiado pequeña: para evitar el efecto indeseado de una tolerancia de cálculo excesiva, se procede a reducir dicha tolerancia, pasando de 0.003 m que aparecen por defecto a 0.0001 m, buscando una mayor resolución de la cota de la lámina de agua calculada que permita que ésta se "despegue" de la línea de calado crítico, y termine formando el remanso deseado. En la tabla 1 puede observarse, en este caso, como al refinar la tolerancia de cálculo el proceso de cálculo necesita de un mayor número de iteraciones para converger, e incluso cabe destacar que en algunos casos en realidad la solución tomada no ha convergido por debajo de la tolerancia fijada (celdas sombreadas). Si bien en este caso la solución obtenida muestra el remanso esperado (figura 6(B)), sería necesario realizar una nueva simulación que permita asegurar que en las secciones en las que el proceso no ha convergido el error que se está cometiendo no está alterando indeseablemente los resultados.

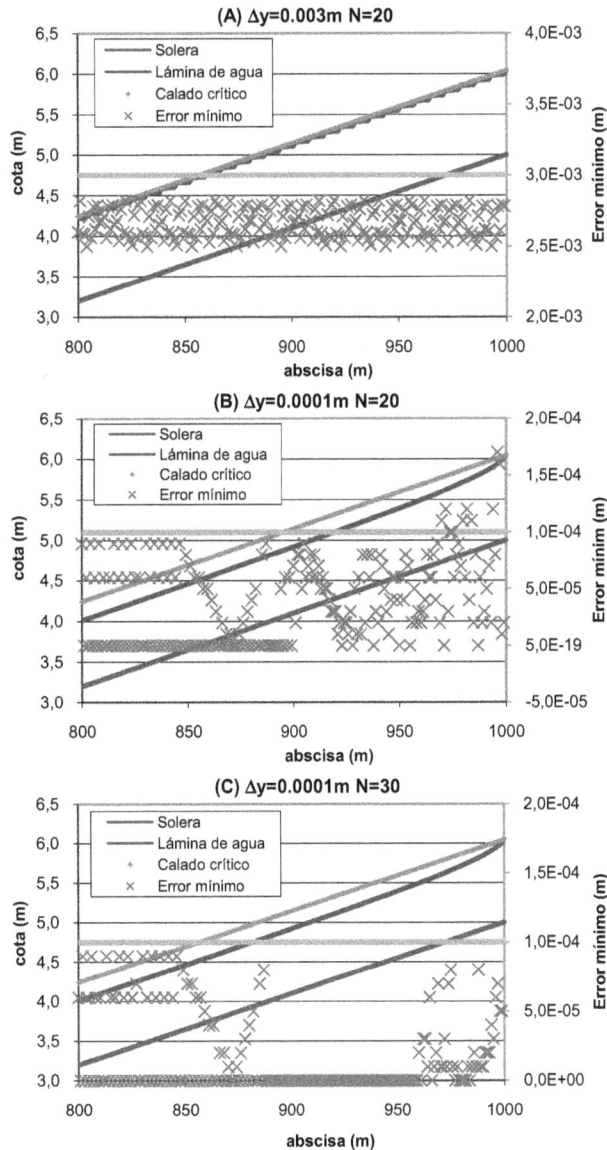

Figura 6. Caso de un canal rectangular prismático de ancho 3 m, pendiente 0.009, $Q=10\ m^3/s$. Distintas simulaciones para diferentes criterios de convergencia. La recta horizontal indica el umbral impuesto en el criterio de convergencia

- Así, en el paso siguiente, se puede proceder de dos maneras alternativas que producirán el mismo efecto: o bien aumentar la tolerancia de cálculo algo por encima de la máxima diferencia mostrado en la tabla entre los calados estimados entre una iteración y la anterior o bien mantener la tolerancia y aumentar el número de posibles iteraciones de cálculo. En la misma tabla 1 puede verse los resultados numéricos obtenidos de la simulación del mismo caso con una tolerancia de cálculo de 0.0001 m y aumentando el número de iteraciones posibles a 30. Puede apreciarse como aquellas secciones que no habían convergido en el caso anterior en 20 iteraciones consiguen ya superar el criterio de convergencia. Siendo de cualquier modo los resultados obtenidos muy similares a la simulación realizada para la misma tolerancia y número máximo de iteraciones de 20 (diferencias inferiores a 1mm).

Tabla 1. Valores numéricos de las simulaciones mostradas en la figura 6. $z+y_c$ es la cota del régimen crítico; $z+y$ es la cota de la lámina de agua calculada; N es el número de iteraciones realizadas para converger; Δy es la mínima diferencia entre los calados estimados entre una iteración y la anterior

Abscisa (m)	$z+y_c$ (m)	Tolerancia 0.003 m N máx = 20			Tolerancia 0.0001 m N máx = 20			Tolerancia 0.0001 m N máx = 30		
		$z+y$ (m)	N	(m)	$z+y$ (m)	N	Δy (m)	$z+y$ (m)	N	Δy (m)
1000	6.043	6.043	-	- -	6.043			6.042		
999	6.034	5.992	3	0.00278 <0.003m	6.005	14	0.00002 <0.0001	6.005	18	0.00005 <0.0001
998	6.025	5.990	1	0.00279 <0.003m	5.977	15	0.00001 <0.0001	5.977	26	0.00005 <0.0001
997	6.016	5.987	1	0.00261 <0.003m	5.955	20	0.00016 >0.0001	5.955	22	0.00007 <0.0001
996	6.007	5.985	1	0.00278 <0.003m	5.934	20	0.00017 >0.0001	5.935	22	0.00006 <0.0001
995	5.998	5.982	1	0.00256 <0.003m	5.916	20	0.00008 <0.0001	5.917	22	0.00003 <0.0001
994	5.989	5.980	1	0.00271 <0.003m	5.899	20	0.00012 >0.0001	5.900	22	0.00004 <0.0001
993	5.980	5.978	1	0.00250 <0.003m	5.883	20	0.00002 <0.0001	5.884	22	0.00002 <0.0001
992	5.971	5.928	3	0.00261 <0.003m	5.867	20	0.00007 <0.0001	5.868	22	0.00002 <0.0001
991	5.962	5.926	1	0.00279 <0.003m	5.852	20	0.00005 <0.0001	5.853	22	0.00002 <0.0001
990	5.953	5.923	1	0.00262 <0.003m	5.838	20	0.00003 <0.0001	5.839	22	0.00001 <0.0001
989	5.944	5.920	1	0.00278 <0.003m	5.824	20	0.00002 <0.0001	5.824	22	0.00001 <0.0001
988	5.935	5.918	1	0.00257 <0.003m	5.811	20	0.00006 <0.0001	5.811	21	0.00008 <0.0001
987	5.926	5.916	1	0.00271 <0.003m	5.797	20	0 <0.0001	5.797	22	0.00001 <0.0001
986	5.917	5.913	1	0.00251 <0.003m	5.784	20	0.00008 <0.0001	5.785	21	0.00002 <0.0001
985	5.908	5.864	3	0.00256 <0.003m	5.771	20	0.00002 <0.0001	5.771	22	0.00001 <0.0001
984	5.899	5.862	1	0.00259 <0.003m	5.758	20	0.00011 >0.0001	5.759	22	0 <0.0001
...	...	...	...	... ...	...	...	... ...	...	...	... ...

3.2.2 Error en la selección del régimen de cálculo

Se comprende que un error como éste invalidaría de entrada la simulación. A pesar de ello, como ya se ha dicho, HEC-RAS es capaz de proceder con el cálculo aunque, por supuesto, los resultados obtenidos serán totalmente incorrectos.

De cualquier modo, una simple inspección visual del perfil de la lámina de agua obtenido permite, de manera muy sencilla, detectar un error de este calibre. Así, en la figura 7 se puede observar la comparación de los resultados obtenidos en la simulación de trabajo (tramo del río Llobregat descrito en el apartado 3.1) en régimen subcrítico (cuadrados), régimen supercrítico (triángulos) y combinando ambos regímenes (línea continua). Cabe destacar:

- Caso de la simulación errónea en régimen supercrítico: HEC-RAS busca la solución únicamente en régimen rápido, ello provocará que no encuentre solución en largos tramos del río en los cuales ésta debe ser en régimen lento. Por tal motivo el esquema numérico no convergerá. En tal caso HEC-RAS impone como solución más probable, y para poder continuar el cálculo, un calado igual al calado crítico. Pueden, apreciarse así, largos tramos de solución igual al régimen crítico (en la figura 7 triángulos y cruces prácticamente solapadas). Cabe indicar que dichos largos tramos en régimen crítico en la naturaleza son improbables de encontrar, con lo que HEC-RAS está representando en este caso una solución irreal.

- Caso de la simulación errónea en régimen subcrítico: de nuevo HEC-RAS no encuentra solución al pretender calcular en un régimen que no se produce en dicho tramo. Igual que en el caso anterior, HEC-RAS impone una solución igual calado crítico puesto que el esquema numérico no converge. En la figura 7 corresponderá al perfil representado con cuadrados. En el caso que se presenta (zona del Bajo Llobregat) prácticamente todo el tramo estudiado funciona en régimen lento, por dicho motivo los resultados obtenidos (perfil en cuadrados) aparentemente tienen muy buen aspecto, salvo un corto tramo alrededor de la abscisa 3000, donde se encuentra una pequeña caída. En dicha zona el régimen debe pasar a ser rápido, de manera que si la simulación se realiza únicamente en régimen subcrítico, HEC-RAS estima en dicho tramo unos calados irreales e iguales al crítico.

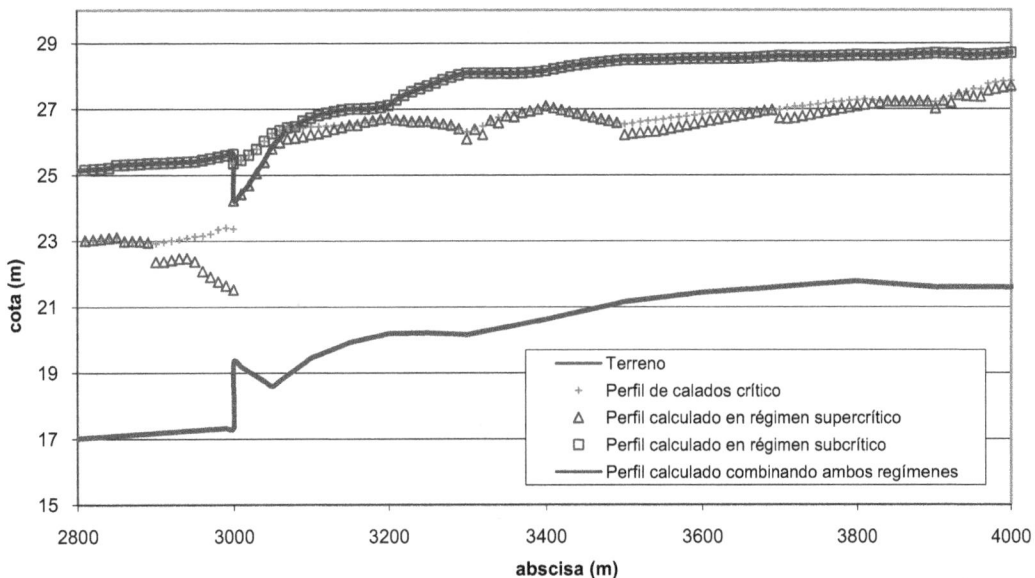

Figura 7. Comparación de los perfiles de la lámina de agua obtenidos con el cálculo en régimen lento, rápido o en combinación de ambos

- Caso de la simulación combinando ambos regímenes: en la misma figura 7, la línea continua muestra el resultado obtenido con una simulación que busque la solución en régimen lento y también en rápido. En tal caso HEC-RAS determina de manera automática los posibles cambios de régimen lento a rápido (alrededor de la abscisa 3070 m) y los resaltos (abscisa 3000 m). Esta solución que, como es lógico, es la que se adapta de manera más razonable a la realidad no muestra ningún tramo en el que se aprecie un comportamiento como los tramos descritos en los casos anteriores y en el apartado 3.2.1. Se observará un perfil de la lámina de agua razonable, y que por tanto no distará ya de ser un buen resultado, pero no se tendrán más elementos de juicio que garanticen la confiabilidad de dichos resultados. Para ello habrá que analizar en detalle los avisos que de manera automática establece HEC-RAS durante el cálculo y que se describen en el apartado siguiente.

3.2.3 Avisos (*warnings*) más habituales

HEC-RAS dispone de una serie de avisos (*warnings*) que ayudan a determinar la bondad de las estimaciones realizadas. En general, si HEC-RAS lanza algún aviso en una cierta simulación, el usuario deberá analizar los resultados obtenidos para determinar si éstos son razonables. Si dichos resultados se consideran razonables no será necesario introducir ningún cambio y el aviso podrá, por tanto, ser ignorado. Por otro lado, en bastantes ocasiones, un aviso de HEC-RAS requiere alguna actuación sobre los datos de partida que permitirá su desaparición. Ciertos avisos están relacionados con datos incorrectos o inadecuados que precisan una especial atención; otros avisos, en cambio, no precisan de ninguna actuación por parte del usuario.

Un análisis en detalle de todos los avisos producidos en el cálculo, determinando su grado de importancia e influencia en los cálculos, ayudará a establecer la fiabilidad de los resultados. Dichos avisos requieren ciertas acciones que pueden resumirse básicamente en:

Figura 8. Sección en la que se producirá un aviso acerca de la división del flujo. Comparación con la misma sección en la que se ha definido una mota (levee) en su margen derecho

a)   Analizar en detalle la base topográfica en los alrededores de la sección que ha provocado el aviso.

"Divided flow computed for this section."

Indica que el nivel de agua estimado ha provocado la formación de una isla, como se aprecia en la figura 8. En las secciones donde el flujo se divide para rodear la isla que se ha formado y en la que confluye aguas abajo de la misma, éste puede distar de tener un comportamiento unidimensional (no es el caso del ejemplo mostrado), siendo por tanto HEC-RAS poco adecuado para la simulación numérica de dichas geometrías. De cualquier modo, con HEC-RAS podría obtenerse una aceptable primera aproximación a dicho funcionamiento, pero sería necesario configurar la geometría explicitando dichas secciones de separación y unión mediante el concepto de *junction* que dispone el editor de geometría de HEC-RAS.

En lo que se refiere al ejemplo base de este texto, cabe decir que la formación de dichas islas, en ningún caso supone un grave inconveniente en el cálculo, pues, como se puede apreciar en el ejemplo de la siguiente figura 8, la porción en que queda dividido el flujo es poco significativa respecto al flujo principal.

La aparición de este mensaje obliga a disponer de un buen conocimiento de la topografía a fin de corroborar que realmente el flujo se dividirá según indica la simulación. Por ejemplo, es posible que la topografía de la zona tanto aguas arriba como aguas abajo de la sección en cuestión evite el paso del agua a dicha zona. HEC-RAS, al tratarse de un modelo unidimensional, no es capaz de detectar dicha situación e inundará dicha zona, que en realidad no debería estar bajo el agua. Puede informarse a HEC-RAS de una situación como la comentada mediante la creación de una mota (*levee*). En la figura 8 se muestra la comparación de dos secciones, la de arriba con división de flujo en el margen derecho, y la de abajo, la misma sección en la que se ha definido una mota (*levee*) en dicho margen.

b)   Comprobar la convergencia numérica del proceso de cálculo.

"The energy equation could not be balanced within the specified number of iterations. The program selected the water surface that had the least amount of error between computed and assumed values."

Atendiendo a la discusión ya planteada en el anterior apartado 3.2.1, cuando se realiza el cálculo imponiendo un número de iteraciones insuficiente para la tolerancia elegida, si el modelo detecta que no ha superado la tolerancia de cálculo en el número de iteraciones establecido el programa tomará como resultado el nivel de la lámina de agua que haya dado menor diferencia entre el valor del calado antes y después de la iteración. En dicho apartado 3.2.1 se muestra en forma de ejemplo algunos casos típicos de los errores a los que puede inducir este aviso.

"During the standard step iterations, when the assumed water surface was set equal to critical depth, the calculated water surface came back below critical depth. This indicates that there is not a valid subcritical answer. The program defaulted to critical depth."

Indica que el programa ha encontrado un cambio de régimen lento a régimen rápido. Este aviso permite al usuario identificar el inicio de un régimen rápido. Si el cálculo se hubiera realizado únicamente en régimen subcrítico este aviso informa al usuario de la necesidad de repetir el cálculo en condiciones "*mixed*". En caso que ya se haya tenido en cuenta este aviso puede ser obviado. En el apartado 3.2.2 se ha analizado lo que sucede si se escoge erróneamente el régimen de cálculo.

"The parabolic search method failed to converge on critical depth. The program will try the cross section slice/secant method to find critical depth."

En el primer capítulo, a cerca de las ecuaciones y conceptos básicos, se analiza en qué momento es necesario en el cálculo en régimen gradualmente variado determinar el calado crítico y que métodos ofrece HEC-RAS para su cálculo. Como ya se ha dicho HEC-RAS, por defecto, utiliza el método parabólico que es algo más rápido pero en ciertos casos puede no converger al valor de energía específica mínima. El programa es capaz de detectar dichos casos y procede entonces a aplicar automáticamente el método de la secante que a pesar de ser algo más lento mejora substancialmente la convergencia.

c)   Analizar el número de secciones utilizadas en el cálculo entre la sección que ha dado el aviso y la sección inmediatamente aguas arriba o abajo según el régimen de cálculo haya sido subcrítico o supercrítico respectivamente.

"The velocity head has changed by more than 0.5 ft (0.15m). This may indicate the need for additional cross section."

Indica la existencia de un cambio demasiado brusco, más de 0.15 m, en el término cinético de la energía ($v^2/2g$) entre dos secciones consecutivas. Un cambio de dicho orden de magnitud se debe, a menudo, a cambios de áreas mojadas también bruscos. Si la distancia entre ambas secciones de cálculo es suficientemente grande, este aviso puede evitarse introduciendo alguna sección adicional entre ellas. En ciertos casos como en cauces de pendientes supercríticas, con cambios bruscos entre secciones, estos avisos pueden no desaparecer, entonces hay que asumir que dicho cauce funciona con dichos saltos en la carga de velocidad entre dos secciones consecutivas, no siendo ya necesario incluir mas secciones entre ellas.

En el capítulo anterior, correspondiente a las características generales y aprendizaje básico, se ha mostrado la utilidad ofrece HEC-RAS para la interpolación de secciones entre dos dadas.

"The energy loss was greater than 1.0 ft (0.3 m) between the current and previous cross section. This may indicate the need for additional cross sections."

Similar al caso anterior, indica un salto mayor de 0.30 m en las pérdidas de energía entre una sección y la anterior. Igual que en el aviso anterior, estos saltos se suelen producir en cambios de sección demasiado bruscos, y pueden solucionarse añadiendo secciones adicionales entre ambas. Como en el caso anterior puede ser que no se llegue a superar dicho aviso no incluyendo nuevas secciones y en tal caso dicha simulación deberá convivir con tales avisos.

"The conveyance ratio (upstream conveyance divided by downstream conveyance) is less than 0.7 or greater than 1.4. This may indicate the need for additional cross sections."

Un nuevo aviso que indica la posible necesidad de añadir secciones transversales. En este caso se produce por cambios bruscos en el coeficiente de transporte que se calcula para cada dos secciones (ver primer capítulo correspondiente a las ecuaciones y conceptos básicos).

d)   Controlar la forma y altura de la sección transversal.

"The cross-section end points had to be extended vertically for the computed water surface."

Los puntos de cota más alta de la sección transversal no son suficientes para contener todo el caudal que circula a través de la sección. En tal caso HEC-RAS extiende de manera artificiosa la altura de la sección desde sus extremos, incluyéndose en el perímetro mojado dicha extensión del contorno. Si la cota de desborde que resulta del cálculo es excesiva, ello estará indicando la necesidad de extender transversalmente la sección.

"The cross section had to be extended vertically during the critical depth calculations."

Similar al caso anterior, HEC-RAS extiende verticalmente la sección transversal si lo necesita para la determinación del régimen crítico. Cabe recordar que el programa determina siempre por defecto el régimen crítico si el flujo es supercrítico, por ello un aviso de este tipo no está ligado necesariamente a un problema de desborde la sección, puesto que en tal caso los calados son, por definición, inferiores al crítico.

HEC-RAS notifica, para mera información y control por parte del usuario, cuestiones como la presencia de cambios destacables en el flujo: la existencia de un tramo funcionando en régimen rápido, en caso que se haya solicitado el modo de cálculo *mixed*; o la ubicación de un resalto hidráulico entre dos secciones; o la existencia en una cierta sección de más de un mínimo relativo de la curva de energía específica. Un ejemplo puede verse en la siguiente figura 9.

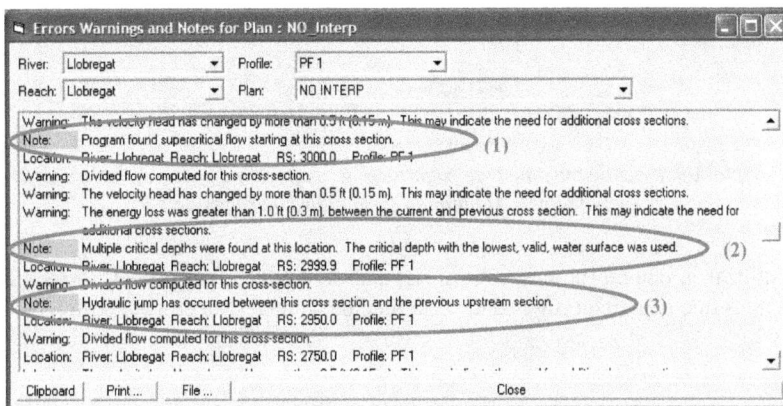

Figura 9. Notas (color verde) en las que se notifica (1) un cambio de régimen lento a rápido, (2) la existencia en una cierta sección más de un valor mínimo relativo de la curva de energía específica y (3) un cambio de régimen rápido a lento (resalto hidráulico)

Además, HEC-RAS puede dar advertencias y notas específicas en los cálculos de estructuras singulares como puentes, vertederos o tramos cortos entubados, que permiten controlar dichos cálculos.

3.3 Análisis de sensibilidad de los resultados

3.3.1 Coeficiente de Manning

En la simulación de cualquier flujo en lámina libre la determinación del coeficiente de Manning es uno de los aspectos clave del cálculo. Son diversas las metodologías existentes para fijar el coeficiente de rugosidad (Barnes 1967), (Chow 1994), (Puertas y Sánchez-Juny 2000) o (Sánchez-Juny, Bladé y Puertas, 2005) aunque en todas ellas acaba dándose un cierto grado de subjetividad que da idea de la dificultad intrínseca que tiene resumir todas las condiciones de usos del suelo, irregularidades de la sección, geología, cobertura vegetal, etc. en un valor numérico como el coeficiente de rugosidad de Manning.

Como ya se ha comentado en el primer capítulo, referente a los conceptos y ecuaciones básicas, HEC-RAS precisa, por defecto, introducir el coeficiente de Manning correspondiente a las dos llanuras de inundación y el cauce principal. De cualquier modo, si se aprecian más de tres zonas con n distintos, se pueden introducir utilizando la opción *Horizontal Variation in n Values* (variación horizontal de n), o *Horizontal Variation in k Values* (variación horizontal de la altura de rugosidad) desde el mismo editor de las secciones transversales.

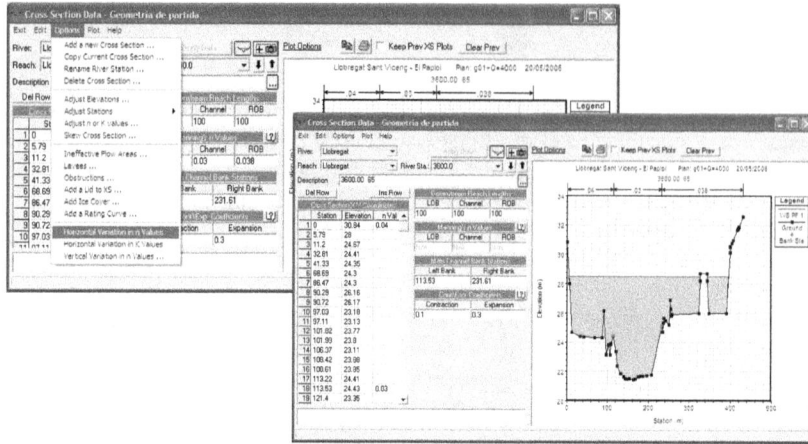

Figura 10. Acceso a las opciones de introducir la rugosidad de la sección a partir de la variación horizontal del coeficiente de Manning o de la altura de rugosidad

En el caso de utilizar la opción de variación horizontal de altura de rugosidad, se requiere la medida (k) de los elementos que dan dicha rugosidad. Esta medida se relaciona con el coeficiente de Manning:

$$n = \frac{R_h^{\frac{1}{6}}}{18 \cdot \log\left[12.2 \cdot \frac{R_h}{k}\right]} \tag{1}$$

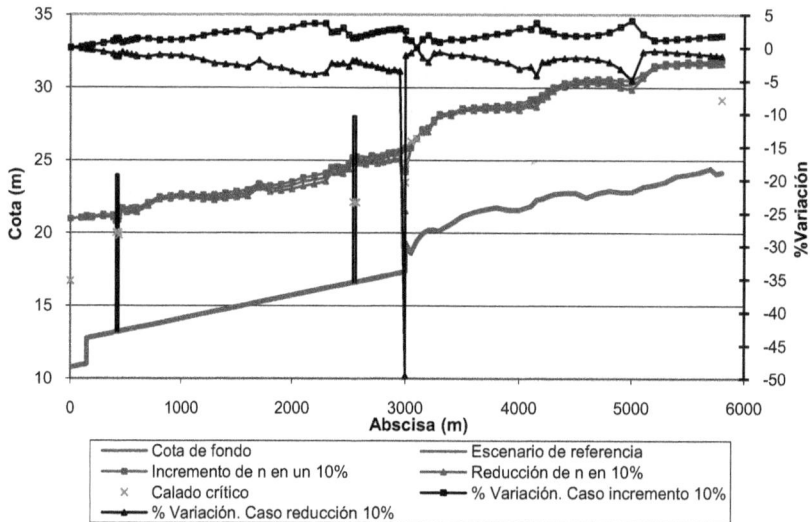

Figura 11. Comparación de la simulación de referencia con las realizadas incrementando y reduciendo el coeficiente de Manning en un 10%

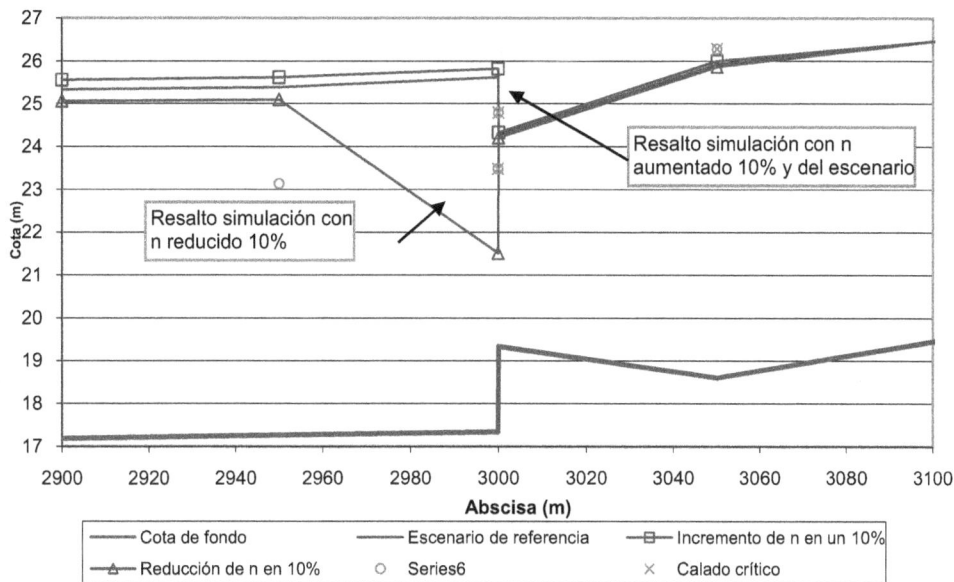

Figura 12. Ampliación de la figura 11 en el entorno de la abscisa 3000, donde se localiza el resalto

Además de cuidar el método de introducción del coeficiente de fricción, debido a la incertidumbre inherente a la selección de este parámetro, es de interés realizar un análisis de sensibilidad a fin de acotar los diferentes resultados que se obtendrían bajo diferentes valores del coeficiente de Manning. En la figura 11 y figura 12 se presenta la comparación de las simulaciones realizadas obtenidas aumentando y reduciendo *n* en un 10% respecto al inicialmente fijado. Puede observarse que un incremento del 10% se ha traducido en aumentos de calados, en cualquier caso inferiores al 5%. Por otro lado, una reducción del mismo 10% provoca también una reducción de los calados que, a igualdad de régimen, no supera tampoco el 5% del calado. Nótese que en la abscisa 3000 (justo sobre la caída de la cota de fondo) la diferencia en el caso de reducción del coeficiente de Manning se dispara hasta un valor de −50%, ello es debido a que dicha sección, para el valor reducido de *n* en un 10%, funciona en régimen rápido, mientras que en la simulación de referencia presenta un régimen lento. Es decir, con la reducción del coeficiente de Manning el resalto se ha desplazado aguas abajo.

3.3.2 Espaciamiento entre secciones

Del análisis de los avisos que produce HEC-RAS en cada simulación que se han descrito en el apartado 3.2.3, una parte de ellos se soluciona actuando sobre el espaciamiento entre las secciones de cálculo. En la figura 13 se muestra la comparación de las dos simulaciones realizadas, una con espaciamientos variables entre 50 m y 100 m y la segunda con un espaciamiento más denso variable entre 50 m y 10 m. El ejemplo presentado se compone de secciones transversales bastante anchas (entre 300 m y 400 m) que muestran variaciones suaves entre ellas. Así, en este caso se aprecia que los resultados son poco sensibles a aumentar el número de secciones transversales. Nótese que las máximas diferencias, al añadir una mayor densidad de secciones transversales, se obtiene en las zonas donde existe algún cambio brusco de una a otra. En la figura 14 se muestra la ampliación de la anterior entre las abscisas 2500 m y 3500 m, que es donde se dan las máximas diferencias.

Como ya se ha comentado (capítulo de aprendizaje básico), HEC - RAS dispone de una herramienta útil para interpolar linealmente secciones entre dos dadas. De cualquier modo, hay que tener en cuenta que introducir secciones entre dos dadas por interpolación puede introducir incertidumbre no deseada, si no se dispone del conocimiento adecuado de la topografía de la zona. Por otro lado, en el apartado 3.2.1 se ha discutido el hecho de que una densidad excesiva de secciones puede provocar, también, algún problema de convergencia del proceso de cálculo, que será necesario depurar actuando sobre el número de iteraciones y la tolerancia del cálculo.

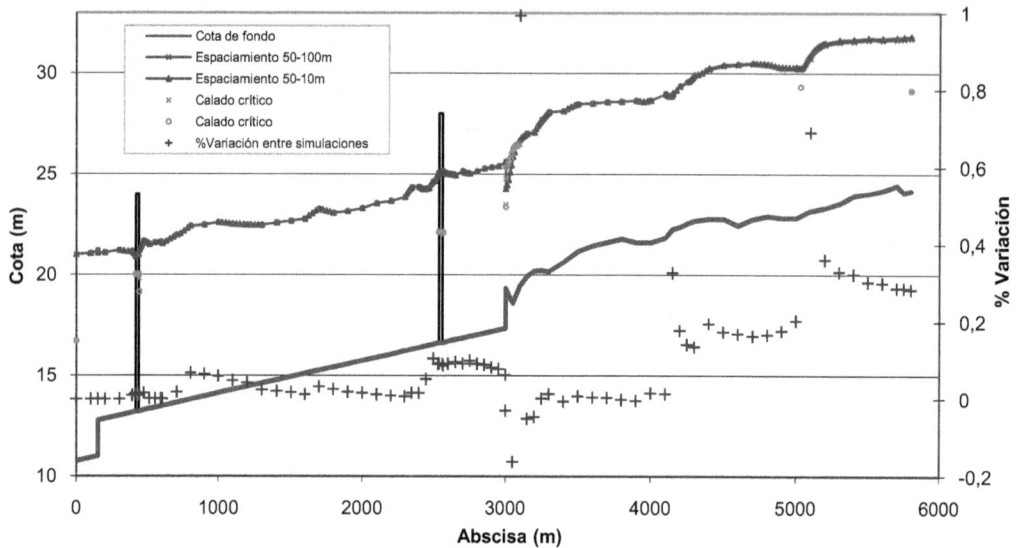

Figura 13 Comparación de la simulación con distancia entre secciones entre 50 m y 100 m con el caso de distancias entre 10 m y 50 m

En el apartado anterior 3.2.3, se han descrito un conjunto de avisos sobre el cálculo que produce HEC-RAS y que se resuelven introduciendo nuevas secciones entre dos dadas. La herramienta de interpolación puede, por tanto, ser una buena opción para evitarlos. Así pues, combinando el espaciamiento entre secciones con las tolerancias de cálculo adecuadas se podrá conseguir la simulación adecuada que minimice los avisos referentes al espaciamiento.

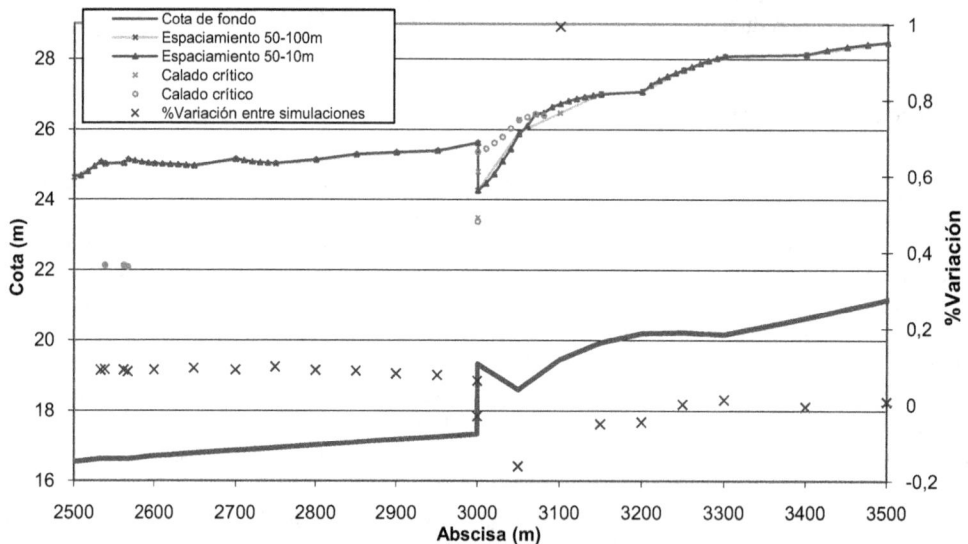

Figura 14 Ampliación de la figura 13 en el entorno de la abscisa 3000

3.3.3 Condiciones de contorno

Una de las mayores incertidumbres que se presentan en el cálculo de la lámina libre es la determinación de las condiciones de contorno. En el caso de precisarla en el extremo de aguas arriba para la simulación en régimen rápido, imponer régimen crítico es una buena condición. Si bien puede no ser una condición realista, sí es, sin duda, una condición del lado de la seguridad. En cambio, en el caso del cálculo en régimen lento, o bien la sección del extremo aguas abajo presenta alguna condición particular que permite fijar el nivel, o bien la incertidumbre obligará a realizar un análisis singular para asegurar que el cálculo que se realice no se verá influido por posibles errores en dicha condición de contorno.

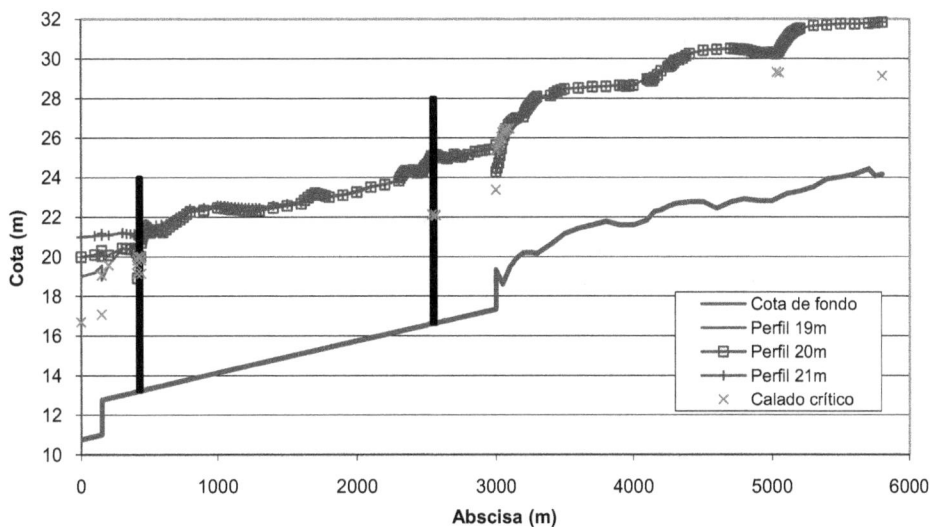

Figura 15 Perfiles de la lámina de agua para diferentes condiciones de contorno en el extremo de aguas abajo. Caso de nivel cota 19 m, 20 m y 21 m

Si el extremo aguas abajo del tramo de estudio coincide con la desembocadura del cauce fluvial a otro cauce de orden superior (o al mar), será necesario estudiar los niveles en dicho punto de desembocadura. Por otro lado, si en dicho extremo aguas abajo o proximidades existe alguna sección de control como una contracción, o una sobreelevación brusca, que puede venir provocada por la presencia de alguna estructura singular como un puente, se podrá imponer como condición de contorno un régimen crítico. En caso contrario, cualquier otro calado mayor que el crítico (régimen lento) será posible y por tanto será necesario extender el tramo de estudio suficientemente aguas abajo para realizar un análisis de sensibilidad a posibles cambios en la condición de contorno aguas abajo, para asegurar que los niveles de agua en el tramo de interés no dependen de dicha condición. De esta manera se independizan los resultados en el tramo de estudio de las posibles incertidumbres en dichos calados.

En la figura 15 se muestra la convergencia, en el entorno de la abscisa 1000, de los tres perfiles estudiados, para tres condiciones de contorno distintas (19 m, 20 m y 21 m) en el extremo aguas abajo. Por otro lado, la *figura 16* corresponde a la ampliación de la anterior en el tramo entre las abscisas 0 y 2000 m. En esta se aprecia con mayor detalle dicha convergencia.

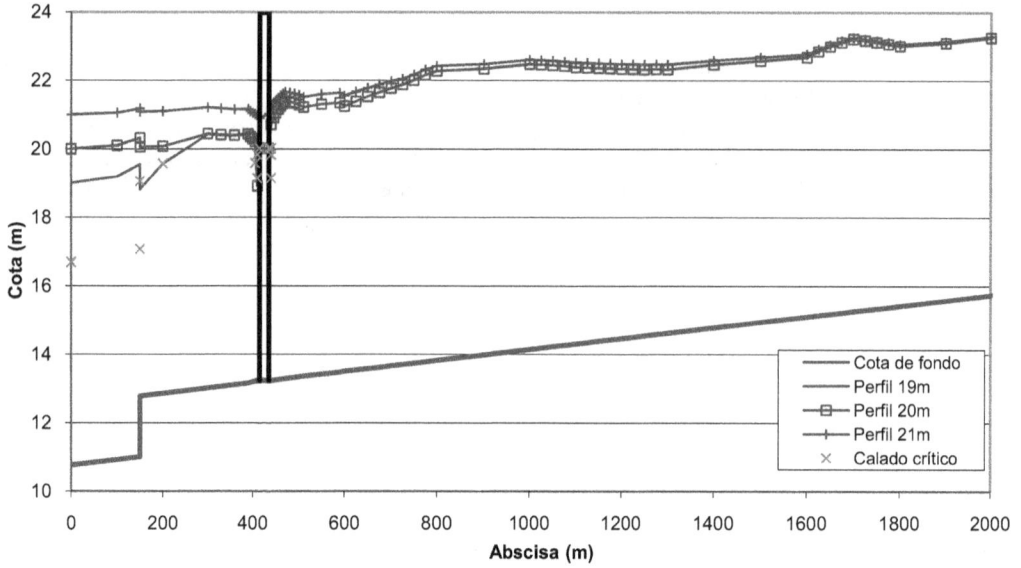

*Figura 16 Ampliación de la figura 15 entre las abscisas 0 y 2000 m.
Observar como los tres perfiles obtenidos tienden a converger independientemente
de la condición de contorno del extremo aguas abajo*

4. Estructuras, encauzamientos y confluencias

4.1 Análisis de puentes

4.1.1 Conceptos teóricos básicos

A menudo, en cursos de agua las contracciones y expansiones del flujo se dan de forma encadenada, primero una contracción y acto seguido una expansión que recupera el ancho inicial. Es el caso de flujos a través de las pilas de un puente. El interés principal se presenta en analizar la sobreelevación de la lámina, aguas arriba del puente, debida a su presencia.

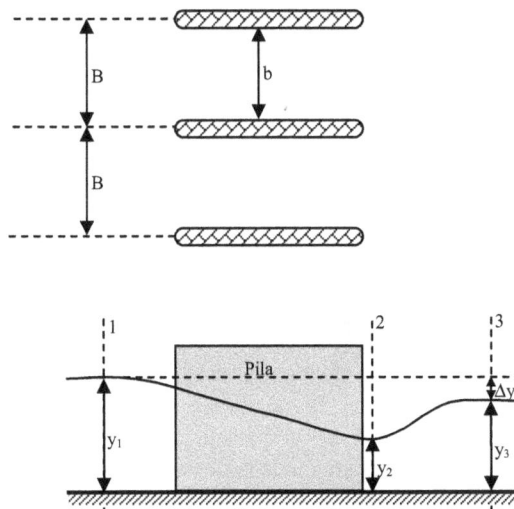

Figura 1. Esquema del flujo a través de las pilas de un puente

Generalmente, la acción del flujo sobre las pilas del puente es pequeña, comparada con las otras fuerzas que pueden actuar. El flujo a través de las aperturas entre pilas se puede analizar mediante las ecuaciones de continuidad, energía y cantidad de movimiento.

En la figura 1 se muestra el flujo a través las aperturas, con una aproximación en régimen lento, que es el más habitual en estos casos. La ecuación de cantidad de movimiento entre las secciones 1 y 3 definidas en la mencionada figura 1 se escribe como sigue:

$$\left(\frac{\rho \cdot g \cdot y_1^2}{2} - \frac{\rho \cdot g \cdot y_3^2}{2} \right) \cdot B - C_D \cdot b \cdot y_3 \cdot \rho \cdot v_3^2 = \rho \cdot v_3 \cdot y_3 \cdot B \cdot (v_3 - v_1) \tag{1}$$

Donde C_D es el coeficiente de arrastre de la pila. Entonces:

$$(y_1 - y_3)\cdot(y_1 + y_3) - C_D\cdot\left(\frac{b}{B}\right)\cdot y_3\cdot\frac{v_3^2}{g} = \frac{2\cdot v_3\cdot y_3\cdot(v_3 - v_1)}{g} \qquad (2)$$

Puesto que por continuidad $v_1\cdot y_1 = v_3\cdot y_3$, denominando $(y_1 - y_3) = \Delta y$, simplificando queda:

$$\Delta y\cdot(2\cdot y_3 + \Delta y) = C_D\cdot\frac{b}{B}\cdot y_3\cdot\frac{v_3^2}{g} + \frac{2\cdot v_3^2\cdot y_3}{g}\cdot\left(1 - \frac{1}{1+\dfrac{\Delta y}{y_3}}\right) \qquad (3)$$

Siendo $Fr_3 = \dfrac{v_3}{\sqrt{g\cdot y_3}}$. Obviando el término $\left(\dfrac{\Delta y}{y_3}\right)^3$, porque en primera aproximación es pequeño comparado con el resto de términos, y simplificando:

$$\left(\frac{\Delta y}{y_3}\right) = \frac{A + \sqrt{A^2 + 12\cdot C_D\cdot\left(\dfrac{b}{B}\right)\cdot Fr_3^2}}{6} \qquad (4)$$

Donde:

$$A = \left(C_D\cdot\frac{b}{B} + 2\right)\cdot Fr_3^2 - 2 \qquad (5)$$

Las condiciones a la sección 3 se pueden suponer conocidas, puesto que, en régimen lento, vienen determinadas por una condición de contorno aguas abajo; por lo tanto, las ecuaciones anteriores se pueden resolver para obtener Δy, siempre que el coeficiente C_D sea conocido.

Se han estudiado las variaciones de C_D en función de la relación b/B, para determinadas formas de pilas. Estos estudios se han restringido a flujos de aproximación sin gradientes de velocidad apreciables. Si no se conoce C_D, el uso de estas ecuaciones se complica mucho. En la tabla 1 se presenta como varían los valores de C_D en función de la forma de la pila.

Tabla 1 Variación de C_D para varias formas de pilas.

Forma de la pila	C_D
Pila circular	1.20
Pila alargada con extremos semicirculares	1.33
Pilas elípticas con relación 2:1 (largo:ancho)	0.60
Pilas elípticas con relación 4:1 (largo:ancho)	0.32
Pilas elípticas con relación 8:1 (largo:ancho)	0.29
Pilas con extremos cuadrados	2.00
Pilas con extremos triangulares con ángulo de 30°	1.00
Pilas con extremos triangulares con ángulo de 60°	1.39
Pilas con extremos triangulares con ángulo de 90°	1.60
Pilas con extremos triangulares con ángulo de 120°	1.72

Experimentos en flujos a través de pilas de puentes, hechos por Yarnell, han dado como resultado la fórmula empírica siguiente:

$$\frac{\Delta y}{y_3} = K \cdot Fr_3^2 \cdot \left(K + 5 \cdot Fr_3^2 - 0.6 \right) \cdot \left(\alpha + 15 \cdot \alpha^4 \right) \tag{6}$$

Donde $\alpha = 1 - \dfrac{b}{B}$ y K es función de la forma de la pila. Los valores más habituales de K se resumen en la tabla .

El valor de $\Delta y / y_3$ puede ser, como máximo, de un 10% a un 15% diferente del que da por la ecuación de Yarnell, cuando la relación entre la longitud y la anchura de la pila aumenta por encima de 13.

Tabla 2 Variación de K con la forma de la pila, para pilas con relaciones largo-ancho iguala a 4

Forma de la pila	K
Nariz y cola semicirculares	0.9
Nariz y cola formados por dos curvas circulares, cada una de radio igual a 2 veces el ancho de la pila y cada una tangente a la cara de la pila	0.9
Pilas semicirculares gemelas con un diafragma de conexión	0.95
Pilas semicirculares gemelas sin diafragma de conexión	1.05
Nariz y cola en triángulo rectángulo	1.05
Nariz y cola cuadrados	1.25

También hace falta tener en cuenta que la ecuación de Yarnell sólo es válida si la contracción no provoca un régimen crítico en la sección 2. La contracción que causa régimen crítico se puede obtener aplicando la ecuación de conservación de cantidad de movimiento, entre las secciones 2 y 3, y considerando que el calado en la sección 2 es crítico.

Si la energía se puede suponer constante entre las secciones 1 y 2, la contracción límite es (French, 1988):

$$\sigma_{Limit} = \left[\frac{27 \cdot Fr_1^2}{\left(2 + Fr_1^2\right)^3} \right]^{1/2} \tag{7}$$

Si la energía se puede suponer constante entre 2 y 3, la contracción limite es (French, 1988):

$$\sigma_{Limit} = \frac{\left(2 + \dfrac{1}{\sigma_{Limit}}\right)^3 \cdot Fr_3^4}{\left(1 + 2 \cdot Fr_3^2\right)^3} \quad \text{dónde } \sigma = 1 - \alpha \tag{8}$$

Henderson (1966) recomendó directamente la ecuación (8) porque no depende de la suposición de la conservación de la energía y, además, las variables independientes que aparecen son conocidas a priori.

Un buen diseño hidráulico de la distribución de las pilas de un puente es aquel en que la contracción que crea no provoca condiciones críticas. En este caso, como ya se ha dicho, la ecuación de Yarnell se puede aplicar. Por otro lado, es interesante tener en cuenta que las pérdidas de energía debidas a las pilas pueden ser estimadas calculando la diferencia de energías (trinomio de Bernoulli) entre las secciones 1 y 3, energías que se pueden calcular fácilmente, puesto que los calados y las velocidades en estas secciones son conocidos, gracias a la ecuación de Yarnell.

4.1.2 Introducción de un puente en HEC-RAS

El acceso al editor de puentes se realiza desde el propio editor de geometría, tal como se muestra en la figura 2. Para introducir un puente HEC-RAS es necesario que las secciones inmediatamente aguas arriba y abajo cumplan unas condiciones preestablecidas, que se esquematizan en la figura 3.

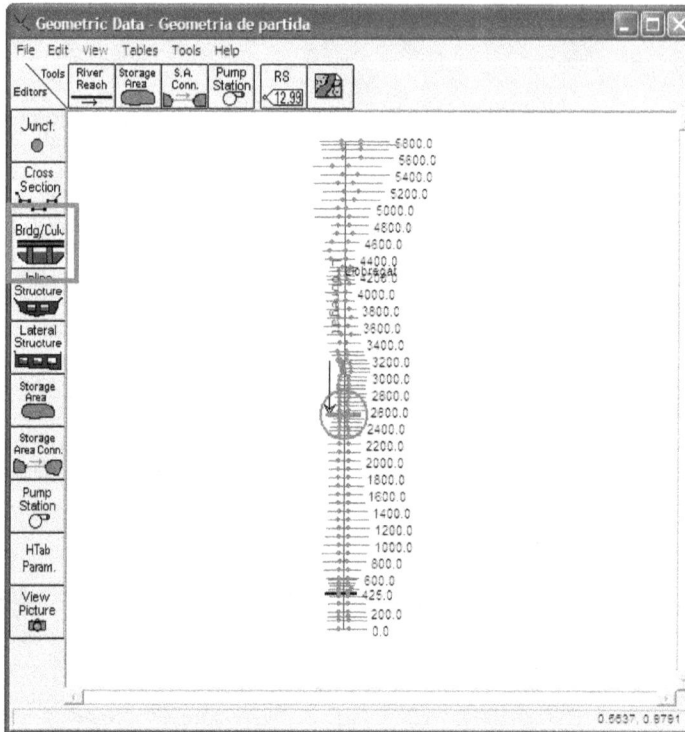

Figura 2. Acceso al editor de puentes desde el editor de geometría

Así, la sección 1 se encuentra suficientemente aguas abajo de la estructura de manera que el flujo no se vea afectado por la propia estructura. Así, desde el paso bajo el puente hasta la sección 1 el flujo sufre una expansión. La distancia entre el puente y la sección 1 variará dependiendo del grado de expansión, la forma de la expansión, el caudal y la velocidad del flujo. En la tabla se presentan los rangos de las ratios de expansión que se pueden usar para distintos grados de constricción, diferentes pendientes y diferentes proporciones del coeficiente de rugosidad de Manning de las llanuras de inundación con el del canal principal. Una vez que se ha seleccionado una ratio de expansión, la distancia L_e de la figura 3 se determina multiplicando la ratio de expansión por el valor medio de la obstrucción que se obtiene como el promedio de las distancias AB y CD de la figura 3. Los valores en el interior de la tabla corresponden a los rangos de la ratio de expansión. Para cada rango, habitualmente el valor mayor se asocia al caudal mayor.

Tabla 3 Rangos de ratios de expansión. El coeficiente b/B representa la ratio entre la apertura del puente y el ancho de la llanura de inundación, n_{ob}/n_c es la relación entre el coeficiente de Manning de la llanura de inundación y el del canal principal y S es la pendiente longitudinal.

		n_{ob}/n_c=1	n_{ob}/n_c=2	n_{ob}/n_c=4
b/B=0.10	S=0.00019	1.4 – 3.6	1.3 – 3.0	1.2 – 2.1
	S=0.00095	1.0 – 2.5	0.8 – 2.0	0.8 – 2.0
	S=0.00189	1.0 – 2.2.	0.8 – 2.0	0.8 – 2.0
b/B=0.25	S=0.00019	1.6 – 3.0	1.4 – 2.5	1.2 – 2.0
	S=0.00095	1.5 – 2.5	1.3 – 2.0	1.3 – 2.0
	S=0.00189	1.5 – 2.0	1.3 – 2.0	1.3 – 2.0
b/B=0.50	S=0.00019	1.4 – 2.6	1.3 – 1.9	1.2 – 1.4
	S=0.00095	1.3 – 2.1	1.2 – 1.6	1.0 – 1.4
	S=0.00189	1.3 – 2.0	1.2 – 1.5	1.0 – 1.4

Es interesante evitar que la distancia entre las secciones 1 y 2 sea tan grande que las pérdidas por fricción no sean modeladas adecuadamente. Así si se considera necesario que la longitud del flujo de expansión aguas abajo del puente sea muy larga, será necesario disponer de una sección intermedia a la que habrá que definir convenientemente las zonas de flujo inefectivo.

La sección 2 se encuentra a una corta distancia aguas abajo del puente. Normalmente se sitúa junto al pie aguas abajo del estribo del puente.

La sección 3 debería colocarse a una corta distancia inmediatamente aguas arriba del puente. Normalmente junto al pie aguas arriba del estribo del puente. Esta sección debe reflejar el área de flujo efectiva justo aguas arriba del puente.

Finalmente, la sección 4 es una sección aguas arriba en la que pueda considerarse que las líneas de corriente son en la práctica aceptablemente paralelas y que es una sección completamente efectiva. Puede considerarse que la distancia entre la sección 4 y la 3 sea igual al menos a la longitud media de la constricción causada por los estribos del puente, es decir, la distancia promedio entre AB y CD de la figura 3.

Para definir la geometría del puente, es necesario introducir los datos correspondientes al tablero, los estribos y las pilas, si los hay. Si es necesario, se puede definir la geometría distinta del lado aguas arriba y del lado aguas abajo.

HEC-RAS precisa de numerar la sección donde se ubica el puente. El número que se dé debe encontrarse entre las dos secciones donde éste se sitúe. En la figura 4 se muestra cómo definir un nuevo puente.

En la figura 5 se observan las secciones inmediatamente aguas arriba y abajo entre las que se encontrará el puente. Así, una vez definido se procederá a caracterizar su geometría. Se puede empezar por caracterizar el tablero del puente. En la figura 6 se muestra cómo rellenar la tabla correspondiente. Las tres celdas superiores corresponden a la distancia entre la cara aguas arriba del puente y la sección inmediatamente aguas arriba, el ancho del tablero y el coeficiente de desagüe a considerar en caso de que el agua circulara sobre el tablero y este funcionara, por tanto, como vertedero. Este último parámetro, en caso de duda, se recomienda dejarlo con el valor que HEC-RAS da por defecto. A continuación se debe completar la tabla de valores abscisas (*station*) – cotas que van a permitir definir la forma del tablero en alzado, tanto de la cara aguas arriba como aguas abajo. Las variables *U.S. Embankment SS* y *D.S. Embankment SS* representan las pendientes aguas arriba y abajo de los estribos del puente respectivamente. Estos valores sólo son usados si se selecciona el método de cálculo de FHWA WSPRO, en cualquier otro caso sólo se utilizan a efectos de representación gráfica.

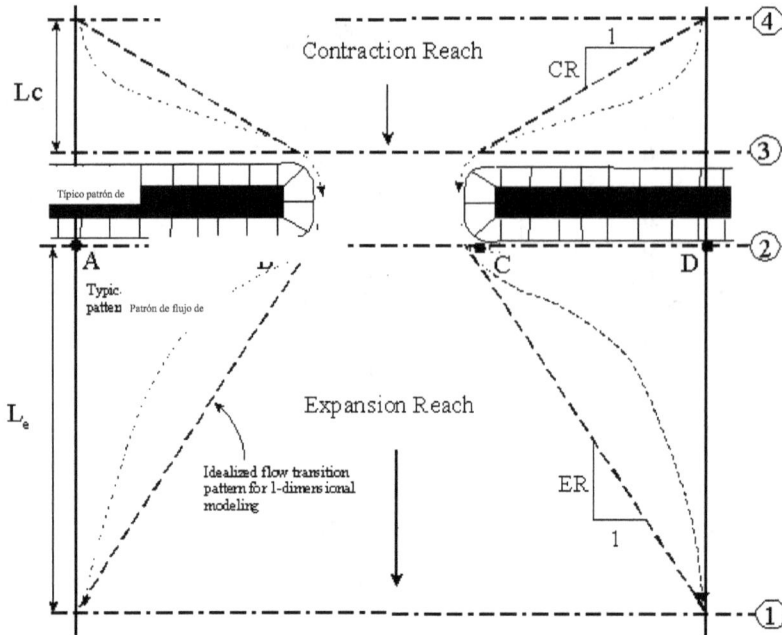

Figura 3. Localización de las secciones transversales para la incorporación de un puente en el cálculo (Fuente: HEC-RAS Hydraulic Reference)

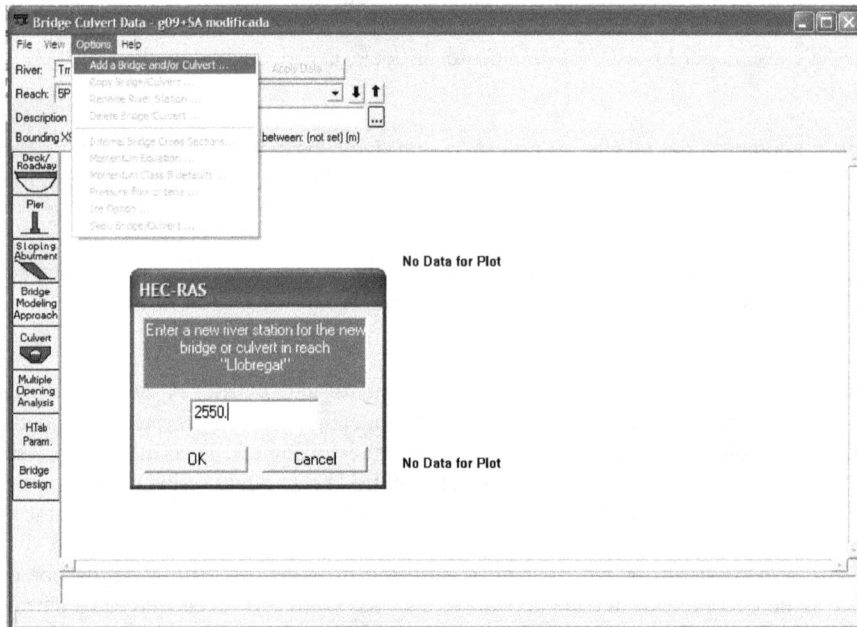

Figura 4. Añadir un nuevo puente

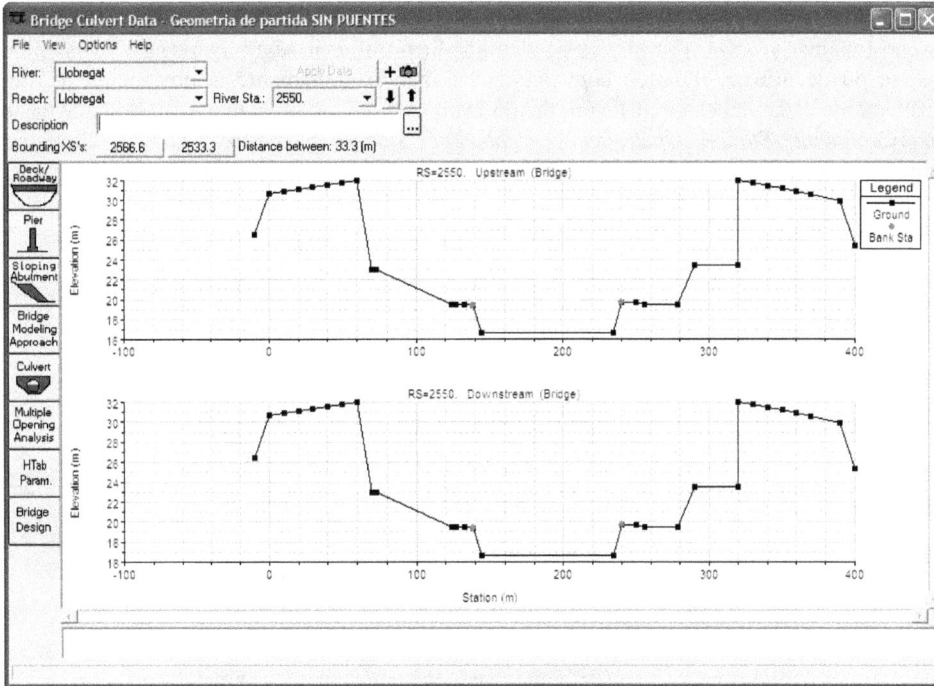

Figura 5. Secciones aguas arriba y abajo entre las que se sitúa el puente

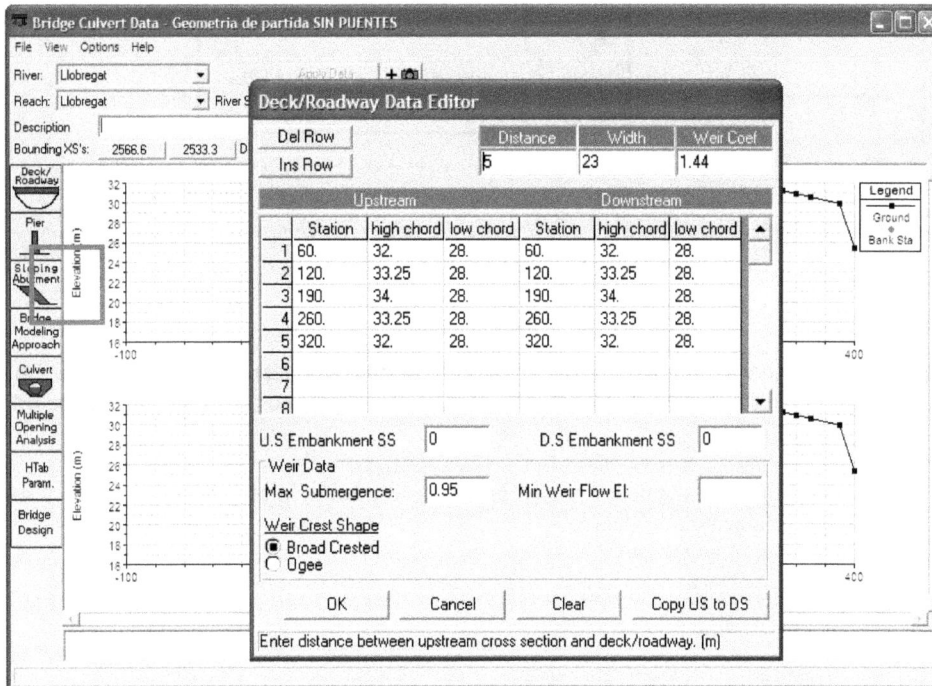

Figura 6. Definición del tablero del puente

Las pilas del puente, si las hay, se introducen como se indica en la figura 7. En este caso mediante los botones *add* (añadir) y *delete* (borrar) se pueden añadir o eliminar según convenga. Si las pilas son idénticas, se puede utilizar el botón *copy* (copiar) tomando únicamente la precaución de situarlas convenientemente cada una en su posición, dando la abscisa del eje de la pila visto desde aguas arriba y abajo (*Centerline Station Upstream* y *Centerline Station Down*stream). A continuación se introducirán de nuevo los pares de puntos abscisa, cota que definirá la geometría de la pila en cuestión, tanto desde aguas arriba como abajo.

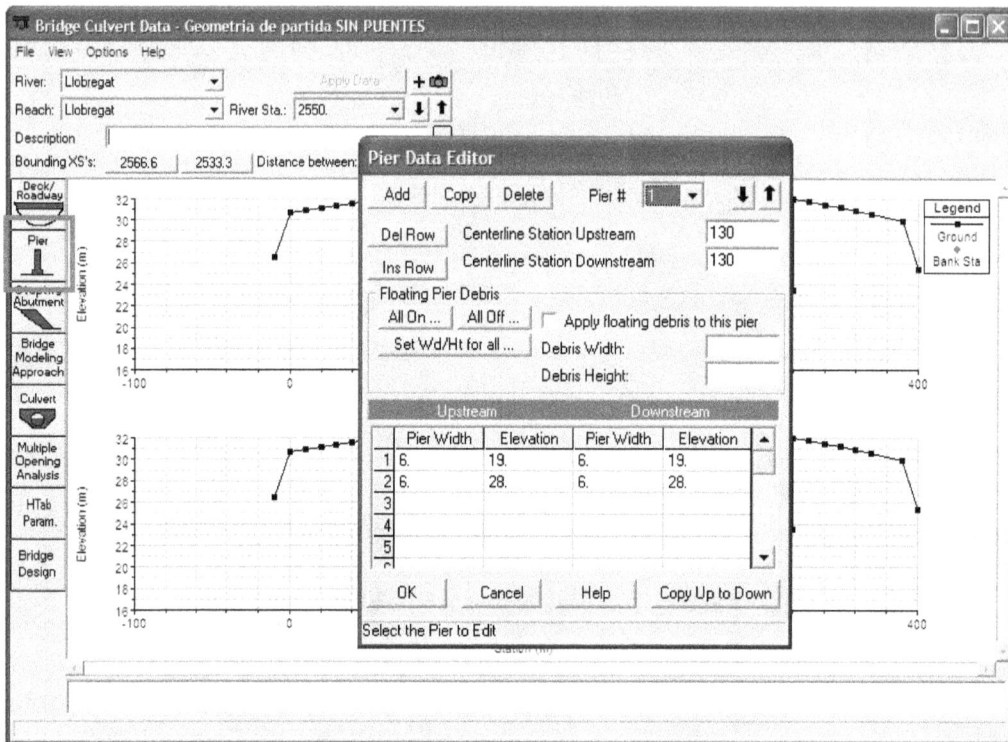

Figura 7. Definición de las pilas del puente

En la figura 8, de manera similar a como se introducen las pilas del puente, se deberá definir, si se da el caso, los estribos del puente. En el caso que se plantea en el ejemplo de trabajo no existen estribos, por tanto se deja en blanco.

De esta manera en la figura 9 se puede apreciar la proyección sobre la sección aguas arriba y sobre la sección aguas abajo del puente introducido.

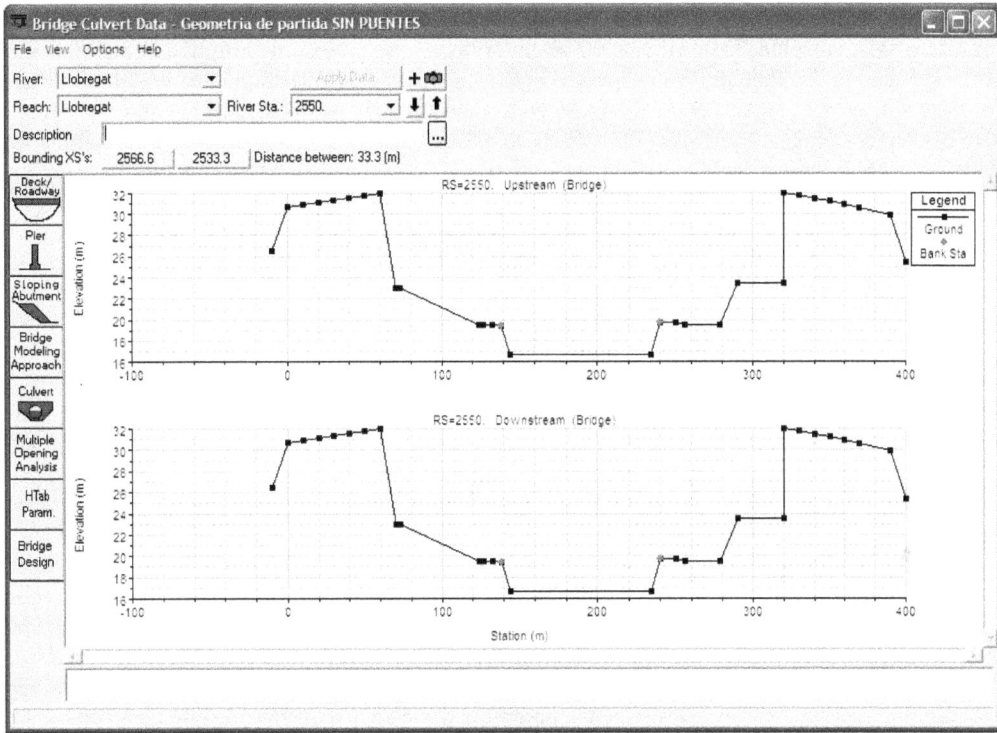

Figura 8. Definición de los estribos del puente

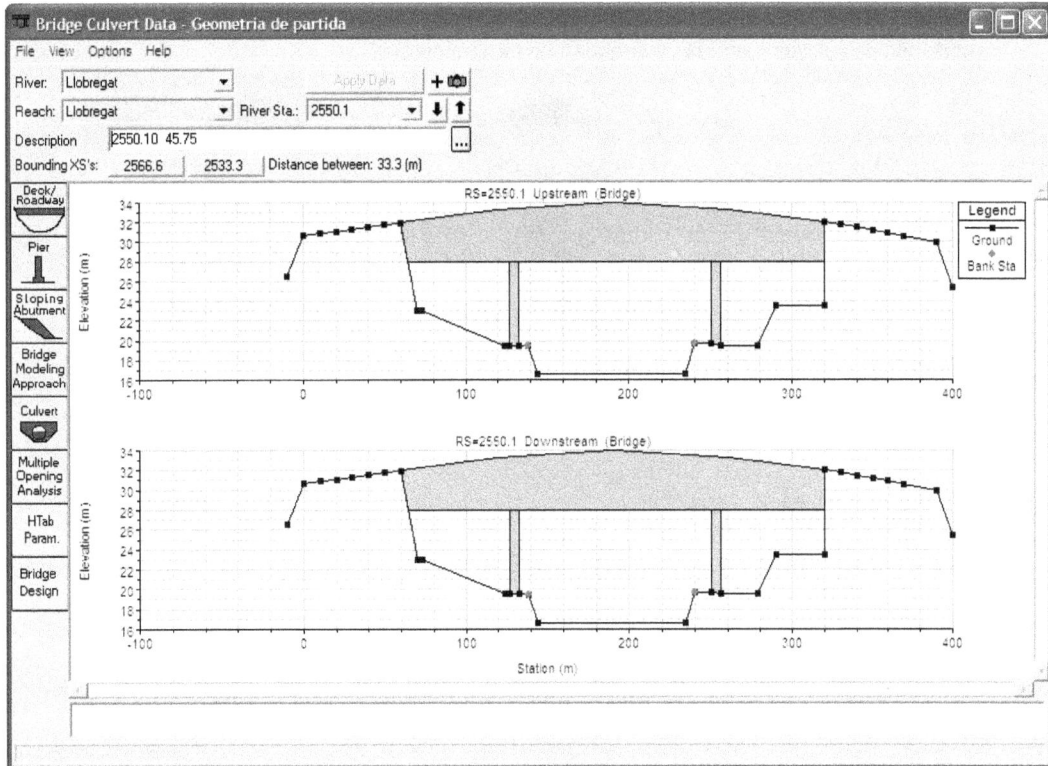

Figura 9. Aspecto final del puente añadido

Una vez definida la geometría del puente, es necesario configurar el método de cálculo que se va a utilizar para la simulación. En la figura 10 se muestra la tabla que se debe rellenar para escoger el método. El método depende de si se espera que el funcionamiento hidráulico sea en lámina libre, es decir, pase sin tocar el tablero (*Low Flow Methods*) o a presión, es decir, que el flujo pase sobre el tablero entrando el puente en carga (*High Flow Methods*). Dentro del caso del flujo en lámina libre, HEC-RAS establece la siguiente clasificación:

– **Clase A.** Cuando el flujo a través del puente es totalmente en régimen lento. En este caso son aceptables cuatro métodos para el cálculo de las pérdidas de energía en la expansión (hacia aguas abajo) y en la contracción (desde aguas arriba):
  - Ecuación de energía, es decir, el método paso a paso estándar
  - Balance de la ecuación de cantidad de movimiento
  - Ecuación de Yarnell
  - Método FHWA WSPRO. Cabe decir que este corresponde al antiguo método de cálculo de la Federal Highway Administration. Se considera que cualquiera de los otros tres tiene un mayor sentido hidráulico.

  Cabe decir que los resultados obtenidos usando los diferentes métodos difieren ciertamente poco.

– **Clase B.** Cuando el perfil de la lámina de agua presenta una sección de control (régimen crítico) en la constricción del puente. Si se da este tipo de flujo se debe correr la simulación en condiciones de flujo *mixed*. En este caso los perfiles se calcularán mediante la ecuación de cantidad de movimiento desde el régimen crítico de la sección del puente hacia aguas arriba en régimen subcrítico y en régimen supercrítico hacia abajo. En caso de que dicha ecuación no converja, el programa cambia automáticamente a la ecuación de energía.

– **Clase C.** Cuando el perfil es totalmente supercrítico. En este caso se puede utilizar tanto la ecuación de energía como la de cantidad de movimiento.

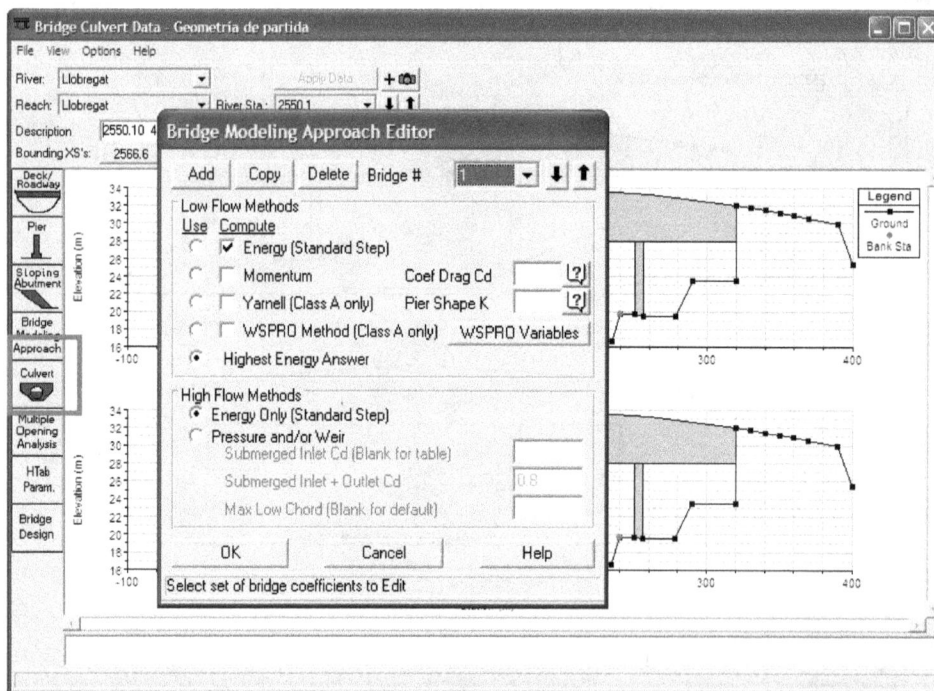

Figura 10. Selección de la metodología de cálculo del flujo a través del puente

En el caso de flujo a presión (*High Flow Methods*), el programa puede calcular a partir de la ecuación de energía (método paso a paso estándar) o mediante una ecuación de vertedero junto con el cálculo a presión, en tal caso hay que definir parámetros adicionales a menudo difíciles de estimar como el coeficiente de desagüe del puente sumergido, aunque el programa da unos valores por defecto.

4.2 Culverts

4.2.1 Conceptos básicos

Culvert es un término anglosajón que indica una conducción cerrada de longitud limitada que conecta dos tramos de canal en sección abierta. El término engloba obras de paso bajo vías, tramos de canal en túnel, alcantarillas, etc. La manera de considerar los *culverts* por HEC-RAS es muy similar a como se consideran e introducen los puentes.

Figura 11. Distintas tipologías de culvert *o paso bajo vía*

HEC-RAS incorpora distintas secciones tipo para los *culvert*s (Figura 12), aunque las secciones no consideradas se pueden incorporar en una simulación mediante la opción de cubrir una sección, como se verá más adelante. Por otro lado, el cálculo de secciones cerradas como *culverts* implica una sección transversal constante a lo largo de todo el conducto.

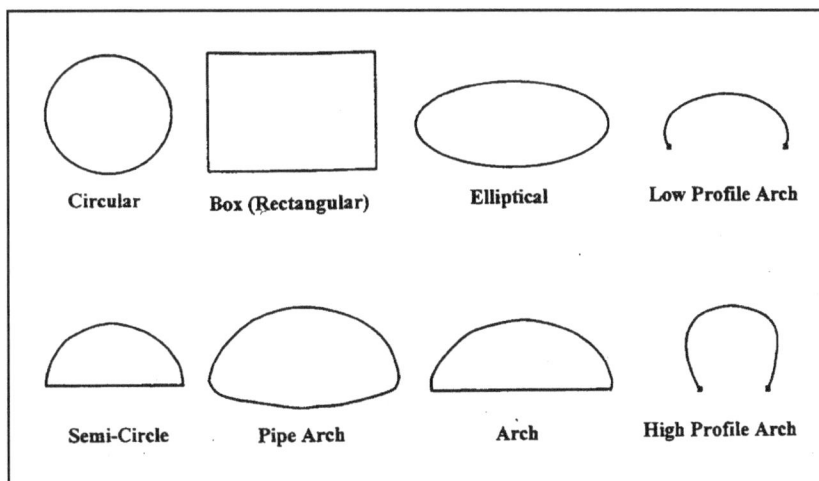

Figura 12. Secciones tipo de culverts *consideradas por HEC-RAS (Fuente: HEC-RAS Hydraulic Reference)*

El cálculo de un *culvert* puede ser relativamente complejo dependiendo de sus características hidráulicas.

El flujo en un *culvert* puede estar controlado por su extremo aguas arriba, si la capacidad en este punto es inferior a la del extremo aguas abajo. En este caso se produce una sección de control, con paso a régimen crítico, justo dentro de la entrada. Cuando esto ocurre, la capacidad del *culvert* viene condicionada fundamentalmente por la geometría de la entrada. En este caso de control desde aguas arriba, pueden existir distintos patrones en función de si alguno de los extremos, los dos, o ninguno están sumergidos (Figura 13).

Por su lado, el control desde aguas abajo se produce cuando el factor determinante es el flujo aguas abajo o la capacidad del propio conducto. También en este caso existen básicamente cuatro posibles patrones de flujo (Figura 14).

Durante el cálculo, el sistema calcula la energía necesaria en el extremo aguas arriba para tener un flujo controlado desde arriba, y también la energía necesaria para tener un flujo controlado desde abajo. En caso de que en principio sea posible un flujo controlado desde aguas arriba, se realizan una serie de cálculos adicionales para asegurar que no se produce un paso a presión. En definitiva, el sistema realiza un considerable numero de controles para determinar qué extremo controla el flujo, y posteriormente determina tanto el perfil de la lámina dentro del *culvert* como la energía en el extremo aguas arriba para poder continuar con el método paso a paso.

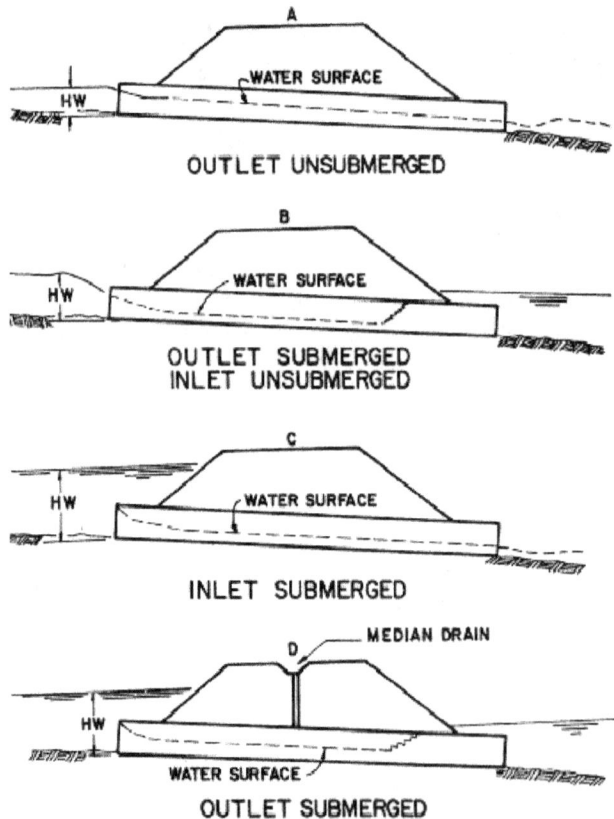

Figura 13. Distintos perfiles en un culvert *controlado desde aguas arriba (Fuente: HEC-RAS Hydraulic Reference)*

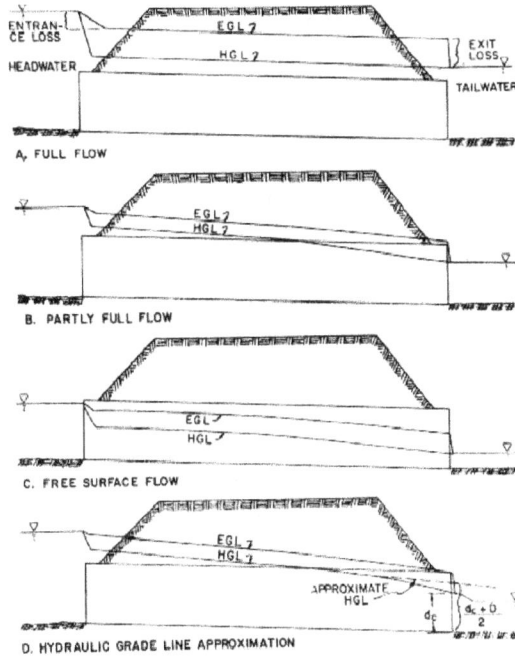

Figura 14. Distintos perfiles en un culvert *controlado desde aguas arriba (Fuente: HEC-RAS Hydraulic Reference)*

4.2.2 Introducción de un culvert en HEC-RAS

La introducción de los datos de un *culvert* es muy parecida a la introducción de los datos de un puente. Se accede desde la misma pantalla de datos geométricos (Figura 15 y Figura 17).

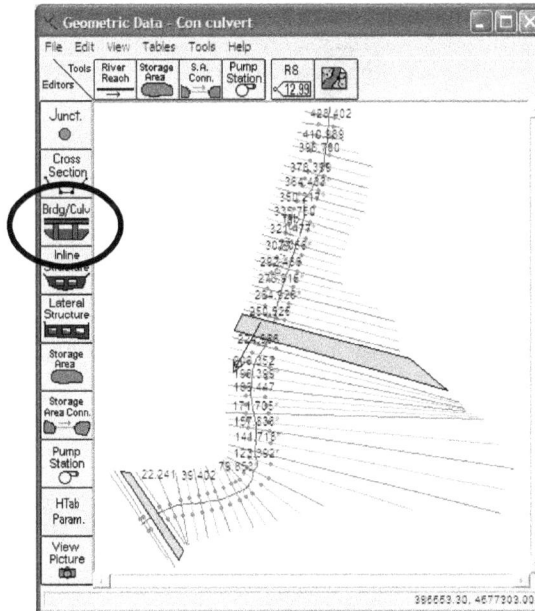

Figura 15. Acceso al editor de culverts *(Fuente: HEC-RAS Hydraulic Reference)*

Al igual que para los puentes, un culvert requiere cuatro secciones adicionales a los datos del culvert para su simulación (Figura 16):

- **Sección 1**: Aguas abajo suficientemente alejada para que el flujo se haya expandido por completo después de la contracción ocasionada por el culvert
- **Sección 2**: Situada a una corta distancia del extremo aguas abajo del culvert
- **Sección 3**: Situada a una corta distancia del extremo aguas arriba del culvert
- **Sección 4**: Aguas arriba y suficientemente alejada para que el flujo aun no esté contraído por efecto del culvert

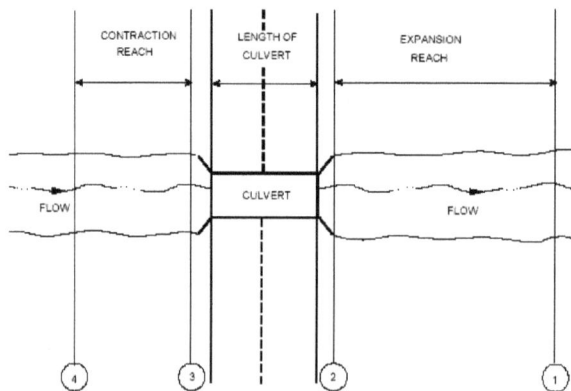

Figura 16. Secciones necesarias para un culvert

Tanto en la sección 2 como en la sección 3 es necesario definir áreas inefectivas para restringir el flujo a la sección que efectivamente contribuye al transporte. Para la contracción aguas arriba se suele considerar un ángulo en planta de 45 grados para la definición de las áreas inefectivas, mientras que en el extremo aguas abajo se suele considerar una expansión más suave (1.5:1). De esta manera, las áreas inefectivas dependerán, en planta, de la distancia de las secciones 2 y 3 a los extremos del *culvert*, mientras que en altura se suelen considerar hasta la altura de la carretera.

Para la definición de los *culverts,* los datos geométricos que se deben introducir son (Figura 17):

- Distancia a la sección aguas arriba
- Posición (abscisa o número de sección)
- Longitud (*length*) (en la dirección del flujo)
- Coeficiente de pérdidas en la entrada (tablas 6.3 y 6.4 del *Hydraulic Reference Manual*)
- Pérdidas en la salida (0.3 a 1 en función de la geometría)
- Coeficiente de Manning para el techo y solera del conducto (tablas 6.1 y 6.2)
- Cota de solera (aguas arriba y aguas abajo)
- Sección
- Geometría de la entrada

Es destacable que desde la misma ventana de introducción de datos se accede a una ayuda con las tablas de coeficientes de pérdidas localizadas y coeficientes de Manning recomendables, así como con secciones tipo y geometrías de los extremos.

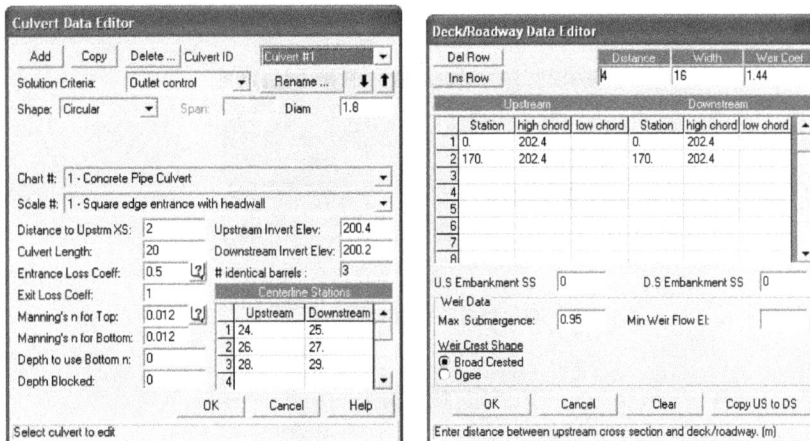

Figura 17. Introducción de datos de un culvert

Por otro lado, al igual que en los puentes, es necesario introducir los datos de la vía, concretamente:

- Ancho
- Distancia a sección a. arriba
- Coeficiente de desagüe (en caso de vertido por encima de la vía)
- Perfil longitudinal por puntos

4.3 Secciones cerradas

4.3.1 Conceptos básicos

Como se ha indicado en el apartado 4.2.1, la consideración de secciones cerradas mediante *culverts* tiene unas limitaciones en cuanto a posibles secciones tipo y, por otro lado, se supone una sección constante a lo largo de todo el conducto. En el caso de que la geometría no se ajuste a estas limitaciones, existe otra posibilidad para considerar secciones cerradas: la incorporación de un techo a una sección.

En este caso, el cálculo a través del conducto se realiza con el método general de HEC-RAS de resolución de la ecuación de la energía con el método paso a paso, pero considerando la limitación de área y el conducto mojado del techo de la sección.

Esta metodología, conocida como método de la ranura o *slot* resulta en un cálculo menos elaborado que el método de los *culverts* (en cuanto a coeficientes de pérdidas de las distintas geometrías, facilidad de entrada de datos, flujo por vertido por encima de la vía, etc.), pero puede ser interesante en el caso que la sección transversal o el perfil longitudinal del conducto no sean constantes, o bien la sección transversal no se ajuste a ninguna de las incorporadas por HEC-RAS en el cálculo de *culverts*.

4.3.2 Introducción de una sección cerrada en HEC-RAS

La inclusón de un techo a una sección cualquiera se realiza desde el mismo editor de secciones (Opción *Add Lid to X*S, Figura 18)

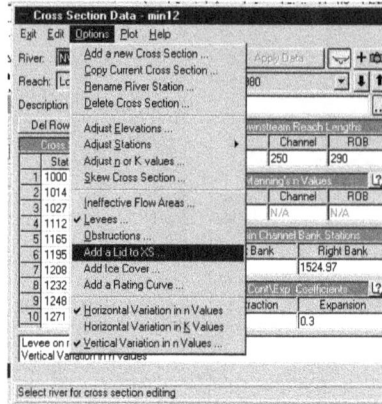

Figura 18. Acceso al editor de techo de una sección

A partir del cual se accede a un editor de coordenadas de la cota del techo (*Low EL*) y cota del terreno sobre el mismo (*High EL*) (Figura 19).

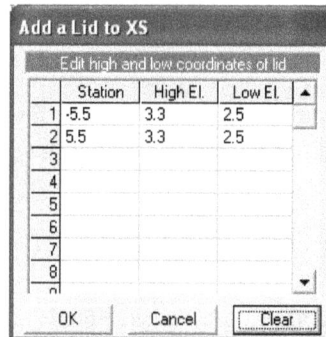

Figura 19. Datos del techo de una sección

Tanto en la representación de la sección transversal del editor de secciones como en la representación gráfica de resultados (en secciones y perfiles) aparecerá el techo de la sección coloreado en gris (Figura 20)

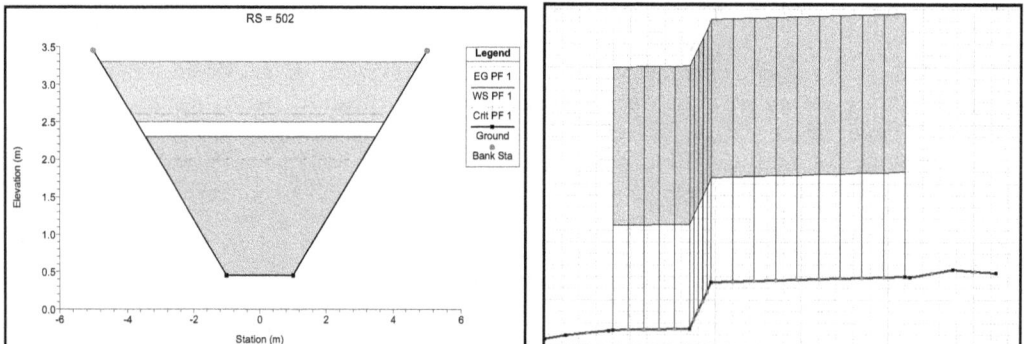

Figura 20. Visualización del techo de una sección

4.4 Diseño de encauzamientos

4.4.1 Conceptos básicos

HEC-RAS incorpora la posibilidad de realizar modificaciones geométricas de un cauce existente mediante una serie de cortes trapezoidales. De esta manera se pueden obtener secciones regularizadas en los tramos de río definidos, así como perfiles longitudinales de pendiente constante. En definitiva,las posibilidades de modificación de un cauce con esta metodología son:

- Hasta 3 cortes trapezoidales de las secciones del cauce
- Pendiente distintas en márgenes distintas
- Cambios en la rugosidad
- Cambios en las distancias entre secciones
- Cálculo de volúmenes de excavación y relleno
- Los cambios se pueden guardar en nuevos archivos de geometría

4.4.2 Modificación de la geometría por encauzamiento en HEC-RAS

El acceso al editor de geometría para modificar el cauce es a través del menú *Channel Modification* en la Herramientas *Tools* del editor de geometría (Figura 21).

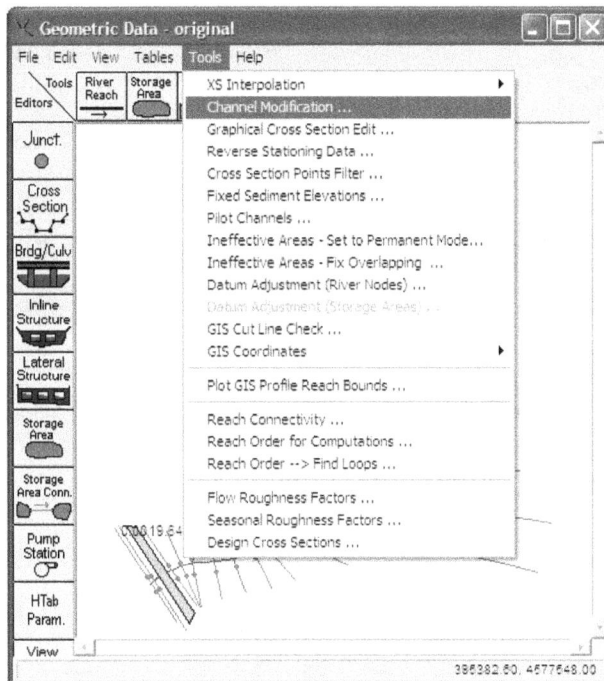

Figura 21. Acceso a la modificación de la geometría del cauce

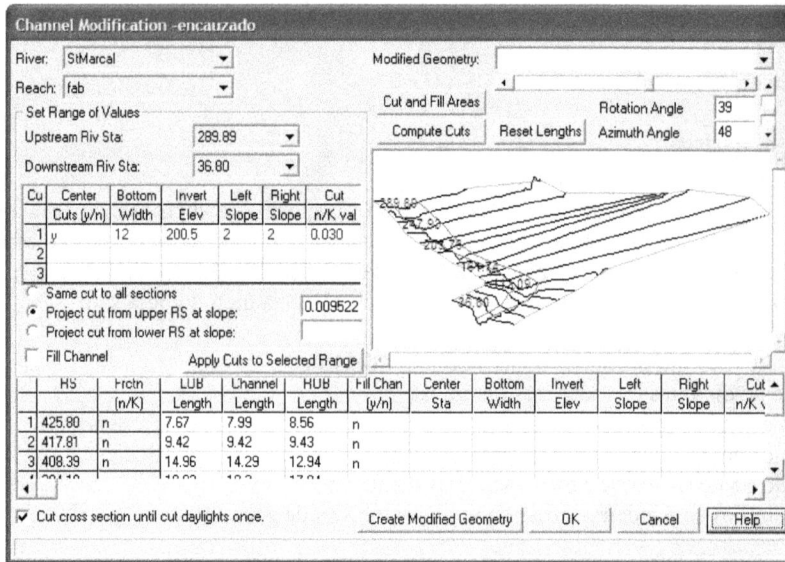

Figura 22. Editor de cambios de la geometría del cauce (encauzamientos)

Una vez en la ventana de edición de modificaciones (Figura 24), es necesario introducir los siguientes datos:

- Rango de secciones que se debe modificar: *Upstream Riv. Sta.* y *Downstram Riv. Sta.*
- Método de entrada de datos (*Center Cuts y/n*): *y* centrará el corte entre los puntos de definición da las márgenes del cauce central (*Main Channel Bank Stations*), mientras que si se entra el valor *n,* se deberá especificar la abscisa del punto central de cada corte.
- Ancho de base de cada corte (*Bottom Width*).
- Cota de fondo del corte (*Invert Elevation*) Se define una cota de fondo para el corte. En misma pantalla se puede escoger si se aplica dicha cota a todas las secciones (*Same cut to all sections*) o si se proyecta un perfil constante con una pendiente determinada a partir de la cota introducida hacia aguas abajo (*Project from upper RS*) o hacia aguas arriba (*Project from lower RS*).
- Pendientes laterales del talud del corte (*Left Slope* y *Right Slope*)
- Coeficiente de rugosidad del corte (*Cut n Val*)
- Relleno del cauce central (*Fill Channel*). Si se marca la casilla antes de ralizar el corte el programa rellena el cauce central. De esta manera no habrá puntos del cauce central por debajo del corte definido.

Una vez completados los datos precedentes, se debe pulsar para aplicarlos al tramo especificado (*Apply Cuts to Selected Range*). Con esta acción se rellena automáticamente la tabla que definirá el corte a realizar en cada una de las secciones seleccionada. Si se desaa, antes de realizar los cortes se puede modificar manualmente dicha tabla para refinar el proceso de corte.

Finalmente, si se desea, se puede marcar la ultima casilla (*Cut cross section until daylights once*). En caso de hacerlo, los cortes empiezan en la base del trapecio, se corta el terreno hasta que se alcanza la superficie del terreno por primera vez, y el corte se detiene. Si no se ha marcado, se sigue cortando el terreno que se encuentre dentro del trapecio a cotas superiores.

Una vez definidos los datos de los cortes, se procede a modificar la geometría pulsando el botón de *Compute Cuts*. Cada vez que se pulsa el botón se aplican los cambios definidos en la tabla a la geometría original. Asimismo, el botón *Cut and Fill Areas* calcula las áreas y volumen de excavación o relleno.

Finalmente, es necesario guardar los cambios. Para ello es necesario introducir un nombre para la geometría modificada en *Modified Geometry* y pulsar *Save Geometry*. En este momento se crea un nuevo archivo de geometría. De todos modos, la geometría cargada en el *Plan* es la geometría original, por lo que, si se quieren realizar cálculos con la nueva geometría creada, será necesario antes abrir el archivo.

4.5 Obtención de la vía de intenso desagüe o Floodway

4.5.1 Conceptos básicos

HEC-RAS entiende como *floodway* la parte del cauce y llanura que permite desaguar la avenida de referencia con un aumento de lámina de agua inferior a un cierto valor dado (FEMA), concepto similar al de *vía de intenso desagüe*. El cálculo para su obtención requiere de un proceso iterativo a base de definir una serie de *encroachments* u obstrucciones y comprobar la sobreelevación producida por las mismas.

Para la estimación de las dimensiones de estas obstrucciones o *encroachements* HEC-RAS dispone de distintas opciones. El proceso de cálculo consiste en fijar la sobreelevación esperada en la lámina y utilizar alguno de los cinco métodos establecidos para tener una estimación de las dimensiones del *encroachement*, para ir refinando sus límites. Los métodos que dispone HEC-RAS para su estimación son:

- Método 1: Imposición directa de los límites izquierdo y derecho.
- Método 2: Se especifica ancho superficial. HEC-RAS calcula la posición en la sección.
- Método 3: HEC-RAS determina la posición para conseguir una determinada reducción en el valor de la *conveyance*.
- Método 4: Se busca mantener el valor original de *conveyance*. La lámina puede ser mayor o menor que el valor especificado.
- Método 5: Concepto parecido al método 4, pero con otro algoritmo optimizado para régimen rápido, cauces estrechos y secciones muy separadas.

Durante el proceso iterativo suele ser recomendable empezar con los métodos 4 o 5 para tener una primera estimación de la posición de las obstrucciones o *encroachments*, para terminar con el método 1 hasta ajustar el valor objetivo de sobreelevación..

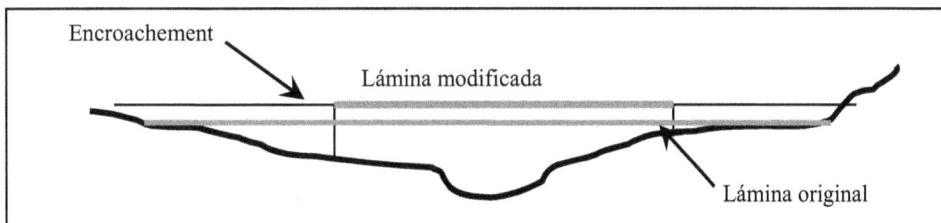

Figura 23. Efecto de las obstrucciones o encroachements *en la lámina de agua*

4.5.2 Introducción de los datos para el cálculo de la vía de intenso desagüe

La introducción de datos de obstrucciones o *encroachments* para la determinación de la vía de intenso desagüe se realiza con el editor que se encuentra como primera opción en la venteda del análisis en régimen permanente (Figura 11).

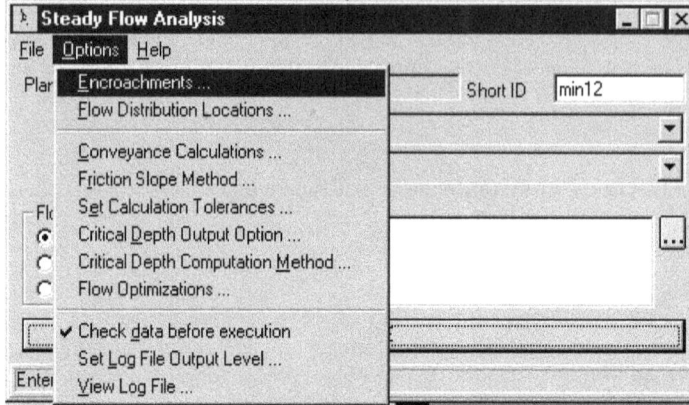

Figura 24. Acceso a la introducción de datos de encroachments

Para poder realizar el cálculo es necesario en primer lugar crear un nuevo perfil que corresponderá al perfil modificado por el encroachment, el cual se podrá comparar con el perfil original. En caso de no hacerlo, al introducir los datos HEC-RAS avisará de que esto es necesario.

Una vez en el editor, se debe escoger un rango de secciones y un método, imponer el método y los datos necesarios en dicho rango, y pulsar el botón *Set selected range*. Los datos cambiarán en función del método escogido. Por ejemplo, para el método 1 se introducen directamente las abscisas de los extremos de las obstrucciones por cada margen, mientras que con el método 4 se introduce la sobreelevación esperada (Figura 25). En la misma ventana se pude escoger en qué perfil se aplicarán los cambios.

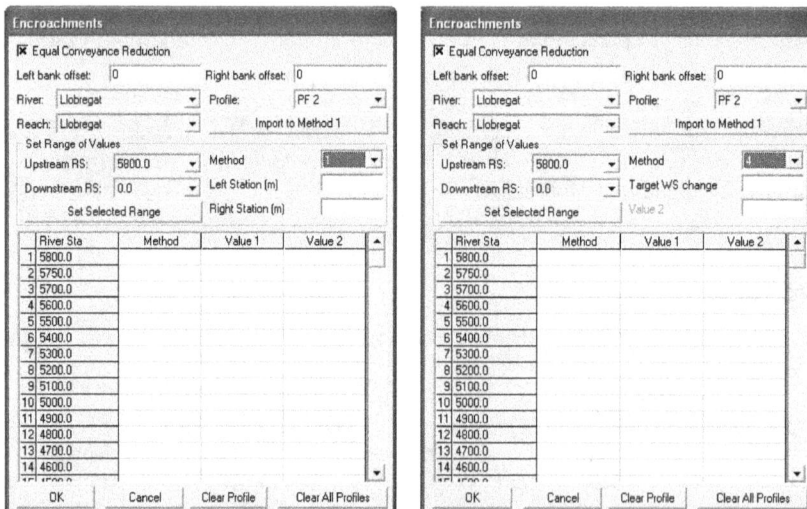

Figura 25. Introducción de datos de encroachments

Una vez introducidos los datos utilizando el editor, se debe proceder a observar los resultados obtenidos, y si es necesario repetir el proceso. Una vez los valores de las sobreelevaciones se acercan a los esperados, se pueden "fijar" las posiciones de los *encroachements* gracias al botón *Import to Method 1*.

Los resultados del cálculo realizado se pueden ver tanto de forma gráfica (Figura 26) como numéricamente con alguna de las tablas estandarizadas existentes (Figura 27)

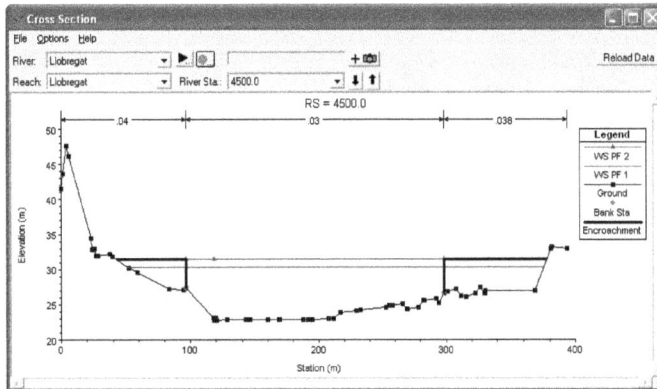

Figura 26. Resultados gráficos de un cálculo de encroachments

Figura 27. Introducción de datos de encroachments

4.6 Confluencias y bifurcaciones

4.6.1 Conceptos básicos

HEC-RAS permite calcular confluencias de ríos y bifurcaciones. De esta manera también es posible calcular redes de ríos y de canales.

En función del tipo de unión, y del tipo de flujo (subcrítico, supercrítico), existen distintas maneras de abordar el cálculo, para las cuales se deberán suministrar sus correspondientes datos. De manera resumida, los cálculos de una unión (bifurcación o confluencia) pueden hacerse según:
- Ecuación de la energía
- Ecuación de conservación de la cantidad de movimiento

Evidentemente, el cálculo con la ecuación de la energía no puede considerar el efecto del ángulo de llegada o salida de los distintos cauces, por lo que cuando el efecto de este es importante se deberá recurrir a la ecuación de conservación de la cantidad de movimiento. Es de destacar que aunque el ángulo sea grande es posible que su influencia sea pequeña, por ejemplo cuando todos los cauces funcionan en régimen lento. La influencia en el ángulo será mayor para flujos supercríticos y ángulos grandes.

En general, habrá seis situaciones distintas en función de la geometría de la unión y el régimen hidráulico

Tabla 4 Combinaciones de geometría de la unión y régimen hidráulico.

	Tipo de flujo	Geometría unión
1	Lento	Confluencia
2	Rápido	Confluencia
3	Alternancia	Confluencia
4	Lento	Bifuración
5	Rápido	Bifuración
6	Alternancia	Bifuración

A continuación se detallan las posibles metodologías de cálculo para cada una de las situaciones

4.6.2 Confluencia en régimen lento

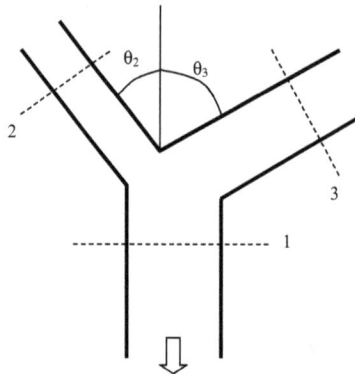

Figura 28. Notación en una confluencia

Se conoce la lámina en 1 y los caudales.

Cálculo por energía:
Conocidos los caudales, se efectúa el cálculo por el método paso a paso entre las secciones 1 y 2 y entre la secciones 1 y 3. De esta manera se obtiene la energía aguas arriba de la unión.

Cálculo por cantidad de movimiento:
Conocidos los caudales, se efectúa el cálculo considerando la ecuación de conservación de la cantidad de movimiento (la variación de la cantidad de movimiento es igual a la suma de fuerzas exteriores) según la dirección del eje del cauce saliente. Conocida la lámina en la sección 1, se tiene una única ecuación, por lo que el sistema supone igualdad de cota de la lámina de agua en 2 y 3.

4.6.3 Confluencia en régimen rápido

Se conoce la lámina en 2 y 3 y los caudales.

Cálculo por energía:
Se compara la fuerza específica en 2 y 3. La sección donde ésta es mayor se considera la sección dominante. Se calcula la lámina en 1 con el método paso a paso entre la sección dominante y la sección 1.

Cálculo por cantidad de movimiento:
Conocidos los caudales, se efectúa el cálculo considerando la ecuación de conservación de la cantidad de movimiento según la dirección del eje del cauce saliente. Se tiene una única ecuación y una única incógnita (lámina en 1), por lo que el cálculo es directo

4.6.4 Confluencia con alternancia de regímenes

Los caudales son conocidos. Como siempre que se selecciona régimen mixto en HEC-RAS, el cálculo se realiza primero suponiendo régimen subcrítico y posteriormente régimen supercrítico. En cada sección, comparando las fuerzas específicas de las distintas seccione, se decide qué tipo de régimen es el que controla el flujo en la unión y se recalcula convenientemente.

4.6.5 Bifurcación en régimen lento

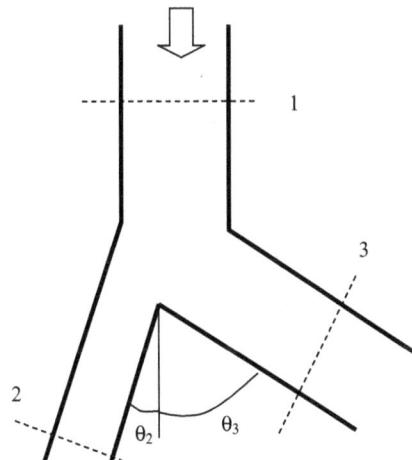

Figura 29. Notación en una bifurcación

Sólo se conoce el caudal en 1. Los caudales en 2 y 3 deben de imponerse a mano en el editor de caudales y condiciones de contorno. Una manera de determinar los caudales en los tramos aguas abajo es realizar un tanteo hasta que la energía que se obtiene en 2 y 3, al integrar el perfil de la lámina de agua en régimen lento, sea coincidente.

Cálculo por energía:
Conocidos los caudales, se calcula la lámina en 2 y en 3. Con la sección de mayor fuerza específica de las dos anteriores se efectúa el cálculo por el método paso a paso para obtener la lámina de agua en 1.

Cálculo por cantidad de movimiento:
Una vez determinados los caudales y niveles en el tramo aguas abajo, la ecuación de conservación de la cantidad de movimiento proporciona de forma directa la cota de la lámina en 1.

4.6.6 Bifurcación en régimen rápido

Igual que antes, es necesario en primer lugar determinar la distribución de caudales mediante tanteos. En este caso se conoce la lámina en 1.

Cálculo por energía:
Se calcula la lámina de agua en los cauces salientes mediante el método paso a paso entre 1 y 2 y entre 1 y 3.

Cálculo por cantidad de movimiento:
En este caso, la conservación de la cantidad de movimiento en el volumen de control entre las tres secciones aporta una única ecuación. Para la condición que falta el sistema asume igual cota de lámina en 2 y 3.

4.6.7 Bifurcación con alternancia de regímenes

Al igual que en las bifurcaciones precedentes, en primer lugar el usuario debe suponer una distribución de caudales. Como siempre que se selecciona régimen mixto en HEC-RAS, el cálculo se realiza primero suponiendo régimen subcrítico y posteriormente régimen supercrítico. En cada sección, comparando las fuerzas específicas de las distintas secciones, se decide qué tipo de régimen es el que controla el flujo en la unión y se recalcula convenientemente.

4.6.8 Introducción de una confluencia en HEC-RAS

Para crear una confluencia en HEC-RAS simplemente se deben dibujar cauces que terminen o empiecen en un punto coincidente en el editor de geometría (siempre dibujando de aguas arriba hacia aguas abajo). Las uniones se crean automáticamente. En caso de empezar o terminar un cauce sobre un punto intermedio a otro río, el sistema pedirá si se desea dividir el segundo y, en caso afirmativo, un nombre para la sección.

Una vez creada una sección, se puede editar con el botón *Junct* y darle un nombre.

En la edición de la uniones es necesario introducir el método de cálculo que se desea (energía o conservación de la cantidad de movimiento) y las distancias entre secciones. En caso de escoger cantidad de movimiento, se deben dar también los ángulos de los distintos cauces, y si en el cálculo de fuerzas exteriores se desea incluir el peso del agua y la fricción o no.

Conviene destacar que para las secciones situadas aguas arriba de una unión la distancia a la siguiente sección debe ser cero (en el editor de secciones), ya que esta distancia se introduce al introducir los datos de la unión.

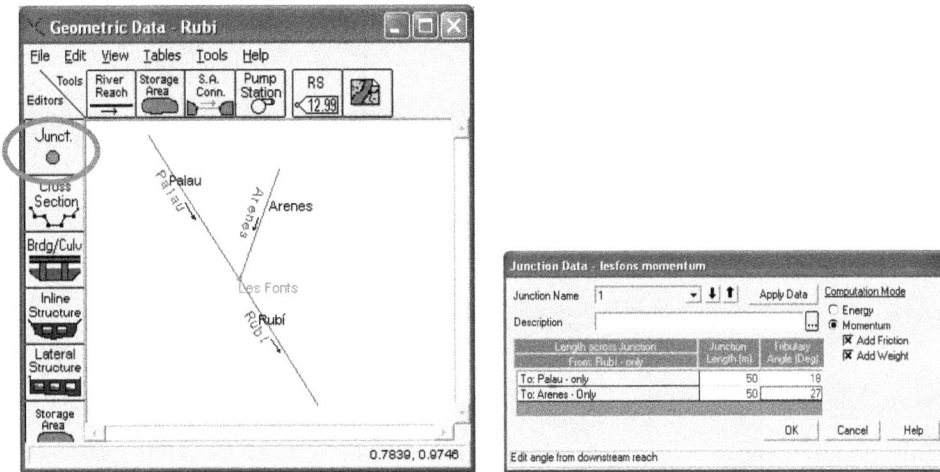

Figura 30. Edición de una unión

5. Introducción a HEC-GeoRAS mediante la utilización de SIG (ArcView 3.2)

5.1 Introducción al SIG

Si empezamos a definir un sistema de información (SI o IS, en inglés) podemos decir que se trata de un conjunto de elementos relacionados entre sí de acuerdo a un orden y a algunas reglas. Si esta definición la extendemos al caso concreto que nos atañe del Sistema de Información Geográfica (SIG o GIS, en inglés), podemos decir que un SIG es una base de datos que contiene información espacial, junto con un procedimiento, un software adecuado y un hardware con el que se puede manipular, analizar, modelar y presentar datos referenciados espacialmente para la solución o verificación de algún problema.

La información necesaria para trabajar en un GIS también se llama modelo de datos. El modelo de datos no es otra cosa que la información geográfica en un sistema de información, es decir, es la cartografía de la zona de trabajo, representada mediante coordenadas. Esta información se obtiene haciendo uso de cualquiera de las formas de captura de información como la topografía, la restitución fotogramétrica, GPS, teledetección, etc.

Los dos modelos de datos más empleados son el modelo vectorial y el raster. En ambas estructuras de datos quedan reflejadas las relaciones espaciales de los elementos entre sí, lo cual se conoce como la topología.

5.1.1 El modelo raster

El modelo raster es una estructuración del espacio discretizado en celdas cuadradas llamadas pixels, que están ordenadas en filas y columnas y se identifican por el número de la fila y el de la columna a la que pertenece.

Los elementos geográficos reales se representan mediante celdas; un elemento puntual mediante una única celda (la celda se considera como indivisible, es decir, nunca se puede hablar de media celda ni de ninguna fracción); un elemento lineal se representa mediante celdas alineadas, y un elemento poligonal como un área se representa mediante un grupo de celdas contiguas.

El formato raster permite representar variables en el espacio. El ejemplo que utilizaremos es el mapa de altitudes, donde se le asigna a cada celda un valor, de forma que se puede conocer cómo varía la altitud en toda el área del mapa. Se pueden representar de esta forma superficies tridimensionales, lo que añade una tercera variable (Z) a las dos coordenadas de cada localización (X e Y), para representar el valor de la altitud; esto es lo que se conoce como modelo digital de elevación (MDE).

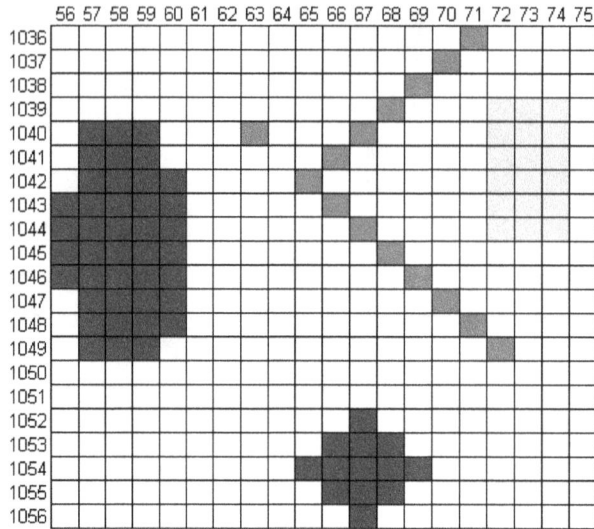

Figura 1. Mapa con estructura raster

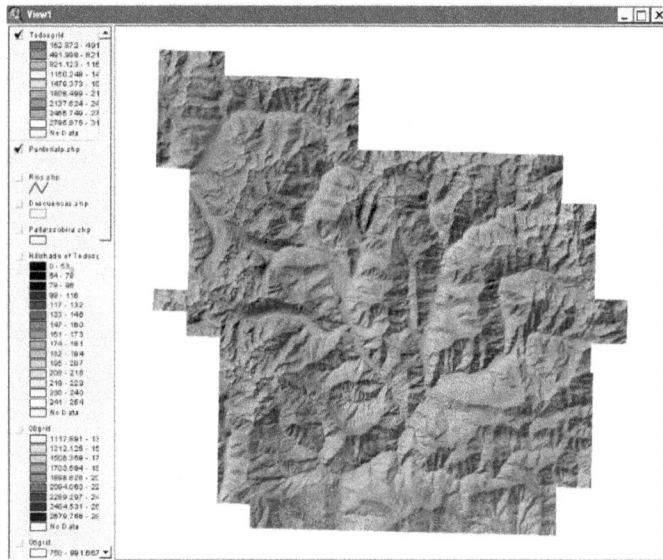

Figura 2. Mapa con modelo digital de elevación (MDE)

5.1.2 El modelo vectorial

El modelo vectorial representa cada objeto geográfico mediante puntos, líneas o polígonos. Los elementos puntuales se representan mediante un par de coordenadas "x, y" que definen la posición del punto. Los elementos lineales están representado por uno o más segmentos lineales que se unen por unos vértices que, a su vez, se representan por coordenadas "x, y", y los elementos superficiales se representan mediante las coordenadas "x, y" de los vértices de los polígonos.

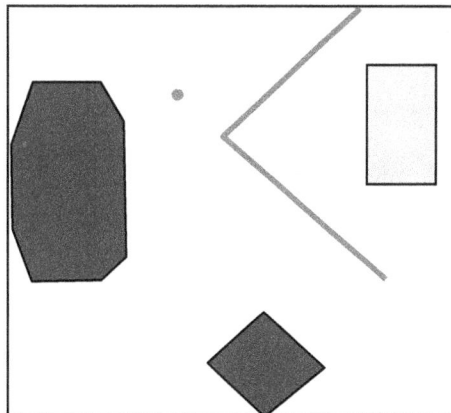

Figura 3. Mapa con estructura vectorial

5.2 Introducción a ArcView y su entorno

ArcView es una herramienta desarrollada por ESRI (Environmental Systems Research Institute). Sirve para representar datos georeferenciados, editar, analizar y trabajar con ellos, para finalmente generar informes con los resultados.

Es un programa diseñado de forma modular, porque permite incorporar, según las necesidades del trabajo, herramientas de cálculo, que no son otra cosa que "extensiones" del programa que van aumentando la capacidad de análisis y potenciando el uso del programa. También posee su propio lenguaje de programación Avenue, un lenguaje orientado a objetos y eventos, que permite personalizar la herramienta a todos los niveles, desde lo más básico hasta la programación más avanzada. Se considera como un macro.

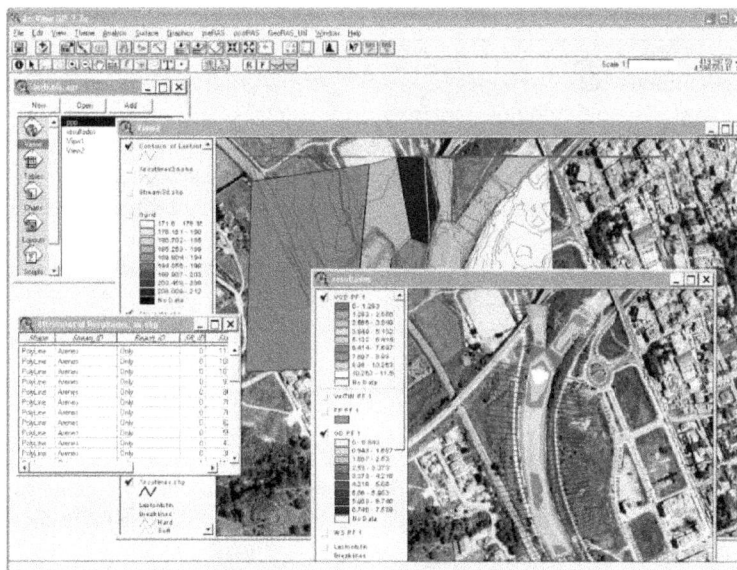

Figura 4. Entorno de trabajo de ArcView

Actualmente ArcView ha sido remplazado por ArcInfo 9.2, es decir, la evolución del anterior, aunque está reestructurado completamente. Para este tema se ha elegido trabajar con ArcView principalmente porque hoy por hoy todavía sigue siendo el programa más utilizado, sobre todo porque no requiere mucho coste computacional.

Los formatos de datos espaciales compatibles con ArcView son:

- Archivos shapefile (archivos de formas, con extensión shp), propios de ArcView.
- Coberturas de ArcInfo. Se puede acceder a casi todos los datos espaciales almacenados en este formato
- Archivos de intercambio de ArcInfo con extensión .e00, que pueden convertirse directamente al formato utilizado en ArcView.
- Datos de imagen, imágenes de satélite y fotografías aéreas.
- Dibujos CAD que se pueden leer activando la extensión del lector de CAD.
- Datos en forma de tabla, en DBase, en formato de texto (ASCII) delimitado con tabuladores o comas e INFO (el formato de base de datos utilizado por ArcInfo).

Las "extensiones" son programas complementarios que proporcionan funciones especializadas de SIG. ArcView incluye un conjunto de extensiones gratuitas:

- CAD Reader, para acceder a los formatos .dgn, .dxf o .dwg de CAD
- Dialog Designer, para crear formularios
- Digitizer, que permite la entrada directa de datos (en modo stream) a través de tabletas digitalizadoras
- Image Reader, para lectura directa de archivos en formato ADRG, CADRG, CIB, IMAGINE, JPEG , MrSID, NITF y TIFF 6.0
- Legend Tools, permite la creación de leyendas gráficas en las Layouts.

También existen una gran cantidad de "extensiones" que no son gratuitas pero muy útiles para el desarrollo de este curso:

- 3D Analyst. Permite crear modelados del terreno mediante una malla de triángulos (Triangular Irregular Network "TIN") y modelación del terreno mediante una malla de cuadrados (GRID) para datos continuos tales como elevación del terreno o gradientes de temperatura.
- Spatial Analyst. Este módulo nos permite utilizar, además de los datos vectoriales que maneja ArcView, modelos de datos raster sobre los cuales pueden generarse superficies a partir de las cuales se podrán crear mapas de pendientes o modelar cuencas de drenaje.
- HEC-GeoRas. Módulo gratuito que permite obtener a partir de un modelo de terreno tipo TIN la geometría del terreno necesario para utilizar el modelo de simulación hidráulica HEC-RAS; y también permite configurar la presentación de resultados. Este módulo es el que estudiaremos ampliamente en los siguientes apartados.

5.3 Aspectos básicos de HEC-GeoRAS

HEC-GeoRAS es una "extensión" para ArcView escrito en el lenguaje de programación Avenue. Ha sido desarrollado por el Hydrologic Engineering Center (HEC) del cuerpo de ingenieros del ejército de los Estados Unidos (centro que desarrolló el modelo hidrológico HEC-RAS) con la colaboración de ESRI (Instituto que desarrolló el ArcView).

HEC-GeoRAS, al ser una extensión de ArcView, necesita para su utilización disponer del programa ArcView, pero también hace usos de las extensiones 3D Analyst y Spatial Analyst,.

Hec-GeoRas es una herramienta de dominio público que puede ser descargado gratuitamente desde la página web de sus autores (http://www.hec.usace.army.mil/software/hec-ras/hecras-download.html), tanto el mismo programa en sus diferentes versiones como los manuales de usuario.

Cuando se activa la extensión Hec-GeoRas, se agregan 3 menús en la barra de menú de ArcView, (*preRAS, postRAS y GeoRAS_Util*). También se agregan 2 botones de proceso en la barra de herramientas y una barra de herramientas de edición que consta de 4 botones.

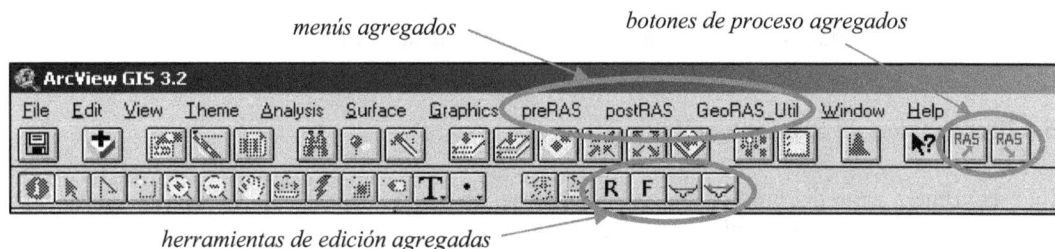

Figura 5. Interfaz agregado por HEC-GeoRAS

5.3.1 Usos de HEC-GeoRAS

HEC-GeoRAS es una herramienta muy útil, porque ayuda en la obtención e introducción de los datos necesarios al programa HEC-RAS. La información que suministra la obtiene de un modelo de terreno tipo TIN (Trianguled Irregular Network) que previamente se le ha asignado. Esta información incluye el cauce del río, las secciones transversales, rugosidades, etc., que en caso de no tener este módulo sería muy engorroso, quizá menos preciso y demandaría mucho más tiempo realizar este trabajo.

HEC-GeoRas no solo se encarga de la obtención e introducción de la información, sino también del post proceso de los resultados, pudiendo importar los resultados de calados y velocidad para ser presentados en mapas de inundación o de riesgo, que son más amigables en lo que se refiere a la lectura de resultados.

5.3.2 Esquema de trabajo

El esquema de trabajo que sigue HEC-GeoRas es el siguiente.

- **Preparación de la información**. Iniciar un proyecto en ArcView activada la extensión Hec-GeoRas, donde se carga el modelo digital del terreno en formato TIN de la zona de estudio. En caso de no tener el MDT en formato TIN, se puede crear este modelo con el programa ArcView.

- **Desarrollo del PreRAS**. En esta parte del proceso se crea la información del modelo de terreno para ser preparado en un archivo y luego importado por el programa HEC-RAS. Esta información debe contener la traza del río, las secciones transversales, la llanura de inundación, opcionalmente los coeficientes de Manning, las banquetas, las áreas inefectivas y las motas.

- **Interacción de HEC-RAS con HEC-GeoRAS.** Se ejecuta el programa HEC-RAS y se crea un nuevo proyecto; luego se importa el archivo que contiene la información de la zona de estudio y se corrige la información obtenida. Se completa la información de estructuras y se agrega la información hidrológica. Se ejecuta el programa para obtener los resultados y finalmente se visualiza y verifica los resultados obtenidos, para exportarlos en un archivo que será leído por HEC-GeoRAS.

- **Desarrollo de PostRAS**. Nuevamente se regresa al programa ArcView; con el menú PostRAS se importa el archivo RAS GIS export file, se genera la TIN y la GRID de la superficie de inundación y se genera la TIN y la GRID de la velocidad, para ser presentado y analizado de la forma que mejor nos parezca.

En los siguientes apartados trataremos más ampliamente cada uno de estos procesos.

5.4 Preparación de la información

En esta primera parte del proceso se trata de crear un proyecto en ArcView, para lo cual debe estar activada la extensión HEC-GeoRas. En el proyecto nuevo se agrega el modelo digital del terreno en formato TIN de la zona de estudio. En caso de no tener el MDT en formato TIN, se puede crear este modelo con el programa ArcView y la ayuda de la extensión 3 D Analyst y Spatial Analyst a partir de cualquier otra información geográfica en 3 D que se tenga, ya sean mapas en ficheros dxf, dwg o dgn, modelo del terreno en formato GRID o cualquier otro formato, siempre que tenga información de altitud.

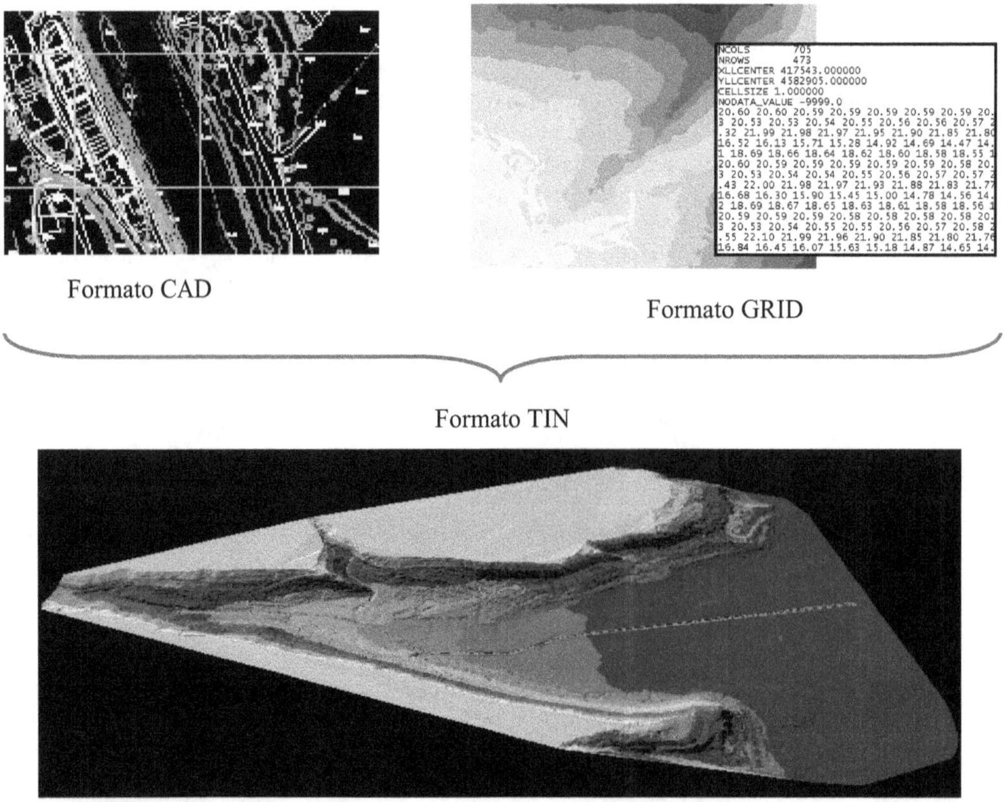

Formato CAD

Formato GRID

Formato TIN

Figura 6. Los archivos de origen que no estén en formato TIN se deben convertir a este formato

Si bien es cierto que HEC-GeoRAS trabaja con un archivo de formato TIN, no se recomienda trabajar con este archivo como fondo de trabajo, porque este archivo suele ser muy pesado y extenso y requiere mucho coste computacional. Esto hace que el trabajo sea muy lento y algunas veces desesperante, porque hay que esperar mucho por cada trazo de edición que se realice. Por ello se recomienda trabajar con un archivo de formato *shapefile* y lo más adecuado para este caso es crear un mapa de contornos a partir de formato TIN. Para ello se utiliza el ArcView, en el menú *Surface*, seleccionar la opción *create contours*, y posteriormente en la ventana de parámetros elegir el intervalo de curvas de nivel que se desee.

El mapa de contornos o curvas de nivel creado se utiliza como fondo de pantalla para la edición de temas en el proceso de PreRAS.

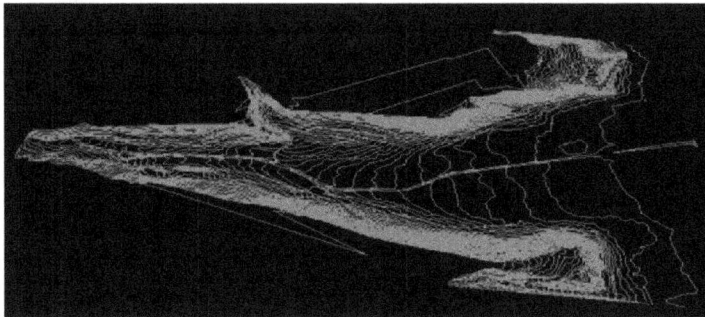

Figura 7. Mapa de curvas de nivel a partir del TIN

5.5 PreRAS

El menú PreRAS está formado por un conjunto de herramientas desplegables que sirven para crear, calcular e importar los datos geográficos de la zona de estudio. Este conjunto de herramientas se puede clasificar en 3 grandes partes:

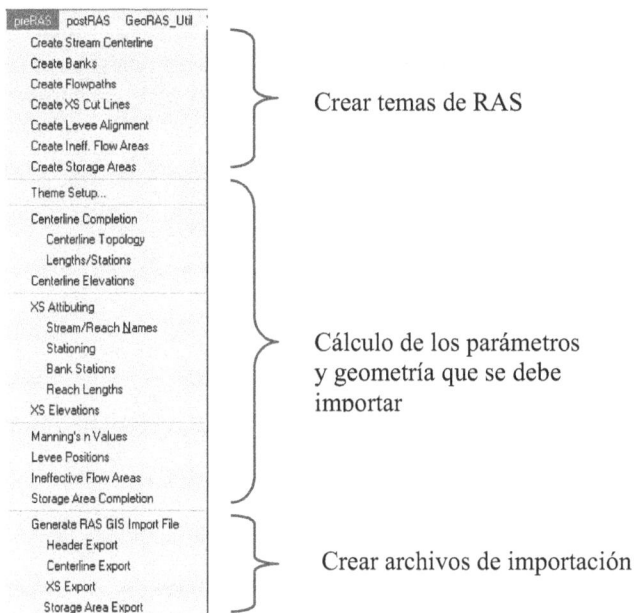

Figura 8. Partes del Menú PreRAS

5.5.1 Crear temas de RAS

Esta primera parte del proceso consiste en crear temas de RAS que serán usados para definir la geometría y topográfica de la zona de estudio. Los temas que se pueden crear son:

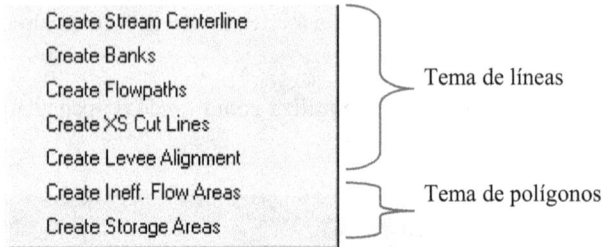

Figura 9. Temas de RAS que se pueden crear

Al crearse estos temas, se abren archivos vacíos que luego deben ser editados por los usuarios utilizando las herramientas adecuadas de ArcView. Dentro de este apartado también podemos incluir la creación de "usos de suelo" o "tipos de suelo" con la finalidad de asignar el coeficiente de Manning a las secciones.

5.5.1.1 Create "Stream Centerline"

El tema *Stream Centerline* es la parte más importante de todos los temas creados, ya que aquí definimos el eje del río que deseamos estudiar. El nombre del archivo creado por defecto es *stream.shp*, aunque este nombre se puede cambiar. En el archivo *stream.shp* se dibuja una línea compuesta por uno o varios segmentos que siga el trazo del río objeto de estudio, para ello se utiliza la herramienta *draw line* ⬛. Si se desea añadir un afluente, se puede hacer con la herramienta de dibujo *draw line to split feature* ⬛. Trazar con esta herramienta un segmento que corte a la línea principal (*Stream Centerline*) en el lugar donde se une el afluente. Con esto se consigue dividir el afluente principal en dos tramos, en total tendremos tres tramos, el afluente, el río principal hasta el punto de unión con el afluente y el río aguas debajo de la unión del afluente. (No olvidarse de borrar el pequeño fragmento lineal sobrante.)

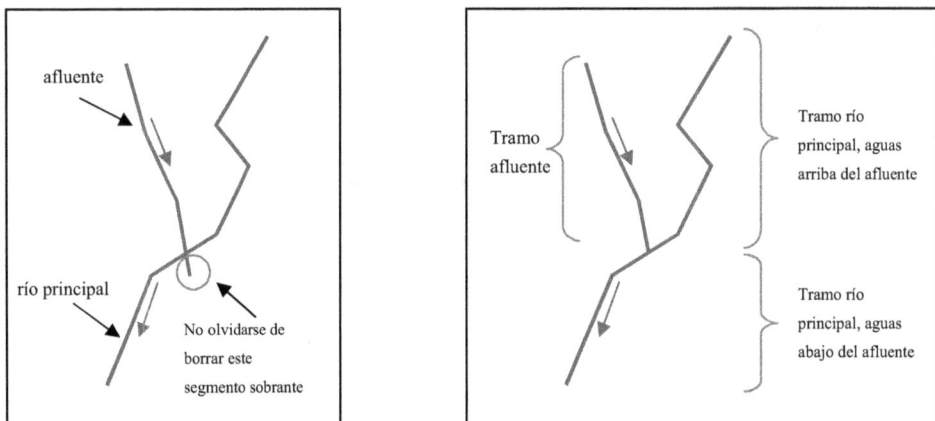

Figura 10. Creación de los tramos del río

Finalmente, es necesario asignar un nombre a cada río y el tramo respectivo para su identificación. Para ello se utiliza el botón *River ID* [R], ubicado en la barra de herramientas agregado por la extensión HEC-GeoRAS. Para ello simplemente hay que pulsar ese botón y luego pulsar sobre el tramo del río antes dibujado. Una vez hecho esto, saldrá una ventana, como se muestra en la siguiente figura 11, donde hay que poner el nombre del río y el tramo del río. Esto se hace para cada uno de los tramos, en caso que haya más de uno.

Figura 11. Ventana para poner el nombre del río y el tramo

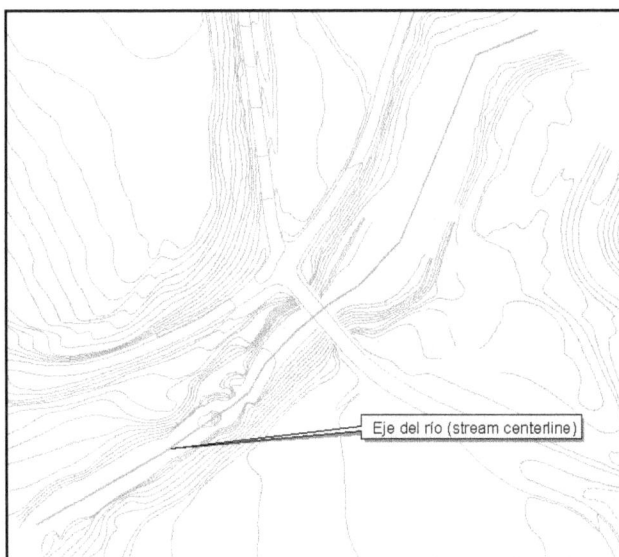

Figura 12. Trazo del eje del río (stream centerline)

5.5.1.2 Create "Banks"

En este tema lo que se pretende definir es el cauce principal del río, es decir, la parte donde normalmente o casi siempre está circulando agua y por lo tanto el coeficiente de rugosidad del río es diferente al de la llanura de inundación. Esta parte se define sobre todo en ríos con caudal base y donde prácticamente en todas las épocas del año transporta caudal. Sin embargo, en ríos efímeros no está muy bien definida y por ello el uso de este tema es opcional y se usa sólo cuando se desea distinguir este tramo de la llanura de inundación.

Figura 13. Definición del cauce principal de río y su eje

Figura 14. Río donde no es posible definir el cauce principal

Para crear este tema se selecciona la opción *Create Banks* del menú preRAS. Al seleccionar este menú se abre un tema con nombre *Banks.shp* y en este nuevo tema que inicialmente está en blanco hay que trazar dos líneas, una a la izquierda y otra a la derecha del eje principal de río (*Stream Centerline*), de tal manera que encierran el cauce principal del río. Para ello se utiliza la herramienta *draw line* 🖾 de la barra de dibujos de ArcView. Si hubiera ejes tributarios, también hay que trazar sus líneas *Banks*.

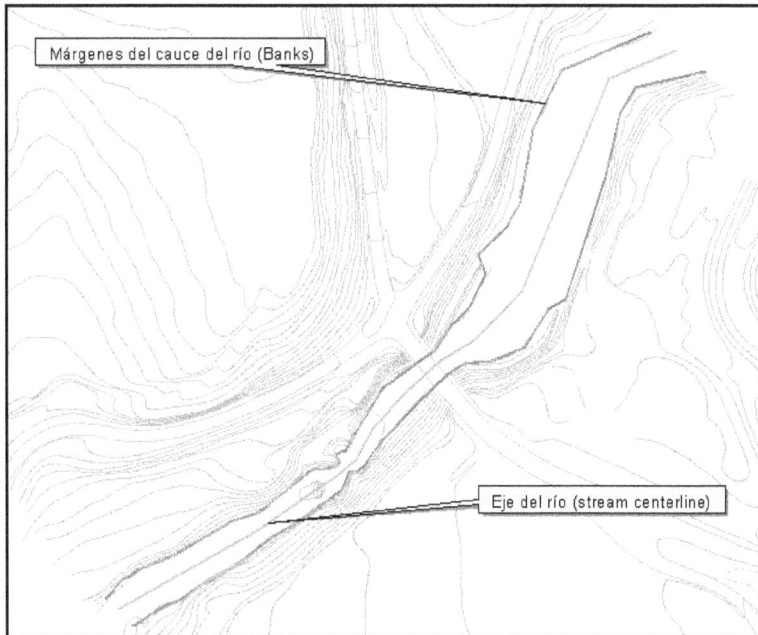

Figura 15. Trazo del margen del cauce del río (Banks)

5.5.1.3 Create "Flowpaths"

Este tema pretende definir las líneas de flujo del agua tanto del margen izquierdo, del margen derecho y del centro del río, con la finalidad de identificar el centro geométrico de la sección transversal ocupada por el flujo. Básicamente con estas líneas se definen los puntos entre los que se medirán la distancia entre las secciones de cada margen.

Los *flowpaths* son importantes sobre todo en ríos con gran curvatura y llanura de inundación diferente en ambos márgenes, ríos con secciones caprichosas y ríos donde sea necesario acotar y definir manualmente el sentido del flujo. En ríos rectos con secciones típicas y se pueda prever que las líneas derecha e izquierda del *flowpaths* sean paralelas, no es necesario ponerlo, por lo que este tema es opcional.

Para crear este tema se selecciona la opción *Create Flowpaths* del menú preRAS. Al seleccionar este menú se abre un tema con nombre *Flowpath.shp*. En este nuevo tema, que inicialmente está en blanco, hay que trazar tres líneas una en el margen izquierdo, otra en el margen derecho y otra en el eje principal de río (*Stream Centerline*). Para ello se utiliza la herramienta *draw line* ⊠ de la barra de dibujos de ArcView. En la práctica se trazan solamente dos líneas: la del margen derecho y la del margen izquierdo, porque por defecto el programa te sugiere que la línea de flujo del centro del canal sea igual a la línea *Stream Centerline*. Se puede aceptar o no esta opción, según sea el caso de estudio.

El trazado de las líneas de los márgenes se debe hacer de aguas arriba hacia aguas abajo, es decir, siguiendo la dirección del flujo. Finalmente, con la herramienta *Label Flowpaths* 🅕 hay que definir en cada línea la posición que le corresponda, si es del margen derecho o del margen izquierdo o del centro del canal.

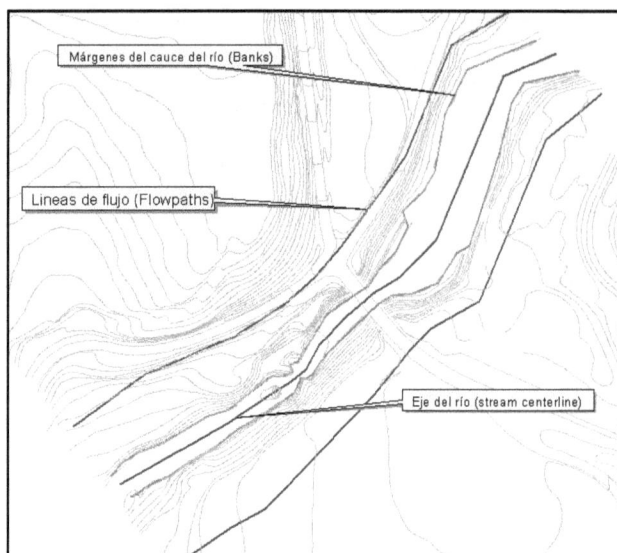

Figura 16. Trazo de las líneas de flujo (flowpaths)

5.5.1.4 Create "XS CutLines"

Esta parte del proceso es muy importante, porque lo que hacemos aquí es definir cada una de las secciones transversales. Sobre todo es importante localizar los lugares críticos e importantes donde deben tomarse las secciones transversales, como cambios de sección, cambios de pendiente, giros, puntos singulares, etc. También es importante que la distancia entre secciones sea muy estrecha para garantizar un buen detalle del estudio.

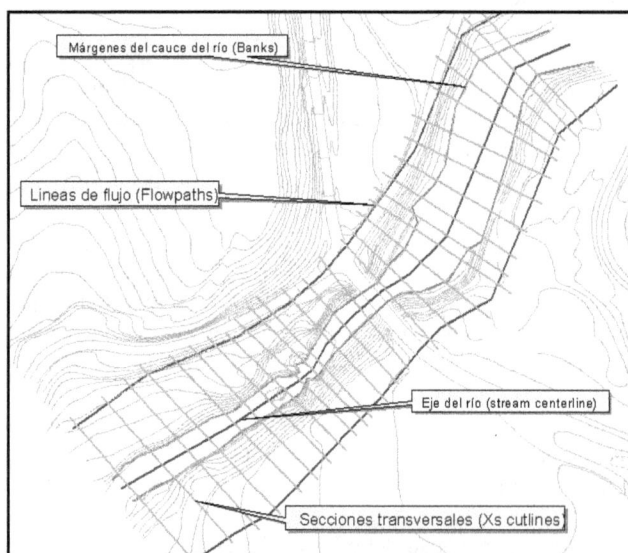

Figura 17. Trazo de las secciones transversales (Xs cutlines)

Para el trazado de las secciones transversales se selecciona la opción *Create Xs Cut Line* del menú preRAS. Al seleccionar este menú se abre un tema con nombre *Xs cutline.shp* y en este nuevo tema que inicialmente está en blanco hay que trazar varias líneas según el número de secciones que queramos trazar. Para ello se utiliza la herramienta *draw line* ⬚ de la barra de dibujos de ArcView.

El trazo de estas líneas deben ser hechas de izquierda a derecha, mirando hacia aguas abajo del flujo y perpendiculares a la dirección de flujo. Nunca deben cortarse dos líneas de sección entre sí y siempre deben cortar al eje principal de río (*stream centerline*), pero solo una vez. Así mismo debemos cuidar de que ninguna línea de sección sobrepase los límites de nuestro mapa base en formato TIN.

Es posible previsualizar el perfil de cualquier sección. Para ello debemos apoyarnos en el botón *XS Plot* ⬚ de la barra de herramientas agregada por la extensión HEC-GeoRAS. Simplemente pulsamos este botón y el cursor se cambiará por otro que tenga el signo de interrogación. Con él seleccionaremos la sección que queremos previsualizar.

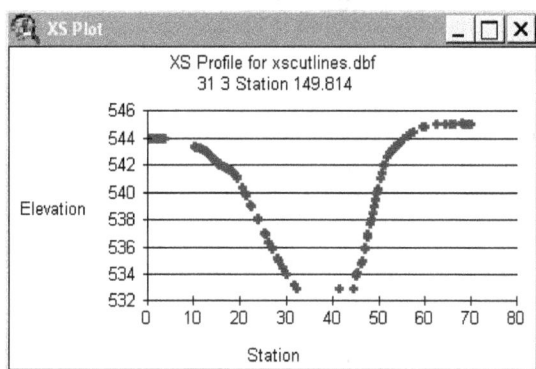

Figura 18. Ejemplo de la previsualización de una sección

5.5.1.5 Create "Levee Alignment"

Este tema sirve para definir las motas laterales del río (diques longitudinales artificiales, llamados *levee*) para indicarle al programa que existe una vía preferente de desagüe. Esta herramienta se utiliza sobre todo cuando las secciones transversales tienen varias zonas con cotas bajas. En estos casos el programa, cuando realiza la simulación, comienza a llenar primero todas las depresiones de la sección transversal. Con el *levee* comenzará a llenar primero el cauce principal, hasta que llegue a la cota del *levee*. A partir de entonces comenzará a llenar la parte situada del otro lado del *levee*.

Para la creación de este tema se selecciona la opción *Create Levee Alignment* del menú preRAS. Al seleccionar este menú se abre un tema con nombre *levees.shp* y en este nuevo tema que inicialmente está en blanco hay que trazar la línea donde queramos colocar los *levee*. Para ello se utiliza la herramienta *draw line* ⬚ de la barra de dibujos de ArcView.

5.5.1.6 Create "Ineffective Flow Areas"

Este tema sirve para identificar partes de la sección donde no existe un flujo de agua. Si bien es cierto que en estas partes puede ingresar el agua, sin que haya circulación, por lo tanto es un área inefectiva desde el punto de vista hidráulico. Este hecho se presenta a menudo aguas arriba y aguas abajo de los puentes u otras estructuras de paso, sobre todo en las transiciones.

Para la creación de este tema se selecciona la opción *Create INEF. Flow Areas* del menú preRAS. Al seleccionar este menú se abre un tema con nombre *inefflow.shp* y en este nuevo tema que inicialmente está en blanco hay que trazar polígonos cerrados donde se ubiquen las áreas ineficientes. Para ello se utiliza la herramienta *draw poligon* 🖾 de la barra de dibujos de ArcView.

5.5.1.7 Create "Storage Areas"

Se usa este tema para modelar las zonas donde se puede almacenar el agua siempre y cuando estas zonas no estén ubicadas en el cauce principal del río. Normalmente estas zonas de almacenamiento se conectan al cauce principal mediante una estructura lateral.

Para la creación de este tema se selecciona la opción *Create Storage Areas* del menú preRAS; al seleccionar este menú se abre un tema con nombre *storages.shp* y en este nuevo tema que inicialmente está en blanco hay que trazar polígonos cerrados donde se ubiquen las áreas de almacenamiento. Para ello se utiliza la herramienta *draw poligon* 🖾 de la barra de dibujos de ArcView.

5.5.1.8 Create "Land use Theme"

Se usa para determinar los coeficientes de rugosidad de Manning de la zona de estudio y a partir de un mapa de usos de suelos, de tal manera que, cuando se exporte a HEC-RAS, las secciones de cálculo tengan la información del coeficiente de Manning incorporado. Para esto es necesario tener un mapa de usos de suelo o tipos de suelo de la zona de estudio y, por supuesto, saber la relación del tipo de suelo con el coeficiente de rugosidad a utilizar.

Esta herramienta, aunque no está dentro del menú "*PreRAS*" se puede considerar como una herramienta de creación e interacción con el usuario y, en caso de que se desee utilizar, se debe preparar el archivo de usos de suelo adecuadamente.

Para el uso de esta herramienta es necesario contar con un mapa de usos de suelo en formato shapefile tipo polígono, es decir, cada tipo de usos de suelo debe estar encerrado en un polígono. En caso de no tener un mapa de suelos, el usuario puede elaborarlo con las herramientas apropiadas de ArcView, pero por supuesto conociendo adecuadamente la cobertura del terreno de toda la zona de estudio. Este mapa debe tener como información una columna llamada *N_value* donde esté indicado el valor de coeficiente de Manning que le corresponde al polígono.

En caso de que nuestro mapa no tenga la columna *N_value* se le puede agregar utilizando la herramienta *Create LU-Manning Table*, que se encuentra en el Menú *GeoRAS_Util*. Esta herramienta nos ayuda a relacionar nuestro mapa de usos de suelo con una tabla que el programa crea con el nombre de *lumanning.dbf*. Editando esta tabla es posible agregar el valor de coeficiente de Manning para cada tipo de suelo.

Tipo	N_value
Cauce	0.030
Ladera	0.040
Carrizo	0.060
Arbustos	0.080
Pastos	0.050

Figura 19. Archivo lumanning.dbf que relaciona el uso del suelo con el coeficiente de Manning

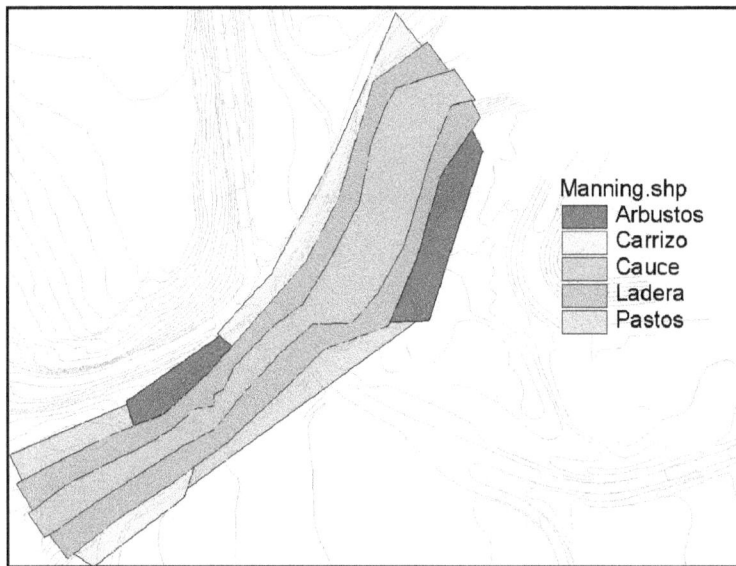

Figura 20. Mapa de usos de suelo

5.5.2 Cálculos de parámetros y geometría para importar

Una vez se han creado los temas RAS, existen una serie de herramientas dentro del menú *PreRAS* que sirven para calcular los parámetros y la información geométrica de la zona de estudio que queremos importar.

Estas herramientas se caracterizan porque el usuario no interactúa con el programa, sino que solamente hay que pulsar los submenús en orden descendente según aparece en la lista del menú para que el programa haga su trabajo a excepción de la primera parte *Theme Setup*, donde hay que indicar al programa con qué archivos debe trabajar para cada tema y el nombre del archivo de salida de datos.

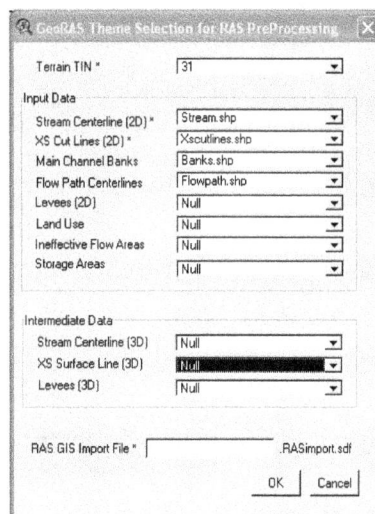

Figura 21. Menú Theme Setup

Theme Setup...

Centerline Completion
    Centerline Topology   } Se encarga de establecer la conectividad y orientación del eje del río.
    Lengths/Stations
Centerline Elevations ⟶ Extrae la elevación a lo largo del eje del río, para lo cual crea un archivo en 3D.

XS Attibuting
    Stream/Reach Names
    Stationing   } Da a las secciones transversales las propiedades geométricas que le corresponden.
    Bank Stations
    Reach Lengths
XS Elevations   ⟶ Extrae la elevación de cada sección transversal, generando un archivo en 3D.

Manning's n Values   ⟶ Determina los valores del coeficiente de Manning, según los usos del suelo.
Levee Positions   ⟶ Calcula la posición de las motas en las secciones.
Ineffective Flow Areas ⟶ Identifica las áreas no efectivas de flujo en cada sección.
Storage Area Completion ⟶ Calcula la curva elevación-volumen de las áreas de almacenamiento.

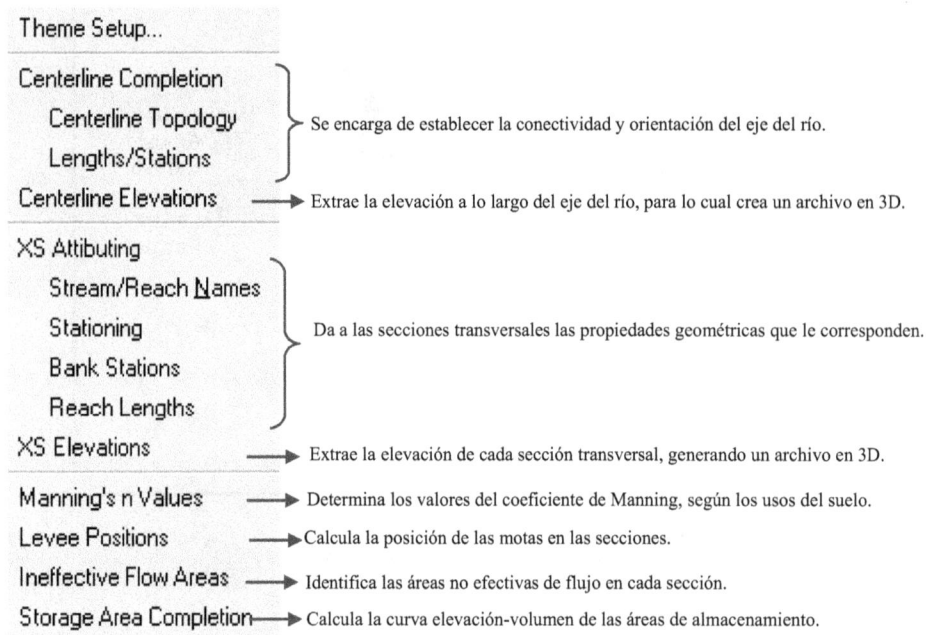

Figura 22. Submenú para el cálculo de los parámetros y la geometría

5.5.2.1 Crear archivos de importación

El último paso del menú *PreRAS* es crear el archivo de importación de nombre *Ras GIS Import File__RASimport.sdf,* cuya extensión es *sdf.* En este archivo está incluida la información geométrica del eje del río y de las secciones transversales, tanto en 2D como en 3D, así como la ubicación de los márgenes del cauce principal del río en cada sección *Banks* (si fue considerado) y las distancias de las líneas de flujo *reach lengths* entre secciones. Adicionalmente, si lo hemos incluido, se tendrán los valores de los coeficientes de Manning en las secciones, la ubicación de los *levees*, las áreas de flujo no efectivo y las áreas de almacenamiento.

Para generar el archivo de importación se deben pulsar en orden descendente los submenús que están en la última parte del menú *PreRAS*.

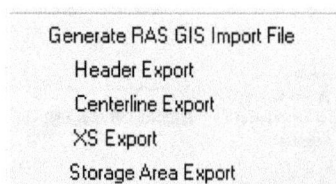

Generate RAS GIS Import File
Header Export
Centerline Export
XS Export
Storage Area Export

Figura 23. Submenú para generar el archivo de exportación

5.6 Interacción de HEC-RAS con HEC-GeoRAS

Una vez generado el archivo *Ras GIS Import File__RASimport.sdf* que contiene la información que se quiere importar, entramos en HEC-RAS y damos los siguientes pasos.

- Abrir HEC-RAS e importar archivo *Ras GIS Import File_RASimport.sdf.*
- Corregir y completar la información geométrica que se ha importado, tanto de las secciones como de la pendiente del eje del río.
- Agregar la información de estructuras como puentes, culverts, obstrucciones al flujo (casas y otros), etc.
- Agregar la información hidrológica e hidráulica (condiciones de contorno y caudales).
- Ejecutar la simulación del programa HEC-RAS.
- Verificar los resultados, corregir los errores y warnings.
- Generar el archivo de exportación de resultados *RAS Export file*.

5.7 PostRas

Cuando ya se tienen los resultados calculados con el programa HEC-RAS y se ha creado el archivo de exportación de resultados, podemos leer estos resultados en ArcView, procesarlos y crear archivos TIN y GRID de los calados y las velocidades. También se crean archivos tipo *shapefile* de la curva de inundación, todo esto con la finalidad de poder presentar los resultados estéticamente mejor y sobre todo mejorar el manejo, el análisis, la consulta y la manipulación de los resultados con las herramientas que nos ofrece ArcView.

Para este fin Hec-GeoRAS ha incorporado al programa ArcView un menú llamado *PostRAS* que al ser desplegado presenta 6 submenús.

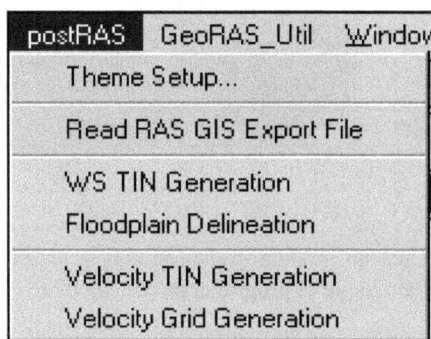

Figura 24. Menú postRAS

a) *Theme Setup*: Sirve para indicar al programa la información de los archivos de trabajo, las características de los archivos de salida y el directorio donde se guardarán estos archivos.

- *Ras GIS Export File*: Se indica la ruta y el nombre que se ha exportado desde HEC-RAS
- *Terrain TIN*: Se indica la ruta y el nombre del MDT en formato TIN
- *Output Directory*: El nombre del directorio donde se guardarán los resultados.
- *Rasterization cell size*: El tamaño del píxel para crear los archivos GRID. Habitualmente será del orden de 1 metro.

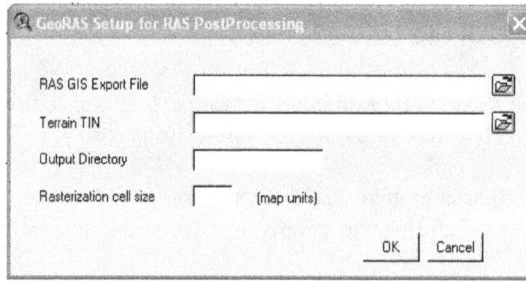

Figura 25. Ventana Theme Setup

b) *Read RAS GIS Export File*: Se encarga de leer el archivo de resultados exportado de HEC-RAS y crea una base de datos en formato GIS, donde están incluidas las secciones transversales, el eje del río, un archivo 3D *shapefile* tipo polígono que encierra la superficie libre de cada sección transversal y, opcionalmente, la línea del margen del cauce (*Bank*) y los puntos de cálculo de la velocidad.

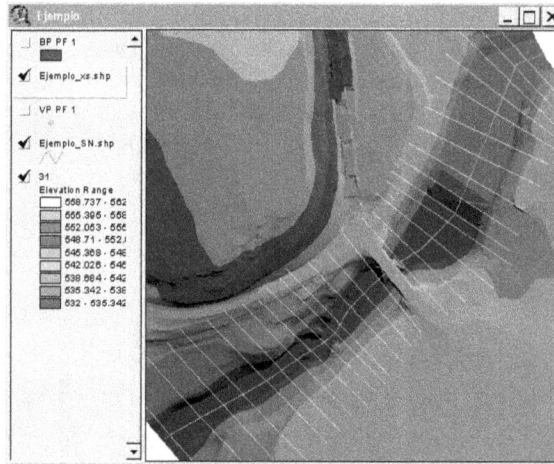

Figura 26. Ventana después de leer datos

c) *WS TIN Generation*: Crea un modelo digital de elevación en formato TIN que representa la ocupación máxima del agua que el programa puede calcular.

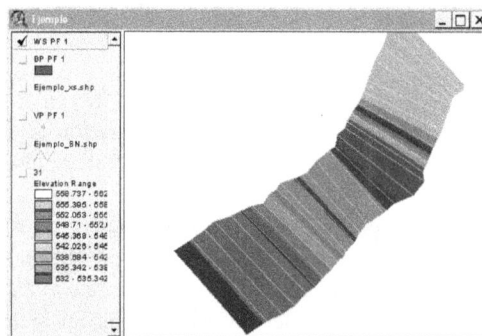

Figura 27. MDE formato TIN de la superficie del agua

d) *Floodplain Delineation*: Crea un archivo raster (Grid) del calado del agua, a partir de la TIN de la superficie del agua y de la TIN de la superficie del terreno. También crea un polígono en archivo tipo *shapefile* que encierra los límites de la ocupación en planta de la lámina del agua (la llanura de inundación). Este archivo puede ser exportado a un fichero tipo *dxf*, para posteriormente poder ser leído por cualquier programa de dibujo técnico (Autocad, Microstation, etc).

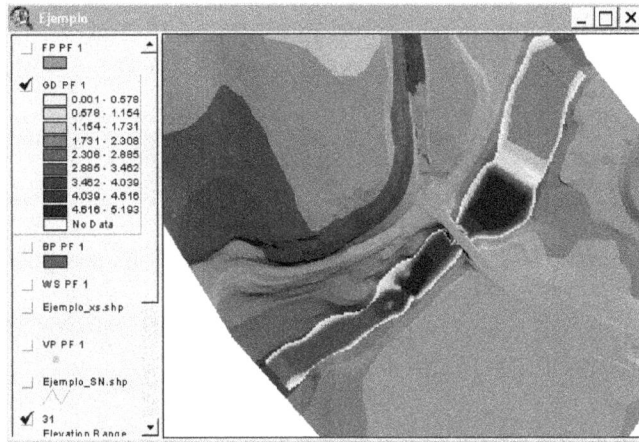

Figura 28. Archivo GIS del calado del agua

e) *Velocity TIN Generation*: Crea un modelo digital de velocidades en formato TIN a partir de la información de los puntos de calculo de la velocidad antes creados.

f) *Velocity Grid Generation*: Finalmente, se genera un archivo grid de las velocidades a lo largo del tramo del río estudiado.

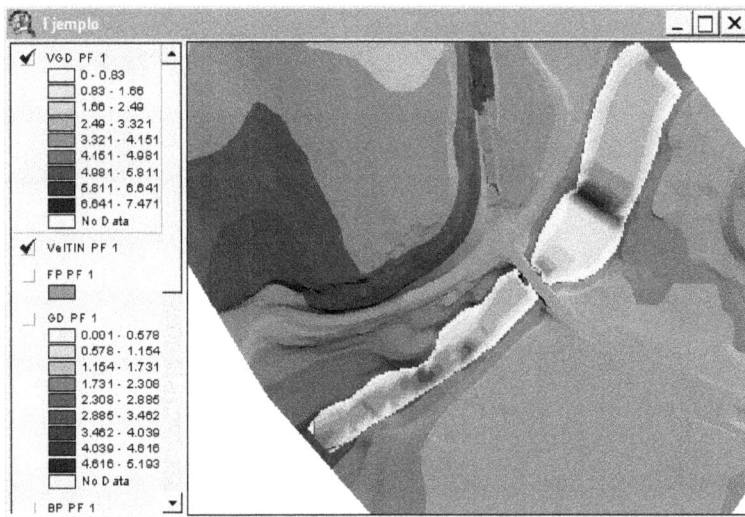

Figura 29. Archivo GIS de velocidad del agua

6. Conceptos básicos del flujo variable en lámina libre en una y dos dimensiones

6.1 Introducción

Para la modelación de la propagación de avenidas en ríos se deben resolver las ecuaciones del flujo variable del agua en lámina libre o ecuaciones de Saint Venant. Estas ecuaciones se deducen las ecuaciones a partir de las leyes físicas de conservación que rigen el flujo de un fluido en general. Particularizando a un fluido incompresible e isótropo, como es el agua, se obtienen las ecuaciones de Navier-Stokes para el movimiento instantáneo, y de ellas se deducen, considerando variables medias en el tiempo, las ecuaciones de Reynolds. Su resolución exigiría una discretización tridimensional del dominio de estudio y el esquema numérico sería complejo, pero sobre todo muy costoso computacionalmente.

La mayoría de las veces el flujo de agua en cauces naturales presenta unas características que permiten simplificar estas ecuaciones más generales y obtener resultados suficientemente precisos con menos coste. De las ecuaciones de Reynolds, integrando en la profundidad para eliminar en ellas la dimensión vertical, se obtienen las ecuaciones de Saint Venant bidimensionales, válidas cuando el flujo que se quiere representar tiene también este carácter bidimensional, con velocidades verticales pequeñas, pendientes del fondo del cauce suaves y, en general, las dimensiones horizontales predominantes sobre la vertical.

La siguiente simplificación es el paso a las ecuaciones de Saint Venant unidimensionales, ecuaciones clásicas en hidráulica que muchas veces son suficientes para representar correctamente el movimiento no permanente en lámina libre en cauces, naturales o artificiales, debido a la marcada unidimensionalidad de éstos. El objetivo final es la resolución conjunta en una y dos dimensiones, utilizando la simplificación que consiga un mejor compromiso entre precisión y economía en cada zona de nuestro dominio.

Las ecuaciones de Saint Venant forman un sistema de ecuaciones diferenciales en derivadas parciales, hiperbólico y cuasi-lineal. El estudio de este tipo de sistemas y sus soluciones, concretando para las ecuaciones de Saint Venant unidimensionales y bidimensionales, constituye la última parte de este capítulo.

La teoría de las características permite obtener formas más sencillas de expresar los sistemas de ecuaciones, formas que quizás no sirvan directamente para la obtención de la solución, pero que serán una gran ayuda a la hora de formular las condiciones de contorno necesarias en los esquemas numéricos y, sobre todo, para poner de manifiesto propiedades de los sistemas hiperbólicos y sus soluciones que permitirán obtener esquemas numéricos más eficientes. Desde un punto de vista matemático, las superficies características se pueden ver como aquellas superficies sobre las cuales el problema de valores iniciales no está bien definido: de esta manera su significado físico se hace patente enseguida como superficies de transmisión de información privilegiadas.

Las ecuaciones de Saint Venant pueden presentar soluciones discontinuas. En un cauce natural con flujo bidimensional, o incluso en el caso unidimensional, es probable que en alguna zona aparezca una discontinuidad en la solución (cambio de régimen, frente de onda). Aunque no es el objetivo final la modelación detallada y precisa de estas discontinuidades, sí se pretende que el esquema numérico las pueda representar y no supongan un obstáculo en la obtención de la solución en el resto del dominio.

Las soluciones discontinuas de sistemas de ecuaciones diferenciales cuasi-lineales constituyen fenómenos físicos ondulatorios y tradicionalmente han constituido un objetivo prioritario en mecánica de gases. Para ello es muy útil la solución del problema de Riemann, que consiste en ver qué ondas aparecen y cómo se propagan a partir de dos estados constantes que entran en contacto de repente. El problema de Riemann está únicamente bien definido en el caso unidimensional, pero las propiedades que se obtienen de su estudio y los métodos de resolución aproximada desarrollados por varios autores (conocidos como *approximate Riemann solvers*) son la clave para la resolución del problema bidimensional. Con la discretización en volúmenes finitos del dominio bidimensional, se puede considerar que en cada contorno de cada volumen finito existe precisamente un problema de Riemann unidimensional.

6.2 Ecuaciones de Saint Venant unidimensionales

Muchos problemas de hidráulica general, y hidráulica fluvial en concreto, tienen un carácter marcadamente unidimensional. Otras veces la unidimensionalidad no es tan clara, pero el hecho de tratarlo como un problema bidimensional no es posible por distintas razones, como, por ejemplo, la falta de obtención de información necesaria.

Por otro lado, el estudio de las ecuaciones unidimensionales puede ser útil al ser éstas más sencillas que las bidimensionales, pudiéndose obtener conclusiones más fácilmente y luego extenderlas a las ecuaciones bidimensionales.

Para obtener las ecuaciones de Saint Venant unidimensionales se pueden seguir dos caminos: a) a partir de las ecuaciones bidimensionales suprimir las dependencias de la dimensión y, lo que equivaldría a hacer un promedio en la anchura; esto sólo es factible para cauces rectangulares, y b) deducir directamente las ecuaciones utilizando las leyes de conservación de la masa y de la cantidad de movimiento.

El segundo camino se puede aplicar a cauces de sección arbitraria, incluso no prismáticos, mientras se pueda considerar cierta la hipótesis de unidimensionalidad, es más ilustrativo sobre el significado de los distintos términos de las ecuaciones, y se puede consultar en distintas fuentes(J. Cunge 1980).

Las ecuaciones de Saint Venant para canal no prismático que resultan son:

$$\frac{\partial}{\partial t}\mathbf{U}+\frac{\partial}{\partial x}\mathbf{F}=\mathbf{H} \tag{1}$$

con:

$$\mathbf{U}=\begin{pmatrix}A\\Q\end{pmatrix} \quad ; \quad \mathbf{F}=\begin{pmatrix}Q\\\dfrac{Q^2}{A}+gI_1\end{pmatrix} \quad ; \quad \mathbf{H}=\begin{pmatrix}0\\gI_2+gA(S_0-S_f)\end{pmatrix} \tag{2}$$

utilizando como variables el área de la sección mojada A y el caudal circulante Q. I_1 es la fuerza debida a la presión del agua en una sección, que puede escribirse como el momento geométrico, o momento de primer orden de la sección respecto de la superficie libre:

$$I_1 = \int_0^h (h-\eta)b(x,\eta)d\eta \tag{3}$$

donde b es el ancho superficial y h el calado. I_2 es la contribución de las fuerzas de presión del contorno definida como:

$$I_2 = \int_0^h (h-\eta)\frac{\partial b(x,\eta)}{\partial x}d\eta \tag{4}$$

En canales prismáticos, aunque tengan una sección cualquiera, el término I_2 es idénticamente igual a cero, mientras que en canales no prismáticos es distinto de cero.

Para canales rectangulares, donde el área es el ancho multiplicado por el calado, las ecuaciones se pueden simplificar utilizando como variables hidráulicas el calado y el caudal, resultando:

$$\frac{\partial}{\partial t}\mathbf{U} + \frac{\partial}{\partial x}\mathbf{F} = \mathbf{H} \tag{5}$$

con:

$$\mathbf{U} = \begin{pmatrix} h \\ hu \end{pmatrix} \quad ; \quad \mathbf{F} = \begin{pmatrix} hu \\ hu^2 + g\dfrac{h^2}{2} \end{pmatrix} \quad ; \quad \mathbf{H} = \begin{pmatrix} 0 \\ gh(S_0 - S_f) \end{pmatrix} \tag{6}$$

Esta versión, donde u representa la velocidad, es la simplificación directa de las ecuaciones bidimensionales (24) y (25) a una dimensión.

Si en las ecuaciones unidimensionales para cauces no prismáticos incorporamos la ecuación de continuidad en la del movimiento, podemos obtener otra forma de las mismas ecuaciones, la forma no conservativa, como:

$$\frac{\partial A}{\partial t} + \frac{\partial Q}{\partial x} = 0 \tag{7}$$

$$\frac{\partial Q}{\partial t} + \frac{\partial}{\partial x}\left(\frac{Q^2}{A}\right) + gA\frac{\partial h}{\partial x} = gA(S_0 - S_f) \tag{8}$$

Para la deducción de estas ecuaciones en forma no conservativa a partir de las ecuaciones (1) y (2) se ha utilizado que la derivada de I_1 respecto de la dirección x se puede escribir, utilizando la regla de Leibnitz de derivación bajo el signo integral, como:

$$\frac{\partial I_1}{\partial x} = I_2 + A\frac{\partial h}{\partial x} \tag{9}$$

6.3 Ecuaciones de Saint Venant bidimensionales

6.3.1 Ecuaciones del flujo bidimensional en lámina libre o ecuaciones de Saint Venant

Las ecuaciones de Saint Venant bidimensionales se obtienen a partir de las leyes físicas de conservación de la masa y de la cantidad de movimiento, junto con la primera y segunda leyes de la termodinámica. De ellas, para un fluido newtoniano e isótropo se obtienen las ecuaciones de Navier-Stokes, que particularizadas para describir las variables promediadas en un pequeño incremento de tiempo, se concretan en las ecuaciones de Reynolds (Bladé y Gomez 2006).

En gran parte de los flujos en lámina libre, y especialmente en problemas de propagación de avenidas en ríos, que son el objeto del presente trabajo, el valor de las variables cambia poco en una misma vertical. Esta consideración permite pensar en una simplificación de las ecuaciones de Reynolds a dos dimensiones mediante un promedio vertical de las ecuaciones tridimensionales. Para poder hacer esta simplificación se consideran las hipótesis siguientes:

1. Profundidad de la capa de agua pequeña con relación a las otras dimensiones del problema.

2. Distribución hidrostática de presiones en la vertical

3. Pendiente de solera reducida. Estas tres hipótesis están estrechamente ligadas. Para que se cumpla la hipótesis de distribución hidrostática de presiones es necesario que la curvatura de las líneas de corriente sea pequeña. El cumplimiento de estas hipótesis implica además que las componentes de la velocidad y aceleración en el eje z son despreciables frente a las componentes en los otros ejes, y también que éstas últimas tienen una marcada uniformidad vertical.

Con esta integración de las ecuaciones de Reynolds en la profundidad, se obtienen las ecuaciones bidimensionales del flujo en lámina libre o *ecuaciones de Saint Venant bidimensionales*:

$$\frac{\partial z}{\partial t} + \frac{\partial (hu_1)}{\partial x_1} + \frac{\partial (hu_2)}{\partial x_2} = 0 \tag{10}$$

$$\frac{\partial}{\partial t}(hu_1) + \frac{\partial}{\partial x_1}(hu_1^2) + \frac{\partial}{\partial x_2}(hu_1 u_2) = -gh\frac{\partial}{\partial x_1}(h+z_0) - \frac{\tau_{0x_1} + \tau_{sx_1}}{\rho} + fhu_2 + \frac{1}{\rho}\frac{\partial}{\partial x_1}(hT_{x_1x_1}) + \frac{1}{\rho}\frac{\partial}{\partial x_2}(hT_{x_1x_2}) \tag{11}$$

$$\frac{\partial}{\partial t}(hu_2) + \frac{\partial}{\partial x_1}(hu_1 u_2) + \frac{\partial}{\partial x_2}(hu_2^2) = -gh\frac{\partial}{\partial x_2}(h+z_0) - \frac{\tau_{0x_2} + \tau_{sx_2}}{\rho} + fhu_1 + \frac{1}{\rho}\frac{\partial}{\partial x_1}(hT_{x_1x_2}) + \frac{1}{\rho}\frac{\partial}{\partial x_2}(hT_{x_2x_2}) \tag{12}$$

donde u_1, u_2 son las componentes de la velocidad (media en el sentido de Reynolds) integrada en la profundidad según x_1 y x_2, τ_0 y τ_s son los tensores de tensiones (de segundo orden) contra el fondo y la superficie libre respectivamente, f el coeficiente de Coriolis para tener en cuenta la rotación de la tierra. x_3 es el eje de coordenadas vertical y h es la profundidad de la lámina de agua, mientras que $T_{x_i x_j}$ responden a la expresión:

$$T_{x_i x_j} = \frac{1}{h}\int_{z_0}^{z_0+h}\left(\rho v\left[\frac{\partial \overline{u}_i}{\partial x_j} + \frac{\partial \overline{u}_j}{\partial x_i}\right] - \rho\overline{u_i' u_j'} - \rho(\overline{u}_i - u_i)(\overline{u}_j - u_j)\right)dz \tag{13}$$

En esta última expresión u'_i, u'_j son las fluctuaciones turbulentas de Reynolds de u_i, u_j, mientras que $\overline{u}_i, \overline{u}_j$ son las variables promediadas según:

$$\overline{u} = \frac{1}{t_2 - t_1} \int_{t_1}^{t_2} u\, dt \tag{14}$$

es decir:

$$u = \overline{u} + u' \tag{15}$$

Las ecuaciones (10), (11) y (12) son las ecuaciones de Saint Venant bidimensionales en su expresión más completa en *forma conservativa*. Introduciendo la ecuación de continuidad en las ecuaciones del movimiento, se pueden escribir estas mismas ecuaciones en *forma no conservativa* como:

$$\frac{\partial h}{\partial t} + \frac{\partial(hu_1)}{\partial x_1} + \frac{\partial(hu_2)}{\partial x_2} = 0 \tag{16}$$

$$\frac{\partial u_1}{\partial t} + u_1 \frac{\partial u_1}{\partial x_1} + u_2 \frac{\partial u_1}{\partial x_2} + g \frac{\partial h}{\partial x_1} = -g \frac{\partial z_0}{\partial x_1} - \frac{\tau_{0x_1} + \tau_{sx_1}}{\rho h} + fu_2 + \frac{1}{\rho h} \frac{\partial}{\partial x_1}(hT_{x_1 x_1}) + \frac{1}{\rho h} \frac{\partial}{\partial x_2}(hT_{x_1 x_2}) \tag{17}$$

$$\frac{\partial u_2}{\partial t} + u_1 \frac{u_2}{\partial x_1} + u_2 \frac{\partial u_2}{\partial x_2} + g \frac{\partial h}{\partial x_2} = -g \frac{\partial z_0}{\partial x_2} - \frac{\tau_{0x_2} + \tau_{sx_2}}{\rho h} + fu_1 + \frac{1}{\rho h} \frac{\partial}{\partial x_1}(hT_{x_1 x_2}) + \frac{1}{\rho h} \frac{\partial}{\partial x_2}(hT_{x_2 x_2}) \tag{18}$$

6.3.2 Términos de las ecuaciones de Saint Venant

6.3.2.1 Aceleración local

Los términos de aceleración local $\partial u_1/\partial t$ y $\partial u_2/\partial t$ representan la variación de la velocidad con el tiempo en un punto fijo. Son los responsables del carácter no permanente del flujo.

6.3.2.2 Aceleración convectiva

Son los términos, $u_1 \partial u_1/\partial x_1$, $u_1 \partial u_2/\partial x_1$, $u_2 \partial u_1/\partial x_2$ y $u_2 \partial u_2/\partial x_2$ que representan el efecto del transporte con el flujo del gradiente de la velocidad. Son los responsables de la formación de vórtices, y su efecto es más importante cuanto mayor sea el número de Reynolds (relación entre fuerzas viscosas y fuerzas de inercia), como se desprende de un análisis adimensional de las ecuaciones. En presencia de altas velocidades o de pequeña viscosidad, y desde el punto de vista matemático, son los responsables de la no-linealidad del sistema de ecuaciones.

La suma de la aceleración local y la convectiva es la derivada material, que representa la aceleración total de las partículas del fluido.

6.3.2.3 Pendiente de la superficie libre

Es el término $\partial/\partial x_i (h + z_0)$, que multiplicado por la aceleración de la gravedad g representa la acción de las fuerzas gravitatorias, y se ha obtenido integrando en la vertical el término $-\frac{1}{\rho} \frac{\partial \overline{p}}{\partial x_i}$ de las ecuaciones de Reynolds utilizando la hipótesis de presión hidrostática.

Este término se puede descomponer en la suma de la pendiente del fondo ($S_{ox_1} = -\partial z_o / \partial x_1$, $S_{ox_2} = -\partial z_o / \partial x_2$) y el gradiente del calado, donde la primera es conocida, ya que depende sólo de la geometría del problema. La pendiente del fondo es la principal responsable de la no homogeneidad de las ecuaciones, y su presencia aumenta la complejidad de los esquemas numéricos de resolución de forma considerable.

6.3.2.4 Tensiones en el fondo

Los términos debidos a la fricción contra el fondo $\tau_0 / \rho h$ tienen un efecto no lineal de retardo del flujo. Aproximando el radio hidráulico por el calado se tiene $\tau_0 = \rho g h S_f$, (Chaudhry 1993) donde S_f es la pendiente motriz. Para ésta, una expresión comúnmente utilizada es la fórmula de Manning. Con ella, para el caso de flujo bidimensional, la pendiente motriz se puede calcular como:

$$S_{f x_1} = \frac{u_1 \sqrt{u_1^2 + u_2^2}\, n^2}{h^{4/3}} \quad ; \quad S_{f x_2} = \frac{u_2 \sqrt{u_1^2 + u_2^2}\, n^2}{h^{4/3}} \tag{19}$$

donde n es el coeficiente de rugosidad de Manning.

Cuando no se considera ningún modelo de turbulencia, lo cual es muy común en modelación de flujo en canales y cauces naturales, como veremos más adelante, la disipación de energía debida a las tensiones efectivas se puede suponer que se incluye en la pendiente motriz, es decir, mediante la fórmula de Manning no se pretende aproximar solamente el efecto de las tensiones en el fondo, sino también el efecto de todo el termino de tensiones efectivas.

6.3.2.5 Tensiones tangenciales en la superficie libre

La presencia de tensiones tangenciales en la superficie libre τ_s puede ser importante en grandes superficies con vientos fuertes.

6.3.2.6 Fuerzas por unidad de masa

Las fuerzas por unidad de masa que actúan sobre el fluido son, en general, la fuerza de gravedad y la fuerza geostrófica o de Coriolis.

La primera, que en las ecuaciones de Navier-Stokes se representaba con el término del gradiente de presiones, queda, al realizar la integración en la vertical, como la pendiente de la superficie libre. La segunda se puede escribir como:

$$\mathbf{b}_c = \begin{pmatrix} f u_2 \\ -f u_1 \end{pmatrix} \tag{20}$$

donde $\mathbf{b}_c$ es el vector de fuerza de Coriolis y $f = 2\omega \sin\lambda$ es el coeficiente de Coriolis, con ω la velocidad angular de rotación de la tierra y λ la latitud, dando lugar a los términos correspondientes de las ecuaciones.

6.3.2.7 Tensiones efectivas

La expresión (13) de las tensiones efectivas muestra que éstas constan de tres contribuciones. El primer sumando es el término de *tensiones viscosas* (o tensiones viscosas laminares), el único de los tres que representa unas tensiones reales debido a la viscosidad del fluido.

El segundo término de las tensiones efectivas son *las tensiones turbulentas*, fruto del promedio temporal de las ecuaciones de Navier-Stokes para obtener las ecuaciones de Reynolds en variables promediadas. Para flujos turbulentos desarrollados, las tensiones viscosas laminares son mucho más pequeñas que las turbulentas y sólo tienen importancia en una pequeña capa próxima a los contornos, por lo que, o bien se suelen despreciar o bien se consideran conjuntamente con las segundas mediante un modelo de turbulencia. El intento de modelar correctamente las tensiones turbulentas ha dado origen a toda la teoría de turbulencia y a distintos modelos de turbulencia. Para flujo gradualmente variable la importancia de este término con respecto a las tensiones del fondo suele considerarse despreciable.

Finalmente, el tercer término o término de *tensiones convectivas* resulta de la integración sobre la profundidad de los términos convectivos tridimensionales. Este término, también llamado término de *dispersión* o de *advección diferencial*, se anularía si realmente la distribución de velocidades fuera uniforme en la vertical, y es más relevante cuanto más nos alejamos de la hipótesis de presión hidrostática. Es un término únicamente fruto del promedio en la vertical, por lo que no tiene nada que ver con los fenómenos turbulentos. Pese a que ha habido algunos intentos de modelar este término, ello no tiene demasiado sentido ya que solamente es importante cuando nos alejamos de las hipótesis de deducción de las ecuaciones, es decir, cuando éstas dejan de ser válidas. En el caso de no poder despreciar las tensiones convectivas, habría que considerar flujo tridimensional con sus correspondientes ecuaciones.

6.3.3 Turbulencia en el flujo en lámina libre

La turbulencia, o fluctuaciones de las partículas alrededor de una trayectoria media, se puede describir físicamente como una serie de movimientos en forma de vórtice o torbellino que cubren un amplio rango de tamaños con su correspondiente espectro de frecuencias de fluctuación. La distribución de los vórtices es altamente aleatoria y no permanente en el tiempo. Los vórtices más grandes, asociados con frecuencias de fluctuación más bajas, vienen provocados por las condiciones de contorno del flujo y su tamaño puede ser del mismo orden de magnitud que las ondas del flujo medio. Los vórtices más pequeños, asociados con altas frecuencias de fluctuación, son producidos por las fuerzas viscosas. El espectro de tamaños de vórtice aumenta con el número de Reynolds.

Los vórtices más grandes contribuyen al transporte de la cantidad de movimiento. Al ser del mismo orden de magnitud que el flujo medio, los vórtices interfieren con éste sustrayéndole energía cinética. A su vez estos vórtices más grandes nutren a los más pequeños de manera que la energía cinética se va transmitiendo hacia vórtices cada vez más pequeños y finalmente es disipada por las fuerzas viscosas. Vemos pues, que aunque la disipación de energía tiene lugar en los vórtices más pequeños, la energía cinética que pasa del movimiento medio al movimiento turbulento, y por tanto la energía que finalmente es disipada en los procesos turbulentos, viene condicionada por las características del movimiento medio y de los vórtices de mayor tamaño.

Matemáticamente, los modelos de turbulencia consisten en aproximar de alguna manera el término correspondiente a las tensiones de Reynolds relacionándolo con las variables medias, de modo que los modelos de turbulencia no describen los detalles de las fluctuaciones turbulentas, sino el efecto de dichas fluctuaciones sobre las variables medias. La mayoría de modelos de turbulencia se han desarrollado para flujos en tres dimensiones, aunque se encuentran varios ejemplos de aplicación a las ecuaciones promediadas en la profundidad.

La mayoría de modelos para la resolución de las ecuaciones del flujo en lámina libre no incluyen ningún modelo de turbulencia, de manera que el efecto de la turbulencia se tiene en cuenta solamente en el término de fricción contra el fondo. Otros, utilizan un coeficiente de viscosidad turbulenta constante. En muchas aplicaciones los términos de las tensiones turbulentas suelen ser despreciables comparados con otros términos y el único efecto notable de la turbulencia es a través de las tensiones en el fondo; aquí la inclusión de un modelo de turbulencia no tendría prácticamente ninguna influencia

Algunas veces, y especialmente para esquemas numéricos de elementos finitos, se utiliza un coeficiente de viscosidad turbulenta constante para añadir cierta difusión al esquema numérico con la finalidad de hacerlo más estable, perdiéndose todo el significado físico de dicho coeficiente. El caso más extremo es el de algunos modelos comerciales (RMA-2 y HIVEL2D) que ajustan automáticamente el coeficiente para obtener esquemas estables, o que recomiendan al usuario utilizar un coeficiente suficientemente grande para estabilizar el esquema, pero a la vez lo más pequeño posible para que la solución no se aleje demasiado de la realidad. En el caso de considerar un coeficiente de viscosidad turbulenta constante, en definitiva se está añadiendo un parámetro más que podría servir para calibrar el modelo.

Por todo lo dicho, para estudios en cursos de agua naturales de una cierta dimensión espacial, donde la turbulencia se debe básicamente a la fricción y el movimiento es principalmente horizontal (hipótesis de aguas poco profundas), el uso de modelos de turbulencia no parece necesario. Para el cálculo hidrodinámico el error cometido al considerar válidas las hipótesis de flujo bidimensional es del mismo orden que el error cometido al no considerar ningún modelo de turbulencia, por lo que hacerlo no aportaría mejoras sensibles a la solución mientras que sí podría añadir complejidad, restar eficiencia al esquema numérico, y añadir confusión al tener más parámetros que ajustar sin un criterio claro para hacerlo. Cualquier modelo de turbulencia contiene parámetros que deben ajustarse mediante un estudio experimental, de manera que ningún modelo de turbulencia se debería aceptar sin un buena verificación experimental.

Por otro lado, aunque el flujo medio sea eminentemente bidimensional, los fenómenos turbulentos pueden tener componentes verticales importantes que nunca se pueden modelar bien con las ecuaciones de Saint Venant bidimensionales. Un modelo de turbulencia completo en el cálculo del flujo del agua en lámina libre sí que puede tener sentido en flujos turbulentos tridimensionales y para cierto tipo de flujos (cambios de régimen, variaciones bruscas en dirección y módulo de la velocidad, etc.), utilizando entonces las ecuaciones de Reynolds tridimensionales.

A pesar de lo dicho, para problemas termodinámicos donde interesa conocer distribuciones de temperatura (interviene la ecuación de la energía), o bien, para problemas de dispersión de contaminantes (en los cuales se utiliza una ecuación de conservación para la concentración), aparece un flujo turbulento de calor o concentración que sí es importante frente a los otros términos de la ecuación, y debe ser modelado correctamente. Por ello, en estudios termodinámicos o de dispersión de contaminantes, es conveniente utilizar un modelo de turbulencia completo.

6.3.4 Simplificación de las ecuaciones de Saint Venant en dos dimensiones

Si no se considera la fuerza de Coriolis, que para cauces de ríos no suele ser significativa, ni las tensiones efectivas, que tienen poca importancia con respecto a los otros términos, ni las tensiones producidas por el viento en la superficie libre, se pueden escribir las ecuaciones de Saint Venant bidimensionales como:

$$\frac{\partial h}{\partial t} + \frac{\partial (hu)}{\partial x} + \frac{\partial (hv)}{\partial y} = 0 \tag{21}$$

$$\frac{\partial}{\partial t}(hu) + \frac{\partial}{\partial x}\left(hu^2 + g\frac{h^2}{2}\right) + \frac{\partial}{\partial y}(huv) = gh(S_{0x} - S_{fx}) \tag{22}$$

$$\frac{\partial}{\partial t}(hv) + \frac{\partial}{\partial x}(huv) + \frac{\partial}{\partial y}\left(hv^2 + g\frac{h^2}{2}\right) = gh(S_{0y} - S_{fy}) \tag{23}$$

donde se ha utilizado la notación x e y para las direcciones x_1 y x_2, así como u y v para u_1 y u_2.

No se ha considerado aquí ningún modelo de turbulencia, por lo que la disipación de los términos de tensiones efectivas solamente se puede tener en cuenta, de manera muy aproximada, en el término de la pendiente motriz, juntamente con las tensiones de fondo.

Utilizando notación vectorial, se pueden escribir estas ecuaciones de Saint Venant en dos dimensiones en forma conservativa como:

$$\frac{\partial}{\partial t}\mathbf{U} + \nabla\mathbf{F} = \mathbf{H} \tag{24}$$

donde $\mathbf{U}$ es el vector de variables de flujo, $\mathbf{F}$ es *el tensor de flujo* y $\mathbf{H}$ es el termino independiente o término fuente, que responden a las expresiones:

$$\mathbf{U} = \begin{pmatrix} h \\ hu \\ hv \end{pmatrix}; \mathbf{F} = \begin{pmatrix} hu & hv \\ hu^2 + g\dfrac{h^2}{2} & huv \\ huv & hv^2 + g\dfrac{h^2}{2} \end{pmatrix}; \mathbf{H} = \begin{pmatrix} 0 \\ gh(S_{ox} - S_{fx}) \\ gh(S_{oy} - S_{fy}) \end{pmatrix} \tag{25}$$

La ecuación (24) consta de tres términos. Como se desprende del planteamiento que se ha hecho de las ecuaciones a partir de las leyes de conservación, el primer término representa la variación temporal local de las variables hidráulicas: masa y cantidad de movimiento; el segundo término representa la variación espacial de los flujos de dichas cantidades; el tercer término (término independiente) representa la ganancia o pérdida de masa y cantidad de movimiento por unidad de tiempo en un volumen diferencial que se mueve con el fluido. Evidentemente la variación de masa debe ser nula, por lo que la primera componente del vector de variables independientes es cero.

La contribución exterior a la cantidad de movimiento, con las hipótesis realizadas, tiene dos razones: la variación de energía potencial (reflejada en la pendiente del fondo) y las fuerzas de fricción con el contorno (reflejada en la pendiente motriz).

Introduciendo la ecuación de continuidad en las ecuaciones del movimiento, o directamente a partir de las ecuaciones (16), (17) y (18), se pueden escribir las ecuaciones de Saint Venant en forma no conservativa como:

$$\frac{\partial h}{\partial t} + \frac{\partial(hu)}{\partial x} + \frac{\partial(hv)}{\partial y} = 0 \tag{26}$$

$$\frac{\partial u}{\partial t} + u\frac{\partial u}{\partial x} + v\frac{\partial u}{\partial y} + g\frac{\partial h}{\partial x} = g(S_{0x} - S_{fx}) \tag{27}$$

$$\frac{\partial v}{\partial t} + u\frac{\partial v}{\partial x} + v\frac{\partial v}{\partial y} + g\frac{\partial h}{\partial y} = g(S_{0y} - S_{fy}) \tag{28}$$

Las ecuaciones de Saint Venant en forma conservativa presentan grandes ventajas a la hora de plantear esquemas de resolución que permitan obtener soluciones con discontinuidades, como se comenta en el capítulo siguiente, aparte de que son la expresión más directa de las leyes de conservación que gobiernan el fenómeno físico.

6.4 Análisis de las ecuaciones de Saint Venant

6.4.1 Teoría de las características

Los sistemas de ecuaciones hiperbólicos tienen un comportamiento especial, asociado con la velocidad con que la información se propaga a través del dominio de estudio (celeridad o velocidad de onda), que se pone de manifiesto con la teoría de las características.

En general, las características son un conjunto de direcciones privilegiadas, líneas en el espacio (x,t) en el caso 1D y superficies en el espacio (x, y, t) en el caso 2D, en las cuales el sistema de ecuaciones diferenciales se simplifica de manera considerable. En el primer caso el sistema de dos ecuaciones en derivadas parciales original se puede sustituir, en las líneas características, por otro sistema de dos ecuaciones diferenciales pero ahora en derivadas totales. En el caso 2D, lo que se consigue en las superficies características es reducir el sistema original a otro sistema de ecuaciones con una variable independiente menos.

Ambos casos se pueden ver como casos particulares de sistemas hiperbólicos donde las características (líneas en el caso 1D y superficies en el 2D) serían entonces un conjunto de hipersuperficies que conducen a un sistema de coordenadas natural en el cual se pueden reescribir las ecuaciones originales de una forma más sencilla. En concreto, las características serían hipersuperficies a través de las cuales una solución continua puede presentar discontinuidades en sus derivadas respecto a la dirección normal a ellas, lo que veremos que es lo mismo que decir que las características actúan como elementos de transporte de este tipo de discontinuidades, que se llaman *discontinuidades débiles*.

Toda la teoría de las características sirve para poner de manifiesto una serie de propiedades analíticas que deben cumplir las soluciones de sistemas hiperbólicos, tanto continuas como discontinuas, y que serán fundamentales a la hora de desarrollar esquemas numéricos. Quizá el ejemplo más conocido sería el caso de los *invariantes o cuasi-invariantes de Riemann*, que son unas magnitudes que se mantienen constantes sobre las características en el caso de que el término independiente en las ecuaciones originales fuera nulo, y cuyo estudio facilita enormemente la interpretación física del sistema de ecuaciones.

Las características son líneas en (x,t) en el caso 1D, superficies en (x,y,t) en el caso 2D y en el caso más general de un sistema multidimensional serían hipersuperficies en $(\mathbf{x},t)$. En este apartado, por simplicidad, se hablará siempre de superficies características.

Una manera de presentar matemáticamente las superficies características podría ser como aquellas superficies en (x,y,t) que no servirían como condiciones iniciales para la obtención de la solución. Es decir, si conocemos el valor que toma la solución en una superficie característica de (x,y,t), no se puede conocer el valor que toma dicha solución en puntos próximos a dicha superficie, mientras que en general sí que se puede para otras superficies cualquiera. Esta idea es equivalente a decir que conociendo los valores de la solución $\mathbf{U}(x,y,t)$ sobre una superficie característica, no se puede calcular el valor de la derivada de $\mathbf{U}$ respecto la dirección normal a dicha superficie. Conociendo dicha derivada y los valores de $\mathbf{U}$ sobre la superficie, se podrían conocer $\mathbf{U}$ en puntos de (x,y,t) próximos a la superficie característica.

A partir de esta idea, se pueden plantear qué relaciones matemáticas deben cumplirse para que una superficie sea característica. Si se considera una superficie cualquiera Φ en el espacio (x,y,t) sobre la cual se conoce $\mathbf{U}(x,y,t)$, se puede obtener la derivada de $\mathbf{U}$ respecto a la dirección normal a partir de los propios valores de $\mathbf{U}$ y de sus derivadas sobre la superficie Φ. Se puede ver que la derivada de $\mathbf{U}$ normal a Φ estará indeterminada siempre y cuando se cumpla la condición:

$$Q(P, \alpha, \lambda) = \det\left(\alpha_1 \mathbf{A}_1(P) + \alpha_2 \mathbf{A}_2(P) - \lambda \mathbf{I}\right) = 0 \tag{29}$$

en cuyo caso la superficie Φ será una superficie característica. De manera que las superficies características se pueden obtener imponiendo que se cumpla esta última ecuación. Para cada vector unitario (α_1, α_2) en el plano (x,y) se obtiene de esta forma un polinomio característico de grado n tal que sus raíces λ determinan unos vectores $(\alpha_1, \alpha_2, -\lambda)$, que son precisamente los vectores de (x, y, t) normales a las superficies características.

Otra posible interpretación física de una superficie característica $\Phi(t, x, y) = 0$ es entenderla como las distintas posiciones que va tomando una curva determinada sobre el plano (x,y) y que se mueve al transcurrir el tiempo t. Esta curva a veces se menciona en la bibliografía como *curva característica*, y no es más que la intersección de la superficie característica con planos t = constante. Estas curvas características son distintas de las *líneas características* a las que estamos acostumbrados en el caso 1D, que son las superficies características particularizadas para una dimensión.

Se ha dicho que el vector $(\alpha_1, \alpha_2, -\lambda)$ es normal a una superficie característica, de manera que si se considera ahora un corte por un plano vertical (paralelo al eje t) que contenga dicho vector, la superficie característica cortará este plano según una línea en la dirección de $(\lambda\alpha_1, \lambda\alpha_2, 1)$ (Figura 1).

Se aprecia, pues, que en un intervalo de tiempo igual a la unidad, una curva característica se desplazará sobre el plano físico (x,y) una distancia λ en la dirección normal a ella. Los valores propios λ representan entonces la velocidad con que se movería la curva característica respecto el plano físico (x,y) en cada instante, es decir, la velocidad de propagación de la información sobre (x,y).

Por otro lado, una superficie característica tiene asociado siempre un valor propio λ_i, cero del polinomio característico $Q(P, \alpha, \lambda)$; la dirección normal a una característica debe ser proporcional al vector propio $\mathbf{e}_i$ asociado a dicha característica.

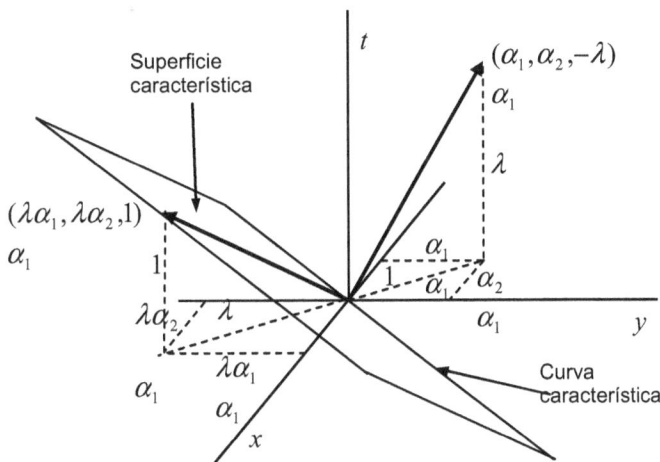

Figura 1. Vector normal a una superficie característica y significado físico de λ

6.4.2 Ecuaciones características para las ecuaciones de Saint Venant unidimensionales para cauces prismáticos rectangulares

En el caso de las ecuaciones de Saint Venant unidimensionales para canal no prismático escritas en forma conservativa, ecuaciones (1) y (2), la matriz jacobiana $\mathbf{A}$ del vector de flujo $\mathbf{F}$:

$$\mathbf{A} = \frac{\partial \mathbf{F}}{\partial \mathbf{U}} \tag{30}$$

responde a:

$$\mathbf{A} = \begin{pmatrix} 0 & 1 \\ g\dfrac{A}{b} - \dfrac{Q^2}{A^2} & 2\dfrac{Q}{A} \end{pmatrix} \tag{31}$$

En la deducción de la expresión de $\mathbf{A}$ se ha utilizado que la derivada del término de fuerzas de presión en una sección I_1 respecto del área es:

$$\frac{\partial I_1}{\partial A} = \frac{\partial}{\partial A} \int_0^h (h - \eta) b(x, \eta) d\eta = \frac{A(h)}{b(h)} \tag{32}$$

Los valores propios de la matriz $\mathbf{A}$ se obtienen resolviendo la siguiente ecuación para λ, llamada *ecuación característica* o *polinomio característico*:

$$\det(\mathbf{A} - \lambda \mathbf{I}) = 0 \tag{33}$$

donde $\det()$ indica el determinante e $\mathbf{I}$ la matriz identidad. Con ello se obtienen los valores propios y vectores propios:

$$\lambda_{1,2} = u \pm c \quad ; \quad \mathbf{e}_{1,2} = \begin{pmatrix} 1 \\ u \pm c \end{pmatrix} \tag{34}$$

En los cuales c es la celeridad y u la velocidad:

$$c = \sqrt{g\frac{A}{b}} \quad ; \quad u = \frac{Q}{A} \tag{35}$$

En nuestro caso, los valores propios son siempre reales y distintos, y los vectores propios independientes, por lo que el sistema de ecuaciones es hiperbólico.

La matriz jacobiana del vector de flujo de las ecuaciones de Saint Venant para cauces prismáticos rectangulares es:

$$\mathbf{A} = \begin{pmatrix} 0 & 1 \\ c^2 - u^2 & 2u \end{pmatrix} \tag{36}$$

donde en este caso la celeridad c responde a la expresión:

$$c = \sqrt{gh} \tag{37}$$

Con el proceso planteado en el apartado anterior para la obtención de las superficies características (líneas en este caso), al haber una sola dimensión espacial, el vector unitario $\boldsymbol{\alpha}$ que interviene en la definición del polinomio característico se reduce a un vector unitario en la dirección x, es decir, $\alpha_1 = 1$, con lo que el polinomio característico no depende en este caso de $\boldsymbol{\alpha}$, y sus raíces vienen dadas por la ecuación (34) y las superficies características se pueden describir de forma diferencial con la ecuación:

$$\frac{dx}{dt} = \lambda(\mathbf{U}, x, t) \tag{38}$$

Que, utilizando el resultado de la expresión (34) conduce a las ecuaciones de las dos líneas características:

$$\frac{dx}{dt} = u + c \quad ; \quad \frac{dx}{dt} = u - c \tag{39}$$

La primera de ellas es la dirección característica *positiva* o C^+, y la segunda la dirección característica *negativa* o C^-. De las expresiones (38) y (39) podemos ver que la derivada direccional a lo largo de una línea característica se puede escribir como:

$$\frac{d}{dt} = \frac{\partial}{\partial t} + \lambda_{1,2} \frac{\partial}{\partial x} = \frac{\partial}{\partial t} + (u \pm c)\frac{\partial}{\partial x} \tag{40}$$

Con esta consideración se pueden escribir las ecuaciones de Saint Venant para canal rectangular prismático en forma característica como:

$$\frac{\partial}{\partial t}(u \pm 2c) + (u \pm c)\frac{\partial(u \pm 2c)}{\partial x} = g(S_0 - S_f) \tag{41}$$

Las variables

$$J^+ = u + 2c \quad ; \quad J^- = u - 2c \tag{42}$$

se conocen por el nombre de *variables características* o *cuasi-invariantes de Riemann,* y en el caso particular que el término independiente **H** fuera nulo, se conocen simplemente por *invariantes de Riemann.* El significado de la parte izquierda de la igualdad (41) es precisamente la variación de los invariantes de Riemann J^+ y J^- a lo largo de las respectivas líneas características C^+ y C^-, la cual es cero si el sistema es homogéneo y toma el valor del término independiente en el caso que éste exista.

Las ecuaciones de Saint Venant sobre las líneas características se pueden escribir pues, en derivadas totales, como:

$$\frac{d}{dt}(u \pm 2c) = g(S_0 - S_f) \tag{43}$$

La forma característica de las ecuaciones de Saint Venant, expresión (41), ha originado el método clásico de resolución de estas ecuaciones conocido como *método de las características,* con todas sus variantes dependiendo de si es explícito o implícito y de la manera como se aproxima el valor de las variables en puntos donde su valor exacto es desconocido. También el estudio de las líneas características permite conocer el dominio de dependencia y la zona de influencia de un punto del canal en un instante, el número de condiciones de contorno que se deben dar en cada instante en el extremo aguas arriba y aguas abajo del canal dependiendo del tipo de flujo, y también cómo se propagan ciertas ondas sencillas en un canal a lo largo del tiempo.

Las ecuaciones de Saint Venant se pueden entender como una ecuación de onda, donde la matriz **A** contiene la información de la velocidad de propagación de la onda y cuyas direcciones principales (líneas características en nuestro caso) se pueden obtener a partir de sus valores propios. Los valores propios de **A**, que son la suma de la velocidad del agua en el canal u y la celeridad de la onda de gravedad c, corresponden a la velocidad de propagación de dicha onda respecto a un sistema de coordenadas fijo. El término de la celeridad c, que depende solamente de las características geométricas de la sección mojada, nos indica la capacidad que tiene el agua de transmitir información de dicha sección del canal a otra inmediatamente contigua.

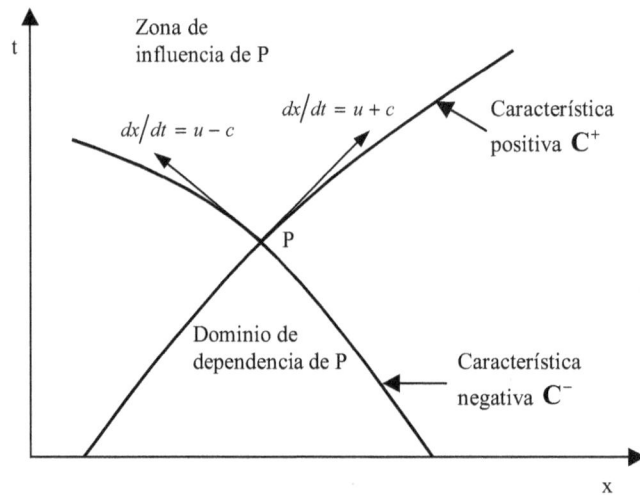

Figura 2. Líneas características unidimensionales en el espacio x-t

6.4.3 Ecuaciones características para las ecuaciones de Saint Venant unidimensionales para cauces cualesquiera

En este caso es necesario antes definir una variable auxiliar ω, llamada *variable de Escoffier*, que es en el fondo una medida del nivel de agua en un punto del cauce:

$$\omega = \int_0^A c\frac{dA}{A} = \int_0^y \sqrt{\frac{gA}{b}}\frac{bdy}{A} = \int_0^y \sqrt{\frac{gb}{A}}dy \tag{44}$$

de manera que, utilizando la regla de Leibnitz, se puede escribir escribir su diferencial como:

$$d\omega = \sqrt{\frac{gb}{A}}dy \tag{45}$$

y se obtienen las ecuaciones de Saint Venant unidimensionales para cauce cualquiera en forma característica:

$$\frac{\partial}{\partial t}(u \pm \omega) + (u \pm c)\frac{\partial(u \pm \omega)}{\partial x} = g(\frac{I_2}{A} + S_0 - S_f) \tag{46}$$

o , en derivadas totales:

$$\frac{d}{dt}(u \pm \omega) = g(\frac{I_2}{A} + S_0 - S_f)$$ (47)

Su significado físico es el mismo que para las ecuaciones (41), pero ahora los cuasi-invariantes de Riemann están formados por la suma de la velocidad y la variable de Escoffier, y en el término independiente aparece una contribución más debido a la posible variación de la sección a lo largo del cauce.

6.4.4 Características para las ecuaciones de Saint Venant bidimensionales

En el caso de tener dos direcciones espaciales x e y , para sistema de ecuaciones del tipo:

$$\frac{\partial \mathbf{U}}{\partial t} + \mathbf{A}\frac{\partial \mathbf{U}}{\partial x} + \mathbf{B}\frac{\partial \mathbf{U}}{\partial y} = \mathbf{H}$$ (48)

el sistema es hiperbólico en un dominio de (x,y,t) si se cumplen las siguientes dos condiciones:

1. Todos los valores propios de una matriz $\alpha_1\mathbf{A} + \alpha_2\mathbf{B}$ son reales, donde α_1 y α_2 son números reales que cumplen $\alpha_1^2 + \alpha_2^2 = 1$ (es decir, las componentes de un vector unitario en el plano x-y).

2. Para la matriz $\alpha_1\mathbf{A} + \alpha_2\mathbf{B}$ existe un sistema completo de vectores propios ortogonales.

Si los valores propios son todos distintos, la segunda condición se cumple automáticamente y se dice que el sistema es estrictamente hiperbólico.

Se pueden escribir las ecuaciones de Saint Venant bidimensionales en forma conservativa (24), (25) en la forma de la expresión (48) con:

$$\mathbf{A} = \begin{pmatrix} 0 & 1 & 0 \\ -u^2+gh & 2u & 0 \\ -uv & v & u \end{pmatrix} \quad ; \quad \mathbf{B} = \begin{pmatrix} 0 & 0 & 1 \\ -uv & v & u \\ -v^2+gh & 0 & 2v \end{pmatrix}$$ (49)

Entonces los valores propios de la matriz $\alpha_1\mathbf{A} + \alpha_2\mathbf{B}$ se obtienen de resolver la ecuación característica para λ :

$$\det(\alpha_1\mathbf{A} + \alpha_2\mathbf{B} - \lambda\mathbf{I}) = 0$$ (50)

de donde se obtiene:

$$\lambda_{1,3} = \alpha_1 u + \alpha_2 v \pm \sqrt{gh} \quad ; \quad \lambda_2 = \alpha_1 u + \alpha_2 v$$ (51)

y los vectores propios:

$$\mathbf{e}_{1,3} = \begin{pmatrix} \alpha_1 \\ \alpha_2 \\ \pm\sqrt{gh} \end{pmatrix} \quad ; \quad \mathbf{e}_2 = \begin{pmatrix} \alpha_2 \\ -\alpha_1 \\ 0 \end{pmatrix}$$ (52)

Los valores α_1 y α_2 se pueden entender como las componentes de un cierto vector de dirección $\mathbf{\alpha} = (\alpha_1, \alpha_2)$ en el plano $x - y$, con $\alpha_1 = \cos\theta$ y $\alpha_2 = \sin\theta$, donde θ es el ángulo que forma dicha dirección con el eje x. Esta consideración tendrá importancia en el siguiente apartado a la hora de definir las superficies características y ver su significado físico.

Para las ecuaciones de Saint Venant, para toda matriz $\alpha_1\mathbf{A} + \alpha_2\mathbf{B}$ se cumple siempre que los tres valores propios son distintos y por lo tanto el sistema es estrictamente hiperbólico.

Mediante la aplicación de la teoría de las características al caso bidimensional, se pueden obtener expresiones simplificadas de las ecuaciones de Saint Venant, pero sobre todo, obtener información sobre la estructura de la solución y de cómo se transmite la información de una zona a otra del dominio.

En este caso se obtienen dos familias de superficies características distintas. Sobre cada una de ellas se pueden deducir una condición de compatibilidad, al estilo de lo que se ha hecho en el caso 1-D, y obtener un sistema equivalente con una variable independiente menos.

Primera familia de superficies características

En este caso las superficies características corresponden a superficies cuyos vectores normales $\mathbf{N}_1$ forman un conoide cuyo eje responde a la ecuación:

$$\begin{cases} x = ut \\ y = vt \\ t = t \end{cases} \tag{53}$$

Mientras que la ecuación del cono en paramétricas se puede escribir como:

$$\begin{cases} x = (u \pm c\cos\theta)t \\ y = (v \pm c\,\mathrm{sen}\,\theta)t \\ t = t \end{cases} \tag{54}$$

El significado físico del conoide se puede entender como la trayectoria de una perturbación que empieza en su vértice y se propaga. Cada una de sus secciones circulares por un plano t = constante representa la trayectoria alcanzada por la perturbación en cada instante. Las generatrices del conoide característico, que están formadas por los puntos de tangencia con las superficies características, se conocen por el nombre de *bicaracterísticas*.

Para cada valor del ángulo θ se obtiene la ecuación de una de las rectas generatrices del cono, que son las bicaracterísticas. Si se corta el cono por un plano t = constante, se obtiene una circunferencia con centro en el punto (ut, vt) y radio ct. La proyección sobre el plano t = constante del vector normal a una superficie característica es un vector de componentes $(\cos\theta, \mathrm{sen}\,\theta)$, mientras que el vector tangente al cono en el plano t = constante, que está sobre la correspondiente superficie característica, es $(-\mathrm{sen}\,\theta, \cos\theta)$. Estas consideraciones son relevantes para las condiciones de contorno del esquema numérico en la resolución de las ecuaciones bidimensionales.

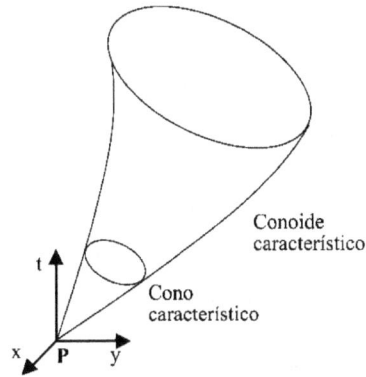

Figura 3. Cono y conoide característicos

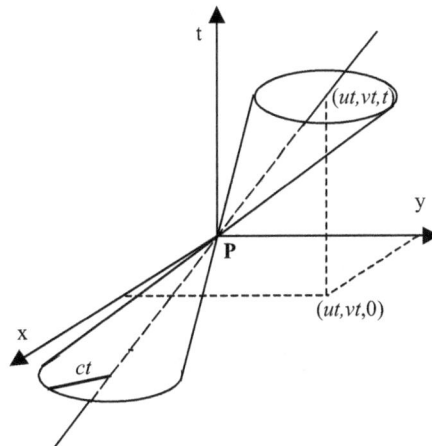

Figura 4. Cono característico

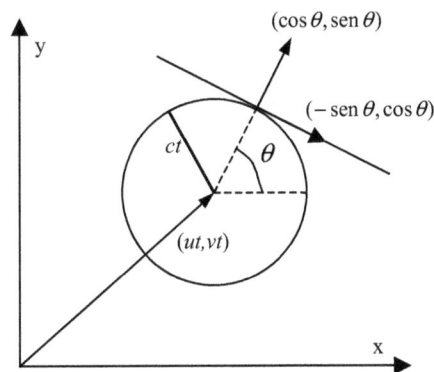

Figura 5. Corte del cono característico por un plano t = *constante*

Segunda familia de superficies características

Ahora la expresión del plano tangente a una superficie característica es:

$$-(u\cos\theta + v\,\text{sen}\,\theta)t + x\cos\theta + y\,\text{sen}\,\theta = 0 \tag{55}$$

Los planos tangentes a las superficies características de la segunda familia (o aproximaciones locales a estas superficies) pasan por el punto **P** y se llaman *superficies de corriente*. Todas las superficies de corriente forman un haz de planos que intersectan según una recta que coincide con eje del cono característico de la primera familia de superficies características. La envolvente de todas las superficies características de la segunda familia será, pues, esta misma recta que se conoce por el nombre de *cuasi-trayectoria* y corresponde al cono característico de la primera familia. La proyección de la cuasi-trayectoria sobre el plano x, y es una recta con la dirección dada por el vector velocidad (u, v), que es la *trayectoria*.

En la Figura 6 se representa una superficie de corriente, su dirección normal $\mathbf{N}_2'$ y la cuasi-trayectoria. En la Figura 7 se representa su proyección sobre un plano t = constante.

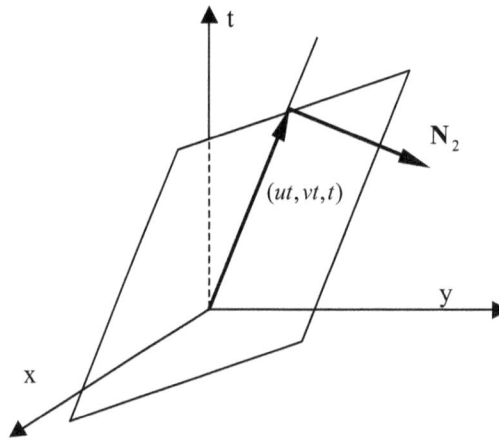

Figura 6. Superficie de corriente

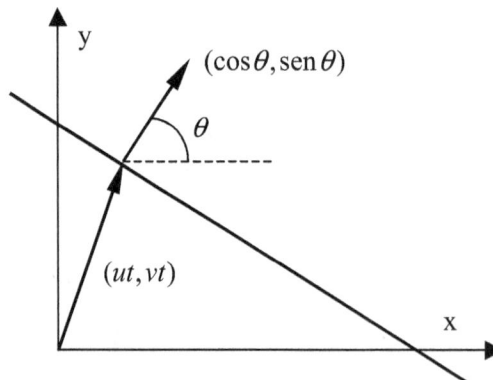

Figura 7. Corte de una superficie de corriente sobre el plano t=constante

6.4.4.1 Dominio de dependencia y zona de influencia

Es una propiedad de los sistemas hiperbólicos que, para un punto cualquiera **P** del espacio *(x,y,t)* la solución depende únicamente de los datos en un cierto dominio cerrado del espacio físico*(x,y)*, pero no de los puntos situados fuera de dicho dominio. Esto es equivalente a decir que la onda asociada se propaga a una celeridad finita.

Para el caso de las ecuaciones de Saint Venant bidimensionales, el dominio de dependencia serán todos los puntos del cono o conoide característico en la dirección decreciente de *t*, mientras que la zona de influencia serán los puntos dentro del conoide en la dirección de *t* creciente. El conoide actúa pues como una frontera para la propagación de la información.

6.4.4.2 Condiciones de compatibilidad en las superficies características

Igual que en el caso unidimensional, combinando linealmente de manera adecuada las ecuaciones de Saint Venant se puede obtener un sistema de ecuaciones equivalente al original sobre las superficies características, sistema que sólo contiene derivadas a lo largo de direcciones contenidas en las superficies características. Estas ecuaciones, llamadas *condiciones de compatibilidad, relaciones características* o *ecuaciones de consistencia*, que serían el equivalente para el caso bidimensional de las ecuaciones (41), (43), son útiles a la hora de formular las condiciones de contorno necesarias en los esquemas numéricos de resolución de las ecuaciones bidimensionales.

En este caso, utilizando en la notación derivadas totales a lo largo de las bicaracterísticas, la condición de compatibilidad sobre una superficie característica de la primera familia se puede escribir:

$$\frac{d(u_n \pm 2c)}{dt} \pm \frac{\partial u_t}{\partial \theta} = \pm g(S_{0x} - S_{fx})\cos\theta + g(S_{0y} - S_{fy})\operatorname{sen}\theta \qquad (56)$$

Donde u_n y u_t representan las componentes de la velocidad en la dirección del vector normal a la superficie característica $(\cos\theta, \operatorname{sen}\theta)$ y su perpendicular:

$$u_n = u\cos\theta + v\operatorname{sen}\theta \quad ; \quad u_y = -u\operatorname{sen}\theta + v\cos\theta \qquad (57)$$

La ecuación (57) es la análoga a la ecuación (43) para el caso unidimensional, y expresa que en ausencia de término independiente, y en el supuesto que las variaciones en la dirección tangencial a la superficie característica fuesen despreciables, las cantidades $u_n \pm 2c$, que se conocen por *pseudoinvariantes de Riemann*, se mantendrían constantes a lo largo de la correspondiente bicaracterística.

La condición de compatibilidad para la segunda familia de características queda:

$$\frac{d(u_t)}{dv} + 2\frac{\partial c}{\partial \theta} = -g(S_{0x} - S_{fx})\operatorname{sen}\theta + g(S_{0y} - S_{fy})\cos\theta \qquad (58)$$

Esta ecuación, que representa el transporte de la componente de la velocidad tangencial a la bicaracterística, no tiene un equivalente directo en el caso unidimensional.

7. Esquemas numéricos para la modelización del flujo variable en lámina libre en una y dos dimensiones

7.1 Modelización numérica del flujo de agua en lámina libre en régimen variable

7.1.1 Esquemas unidimensionales

El régimen variable se suele subdividir en régimen gradualmente variable, cuando las variaciones en calado y caudal se producen en tiempos prolongados y distancias grandes (como la propagación de una avenida en un gran río en régimen lento), y en régimen rápidamente variado, cuando estas variaciones tienen lugar en tiempos cortos y distancias reducidas (resalto hidráulico en un río de montaña, frente de onda producido por una rotura de presa, etc.).

Las ecuaciones que describen el régimen variable en lámina libre en una dimensión son las ecuaciones de Saint Venant, escritas por primera vez por Barré de Saint Venant en 1871, y que sirven para describir tanto el régimen gradualmente variable como el rápidamente variable. Estas ecuaciones no se pueden resolver para geometrías reales con métodos analíticos, mientras que el estudio de los fenómenos que describen mediante modelos físicos resulta enormemente complejo y costoso. Por todo ello, y gracias al desarrollo de la informática en las últimas décadas, los esfuerzos han ido encaminados hacia la resolución mediante modelos numéricos.

7.1.1.1 Esquemas unidimensionales clásicos

Un repaso de los esquemas numéricos clásicos (por contraposición a los esquemas de alta resolución desarrollados más recientemente y que se introducen en el más adelante) de resolución de las ecuaciones completas de Saint Venant unidimensionales en lámina libre, se puede encontrar en(Chaudhry 1993). Todos ellos se podrían clasificar en tres grandes grupos, que son el método de las características, los métodos en diferencias finitas y los métodos en elementos finitos.

De entre los métodos que utilizan las ecuaciones completas de Saint Venant, o métodos de onda dinámica, el método de las características tiene la ventaja de tener un gran significado físico, ya que aprovecha las propiedades físicas de transmisión de la información en el espacio y el tiempo. Fue de los primeros en utilizarse en los años 50. Existen distintas variantes del mismo, como son las características rectas explícitas, las características rectas implícitas, y las características curvas, pero todos ellos necesitan incrementos de tiempo de cálculo muy pequeños y discretizaciones espaciales también reducidas. Al igual que el resto de métodos clásicos presenta inconvenientes a la hora de representar flujo rápidamente variable para el cual pueden aparecer discontinuidades en la solución, aunque puede utilizarse tanto para régimen lento como para régimen rápido. El método de las características puede servir para canales prismáticos, pero su aplicación para canales no prismáticos y de geometría irregular es de una enorme complejidad y resultados poco fiables, por lo que no son adecuados, ni han sido utilizados, para cauces fluviales.

Los métodos en diferencias finitas pueden clasificarse en diferencias finitas explícitas y diferencias finitas implícitas, dependiendo de si el proceso de encontrar la solución a lo largo del tiempo lo hacen punto por punto en la malla de discretización espacial del dominio, o bien resolviendo conjuntamente todos los puntos de la malla en cada instante. Asimismo, pueden tener distintos órdenes de aproximación según sea el término de error debido al truncamiento a la hora de expresar las derivadas, y distintas posibilidades de discretización en cuanto a la localización de las variables de cálculo en la malla.

Los métodos en diferencias finitas explícitos más utilizados han sido el esquema difusivo (llamado también esquema de Lax-Friedrichs o simplemente esquema de Lax), esquema Leap-Frog, esquema de McCormack, y esquema Lambda. Entre ellos el esquema de McCormack ha sido el más difundido; es un esquema de segundo orden de precisión en dos pasos que permite, en principio, un tratamiento sencillo de los términos fuente. Además el esquema de McCormack se ha utilizado como esquema de partida para la construcción de esquemas de alta resolución. Los esquemas explícitos presentan el inconveniente de requerir incrementos de tiempo muy pequeños en el proceso de cálculo para cumplir la condición de estabilidad de Courant y, por lo tanto, son más caros computacionalmente hablando respecto alos métodos implícitos, aunque esta desventaja se atenúa cuando el flujo es rápidamente variable.

Entre los métodos en diferencias finitas implícitas destaca el esquema de Preissmann, también llamado esquema de los cuatro puntos, extensamente utilizado en ríos. Es un esquema que proporciona resultados extraordinariamente precisos en régimen lento, con una gran velocidad de cálculo y que permite utilizar grandes incrementos de espacio y de tiempo. Los esquemas implícitos se han utilizado también para flujo rápidamente variable, aunque entonces el incremento de tiempo debe reducirse hasta valores similares a los de los esquemas explícitos para representar las discontinuidades.

El método de los elementos finitos también se ha utilizado para la resolución de las ecuaciones de Saint Venant unidimensionales. Este método, desarrollado y aplicado principalmente para problemas estructurales, da óptimos resultados para ecuaciones elípticas o parabólicas, mientras que las ecuaciones de Saint Venant forman un sistema hiperbólico. Necesita un elevado consumo de tiempo de cálculo (para problemas no lineales se deben utilizar las variantes más complejas del método) y la integración temporal se debe hacer igualmente en diferencias finitas. Todo ello, junto con la sencillez de los contornos en una dimensión, hace que para el caso unidimensional este método no aporte ventajas considerables respecto de las diferencias finitas, sinó más complejidad.

A la hora de representar fenómenos reales de propagación de avenidas en ríos, frecuentemente ocurre que se encuentran discontinuidades en la solución en forma de resaltos hidráulicos o frentes de onda, es decir, el flujo ya no es gradualmente variable, sino rápidamente variable. Las mismas ecuaciones de Saint Venant pueden servir para representar el flujo rápidamente variable, si se escriben en forma conservativa, pero la aplicación sin más de los métodos mencionados puede dar problemas de estabilidad y oscilaciones no reales de la solución. En este caso se han empleado dos tipos de aproximaciónes distintas:

1. Métodos de aislamiento del frente de onda (o *Shock Fitting methods*), consistentes en aislar la discontinuidad y tratarla como un contorno, empleando las ecuaciones de Rankine-Hugoniot para relacionar la solución a ambos lados de este contorno. Para poder aplicar estos métodos se debe conocer a priori la localización de la discontinuidad, lo que no suele suceder, por lo que en la práctica son inviables para problemas generales.

2. Métodos directos (*Through methods* o *Shock Capturing methods*). Este tipo de métodos son capaces de localizar, simular y propagar las soluciones discontinuas sin necesidad de ninguna técnica especial.

Por su lado, los métodos directos pueden dividirse en aquellos que se basan en la forma integral de las ecuaciones de Saint Venant, y funcionan tanto para flujo gradualmente variable como para flujo rápidamente variable, y aquellos que consisten en introducir un término artificial en las ecuaciones que aumenta la difusión, de manera que la discontinuidad se suaviza. En estos últimos el frente de onda se reparte entre los puntos cercanos de la malla, y afecta a una zona más extensa que en la realidad y quitándole, por tanto, rigor a la solución

Los métodos directos sin necesidad de viscosidad artificial son claramente los deseables. Los esquemas clásicos en diferencias finitas y elementos finitos mencionados se han utilizado para desarrollar métodos directos, principalmente añadiendo términos de viscosidad artificial para estabilizar la solución(Chaudhry 1993). Sin ella, los métodos de segundo orden producen oscilaciones espurias en el entorno de las discontinuidades, que pueden llegar a dar problemas de estabilidad del cálculo y discontinuidades no reales (fruto del proceso de cálculo). Por otro lado, los métodos de primer orden son poco precisos en las zonas de solución suave. La viscosidad artificial puede ser una manera de conseguir un esquema estable frente a una solución discontinua, pero representa un parámetro más que se debe calibrar y, en el fondo, está cambiando las características del flujo y por tanto afecta la bondad de la solución.

7.1.1.2 Esquemas unidimensionales de alta resolución

Los problemas expuestos en el último párrafo del apartado anterior, y que también son ciertos para el caso bidimensional, son los que se intentan resolver con los esquemas de alta resolución. Este tipo de esquemas se desarrollaron en un principio para la resolución de problemas de dinámica de gases compresibles, especialmente para el problema de Riemann, y se han utilizado luego para otros problemas como puede ser la resolución de las ecuaciones de Saint Venant.

Las bases de los esquemas de alta resolución fueron establecidas a partir de las ideas de Godunov, quien desarrolló un esquema conservativo para sistemas hiperbólicos no lineales de leyes de conservación. A partir de la definición que hizo Harten en 1983 se conocen como esquemas de alta resolución aquellos que cumplen:

1. La solución numérica es al menos de segundo orden de precisión en las regiones suaves de la solución.
2. Producen soluciones numéricas libres de oscilaciones espurias.
3. Las discontinuidades suavizadas se concentran en una zona estrecha de tan solo uno o dos incrementos de espacio de la malla.

Para la construcción de este tipo de esquemas es fundamental el concepto de Variación Total Decreciente.

El gran parecido entre las ecuaciones de Euler y las ecuaciones de Saint Venant para el flujo de agua en lámina libre propició que los métodos de alta resolución desarrollados para las primeras se adaptaran para la resolución de las segundas, tanto en una como en dos dimensiones.

7.1.2 Esquemas bidimensionales

Para describir muchos fenómenos naturales, como pueden ser la inundación de una gran llanura, la confluencia de dos cauces, el cruce de dos corrientes de agua, el flujo en un cauce ancho e irregular, etc., la aproximación unidimensional deja de ser adecuada, y por ello se desarrollaron primero los esquemas cuasi-bidimensionales y luego los esquemas bidimensionales propiamente dichos.

Los esquemas cuasi-bidimensionales fueron los primeros intentos de modelar la inundación de una zona llana a partir del desbordamiento de cauces principales. En ellos se aplican las ecuaciones de Saint Venant unidimensionales en un cauce principal, mientras que la llanura de inundación se representa mediante una serie de células de almacenaje. El primero de ellos fue el modelo del delta del río Mekong (J. Cunge 1980).

La modelización cuasi-bidimensional era la única que se podía pretender en un principio, debido a la poca capacidad y baja velocidad de los ordenadores antiguos. Hoy es posible utilizar esquemas numéricos más complejos. Para algunos problemas de inundaciones por desbordamiento de cauces, y especialmente si se dispone de poca información topográfica, los esquemas cuasi-bidimensionales pueden representar todavía una aproximación práctica y de bajo coste, comparado con los esquemas verdaderamente bidimensionales que se discuten a continuación.

Al igual que en el caso unidimensional, para la resolución de las ecuaciones de Saint Venant en dos dimensiones se han utilizado el método de las características, los métodos en diferencias finitas, y los métodos en elementos finitos, pero en el caso bidimensional además se ha utilizado la técnica de discretización en volúmenes finitos. Todas las aproximaciones pueden servir para obtener métodos de alta resolución, pero la técnica de los volúmenes finitos es especialmente adecuada para ello.

7.1.2.1 Esquemas bidimensionales clásicos

Como en el caso unidimensional, son esquemas clásicos aquellos que no sean de alta resolución, entendiendo como tales los que cumplen las tres condiciones expuestas anteriormente. Los esquemas clásicos se han utilizado con buenos resultados para flujo gradualmente variable, pero no sirven en general para flujo rápidamente variable.

El método de las características comporta grandes dificultades de implementación, especialmente en geometrías reales; necesita incrementos de tiempo muy pequeños y, en el caso de flujo rápidamente variable, precisa una aproximación del tipo de aislamiento del frente de onda (*shock fitting*) con todas sus complicaciones, de manera que no tiene ninguna ventaja respecto otras aproximaciones. Por ello ha quedado tan solo como una herramienta para la incorporación de las condiciones de contorno.

Existen gran variedad de métodos en diferencias finitas utilizados con buenos resultados para la modelización del flujo gradualmente variable en dos dimensiones. Incluso algunos se aplicaron para flujo rápidamente variable con resultados aceptables antes del desarrollo de los esquemas de alta resolución. Los esquemas clásicos en diferencias finitas se pueden dividir en aquellos que utilizan diferencias finitas explícitas y los que utilizan diferencias finitas implícitas. Dentro de los últimos tienen una relevancia especial los métodos de direcciones alternadas (ADI, de *Alternate Direction Implicit*).

Los esquemas ADI o de direcciones alternadas. Este tipo de métodos fueron los primeros en utilizarse para las ecuaciones del flujo en lámina libre en dos dimensiones. En ellos, el avance en un incremento de tiempo se divide en dos pasos, para cada uno de los cuales se resuelven las ecuaciones en una sola de las dos direcciones del espacio. En cada medio incremento de tiempo las ecuaciones se discretizan de manera que dos de ellas quedan implícitas y la tercera explícita, y se obtienen los valores de variables distintas en puntos distintos de la malla de cálculo (lo que se conoce por *non staggered grid*).

Entre los esquemas en diferencias finitas explícitas destaca, como en 1D, el esquema de McCormack, propuesto en 1969 por el autor del cual tomó el nombre y extensamente utilizado en mecánica de fluidos, aunque en los últimos años ha sido desplazado por los esquemas en volúmenes finitos.

El método de los elementos finitos no ha sido demasiado popular a la hora de resolver las ecuaciones de Saint Venant en dos dimensiones, por las mismas razones citadas en el caso unidimensional: complejidad y coste computacional, a pesar que de que algunos de los modelos comerciales más utilizados (RMA-2, HIVEL, FESWMS, y TELEMAC) utilizan elementos finitos.

7.1.2.2 Esquemas bidimensionales de alta resolución

Los esquemas numéricos clásicos en dos dimensiones sufren los mismos problemas que para una dimensión en cuanto aparecen discontinuidades en la solución (resaltos hidráulicos, frentes de onda, etc.), por lo que en los últimos años se ha realizado un considerable esfuerzo para conseguir esquemas bidimensionales de alta resolución. Para ello, la técnica de los volúmenes finitos se ha mostrado muy útil. Desarrollada para la resolución de problemas en dinámica de gases, y mayoritariamente utilizada en este campo (los modelos comerciales más populares en este campo, como PHOENICS, FLUENT, FLOW3D y STAR-CD utilizan volúmenes finitos), toma las ventajas tanto de las diferencias finitas como de los elementos finitos. Partiendo de la forma integral de las ecuaciones en forma conservativa, las discontinuidades se representan sin ninguna técnica especial, a la vez que se conserva la masa y la cantidad de movimiento

7.1.3 Modelos comerciales

Una primera familia de modelos comerciales, que representa sin duda los más extensamente utilizados por su sencillez y amplia difusión, es aquella que permite estudiar cauces fluviales mediante la aproximación unidimensional y régimen gradualmente variado. Destaca entre ellos el modelo del Hydraulic Engineering Center (HEC) del U.S. Army Corps of Engineers, modelo HEC-RAS. Este modelo ha ido evolucionando con el tiempo y aumentando sus capacidades, de manera que permite representar ríos con cambios de régimen, secciones compuestas irregulares, puentes, pasos bajo vías, uniones, etc. A su vez, posee cómodas interfaces gráficas para representar la geometría y ver los resultados, comparando distintas hipótesis de funcionamiento y realizar informes. Su limitación evidente es la de sus hipótesis principales: régimen permanente y unidimensional. Este tipo de modelos unidimensionales en régimen permanente, aunque representan una simplificación importante del fenómeno de propagación de una avenida, en muchos casos pueden ser una aproximación suficientemente adecuada para predecir niveles de agua, y por ello son ampliamente utilizados en ingeniería. Otro modelo unidimensional para régimen permanente, de uso más restringido, es el ISIS Steady de HR Wallingord. Éste resuelve el mismo problema, pero utilizando las ecuaciones completas de Saint Venant y un esquema de régimen no permanente (se puede escoger entre el esquema de los cuatro puntos de Preissmann u otro que se conoce como *Pseudo-Timestepping Method*), y condiciones de contorno constantes.

El segundo paso en los modelos comerciales, que representa un salto cualitativo importante en cuanto a complejidad de sus esquemas numéricos, es aquel en el que se mantienen la hipótesis de unidimensionalidad, pero resuelve las ecuaciones de Saint Venant, es decir, permite modelar cauces fluviales en régimen no permanente. De entre ellos, destaca el MIKE 11 en propagación de avenidas, que tiene una serie de módulos que permiten distintas aproximaciones al fenómeno (régimen permanente, onda cinemática, onda difusiva y ecuaciones completas) y capacidad de modelar secciones compuestas y llanuras de inundación mediante células de almacenaje, así como azudes, pasos bajo vías y otras estructuras. Junto al módulo hidrodinámico, se pueden utilizar otros módulos para el estudio de transporte de sedimentos y de calidad de aguas. MIKE 11 permite realizar la entrada de datos a partir de programas que utilizan sistemas de información geográfica (GIS) y exportar los resultados hacia ellos. Por su lado, el modelo SOBEK, de Delft Hydraulics, para ríos canales y estuarios, bastante menos extendido, también permite la aproximación en régimen permanente o régimen variable y dispone de módulos adicionales para el estudio de calidad de aguas, intrusiones salinas, transporte de sedimentos y cambios morfológicos en ríos y estuarios. Finalmente, otro modelo unidimensional en régimen variable destacable es el DAMBRK, de BOSS International, orientado al estudio de la formación y propagación de ondas de rotura de presas, con capacidades para modelar desbordamientos. HR Wallingford dispone del modelo unidimensional ISIS Flow, basado en el esquema de los cuatro puntos de Preissmann, pero que permite también utilizar los métodos hidrológicos de Muskingum y VPMC (*Variable Point Muskingum-Cunge*). Finalmente, hace unos años, el US Army corps of Engineers Hydrologic Engineering Centre incorporó el modelo UNET, para flujo unidimensional, que utiliza un esquema en diferencias finitas implícitas de los cuatro puntos, en el conocido paquete HEC-RAS. Como este tipo de modelos se basa en resolver las ecuaciones de Saint Venant, lo que en algunos casos, como es la formación de discontinuidades, puede ser complejo, su uso debe hacerse ser cuidadoso, ya que aunque el modelo dé una solución, el usuario debe asegurarse hasta qué punto ésta es acorde con la realidad.

HEC-RAS presenta, en el caso de régimen variable, una aplicación para simulaciones cuasi bidimensionales, mediante el uso de celdas de almacenamiento. De cualquier modo, en el caso de tramos con grandes llanuras de inundación que presenten importantes interacciones con flujo, deberán ser representadas mediante un modelo bidimensional.

En cuanto a los modelos bidimensionales, destacan los modelos MIKE 21 y SOBEK. El Danish Hydraulics Institute ofrece el modelo MIKE21, con un módulo hidrodinámico que utiliza un esquema numérico del tipo ADI para resolver las ecuaciones de Saint Venant bidimensionales (esquema desarrollado para el modelado de flujo en régimen lento), y que puede considerar, aparte de la pendiente del fondo y las fuerzas de fricción, el efecto de fuerzas como el viento, la fuerza de Coriolis, corrientes inducidas por el oleaje y la evapotranspiración. Aparte del módulo básico hidrodinámico, consta también de módulos para transporte de arena, material sólido cohesivo, transporte de contaminantes, calidad de aguas, eutrofización y polución por materiales pesados. Recientemente, el DHI ha integrado en uno los dos modelos MIKE 11 y MIKE 21, dando paso al modelo MIKE FLOOD, de manera que en un único modelo puede haber zonas con aproximación unidimensional y otras en dos dimensiones. Sin embargo, los esquemas numéricos siguen siendo los del MIKE 11 y MIKE 21.

Otro modelo en diferencias finitas para el modelado del flujo hidrodinámico no permanente es el SOBEK, de Delft Hydraulics, que se basa en un esquema en diferencias finitas basado en una malla rectangular, permite modelar flujo subcrítico y supercrítico y tener en cuenta estructuras especiales como diques, viaductos, pasos bajo vía, azudes, etc.

BOSS SMS, de BOSS International Inc., incorpora distintos módulos de cálculo como son el RMA-2 y el HIVEL2D, desarrollados por el Waterways Experiment Station Hydraulics Laboratory del U.S. Army Corps of Engineers, el FESWMS del U.S. Federal Highway Administration, el SED-2D para transporte de sedimentos y el RMA-4 para transporte de contaminantes. En definitiva, el SMS es una interfaz de pre y postproceso para los distintos módulos de cálculo, con capacidad de generación de mallas de elementos finitos a partir de datos suministrados por el usuario o de información topográfica digitalizada. Tanto el RMA-2 como el FESWMS son módulos hidrodinámicos con esquemas de elementos finitos que permiten el cálculo tanto en régimen lento como en rápido gracias a la inclusión de coeficientes de viscosidad turbulenta que pueden cambiar automáticamente para hacer estable el esquema. El FESWMS fue inicialmente desarrollado para el flujo alrededor de estructuras artificiales y estaciones de aforo, por lo que permite incorporar más fácilmente azudes, pasos bajo vías y pilas de puente. El HIVEL2D, por otro lado, es específico para flujos que contienen regímenes subcríticos y supercríticos a la vez, obteniéndose soluciones estables para flujos con discontinuidades como resaltos hidráulicos.

Electricité de France (EDF), a su vez, desarrolló un modelo bidimensional parecido, el modelo TELEMAC, distribuido también por HR Wallinfgord, que utiliza un código de elementos finitos y viscosidad turbulenta constante, con capacidades de modelado hidrodinámico, dispersión de contaminantes, transporte de sedimentos y calidad de aguas. El problema que presentan los esquemas en elementos finitos estriba en el establecimiento de los parámetros de viscosidad turbulenta que pueden influir significativamente en los cálculos, pero no presentan un contenido conceptual sencillo que facilite su ajuste, por ello se suele precisar de un análisis de sensibilidad para determinarlos.

A partir del modelo ISIS Halcrow Engineering ha desarrollado el modelo ISIS Profesional que integra en un paquete un módulo 1D en régimen permanente, un módulo 1D en régimen variable (esquema de Preissman) y un módulo de cálculo 2D. En este último se puede escoger entre un esquema ADI o uno de alta resolución.

También recientemente, Wallingford ha presentado una última versión de Infoworks Suite que integra la simulación 1D con la simulación 2D, todo según un sistema SIG, y con la posibilidad de contemplar estructuras (puentes, compuertas, etc.). El esquema numérico del módulo 2D (volúmenes finitos) es adecuado para flujos discontinuos con cambios de régimen.

GUAD 2D es un modelo hidrodinámico 2D desarrollado por la ingeniería INCLAM basado en un sistema SIG. Este modelo incorpora un esquema en volúmenes finitos.

El sistema IBER es una herramienta de modelado 2D que incorpora esquemas numéricos de última generación. IBER es la integración de los modelos CARPA (de la Universitat Politècnica de Catalunya) y TURBILLON (de la Universidade da Coruña) que, además de la hidrodinámica, incorpora módulos de cálculo de transporte de sedimentos, calidad de aguas, turbulencia y hábitat fluvial. IBER ha sido desarrollado conjuntamente por el Centro de Estudios Hidrográficos del CEDEX, la UPC, la UdC y el CIMNE (Centre Internacional de Mètodes Numèrics en l'Enginyeria), para disponer de una herramienta adaptada a los requerimientos de la legislación española.

Como se ha apuntado, estos modelos comerciales, unidimensionales o bidimensionales, son muy cómodos de utilizar, pero generalmente sus esquemas numéricos han evolucionado poco en los últimos años. Poseen unas entradas de datos y salidas de resultados gráficos espectaculares, y están construidos de manera que prácticamente siempre se obtiene una solución. Se presentan como modelos capaces de resolver prácticamente cualquier tipo de problema de hidráulica fluvial: problemas hidrodinámicos, transporte de contaminantes, transporte sólido de materiales sueltos y cohesivos, problemas de calidad de aguas, inclusión de cualquier tipo de estructuras, eutrofización, etc. Sin embargo, la mayoría de estos fenómenos son todavía muy desconocidos, incluso en casos sencillos, por lo que estos modelos comerciales utilizan ecuaciones aproximadas o extrapolan el uso de esquemas numéricos simples a casos generales. Todos ellos utilizan una serie de hipótesis y simplificaciones importantes de las cuales no se suele informar al usuario. En el estado actual del conocimiento, los resultados obtenidos con cualquier modelo que pretenda ser general y capaz de resolver por si sólo un gran abanico de problemas distintos deben ser utilizados con precaución.

La necesidad de estimar una serie de parámetros que dichos programas precisan hace que, a menudo, se recurra a la opción por defecto en el programa. Muchas veces se desconoce el valor, ni siquiera aproximado, de alguno de los coeficientes necesarios. El máximo aprovechamiento de las capacidades de estos programas se obtiene cuando se introduce "información fiable". Y esa información es fruto de mediciones, bien geométricas, bien topográficas, o bien hidrológicas o hidráulicas. Ningún dato sacado de una tabla de un manual de usuario o de un libro puede mejorar el inapreciable valor de un dato medido *in situ*. El mayor rendimiento en la utilización de estos programas de cálculo se obtiene cuando se conjugan su empleo con medidas de campo, especialmente las de lluvia y caudal asociado, que permiten extraer conclusiones de primera mano sobre el comportamiento del cauce.

Tabla 1. Resumen de los principales modelos comerciales para la simulación numérica del flujo en ríos

Modelo	1D en régimen permanente	1D en régimen variable	2D	Integración SIG	Admite modelado de estructuras hidráulicas	Esquema numérico	Régimen Variable adecuado para cauces torrenciales	Malla 2D
HEC-RAS	SI	SI	NO	SI	SI	DF	NO	-
MIKE FLOOD	SI	SI	SI	SI	SI	DF	NO	Regular
SOBEK	SI	SI	SI	SI	SI	DF	NO	Regular
ISIS FLOW	SI	NO	NO	SI	SI	DF	NO	-
ISIS PROFFESSIONAL	SI	SI	SI	SI	SI	DF - VF	SI (2D)	I
INFOWORKS	SI	SI	SI	SI	SI	DF - VF	SI (2D)	I
TELEMAC	NO	NO	SI	NO	NO	EF	NO	I
SMS RMA2	NO	NO	SI	SI	NO	EF	NO	I
SMS HIVEL 2D	NO	NO	SI	SI	SI	EF	NO	I
GUAD 2D	NO	NO	SI	SI	NO	VF	SI	I
IBER	SI	SI	SI	SI	SI	VF	SI	I

DF: Diferencias finitas
VF: Volúmenes finitos
EF: Elementos finitos
R: Malla regular
I: Malla irregular

7.2 Esquemas numéricos para las ecuaciones de Saint Venant 1D

7.2.1 Esquemas explícitos y esquemas implícitos

Los esquemas explícitos son aquellos en los que el cálculo de las variables en un instante se efectúa tan sólo con los valores que toman en el instante anterior. Si U_i^n es la solución en el instante $n+1$ en un punto i, para un esquema explícito se tiene:

$$U_i^{n+1} = f(U_{i-l}^n, \cdots, U_i^n, \cdots, U_{i+m}^n) \tag{1}$$

Cada punto del dominio espacial (o cada volumen finito) se calcula, pues, independientemente de los demás.

Por el contrario, un esquema implícito evalúa las variables dependientes en el instante t^{n+1} a partir de los valores en puntos adyacentes al de cálculo en el instante anterior t^n, pero también en el mismo instante t^{n+1}. La resolución de un punto del espacio en un instante implica pues los valores en otros puntos del espacio en el mismo instante, por lo que se debe resolver en cada paso de tiempo un sistema de ecuaciones que engloba todas las variables en todos los puntos del espacio en el instante t^{n+1}.

Los esquemas explícitos tienen un coste computacional pequeño en cada paso de tiempo, pero para ser estables es necesario trabajar con incrementos de tiempo también pequeños. Un análisis de estabilidad lleva a la conclusión que dichos esquemas, para ser estables, deben cumplir la condición de Courant, que para las ecuaciones unidimensionales es:

$$\Delta t \le \frac{\Delta x}{|u \pm c|} \tag{2}$$

Donde ahora u es la velocidad del agua y c la celeridad ($c = \sqrt{gA/B}$) o, lo que es lo mismo:

$$C = \frac{|u \pm c|\Delta t}{\Delta x} \le 1 \tag{3}$$

donde C es el número de Courant, también llamado número de Courant, Friedrichs y Levy (CFL). La condición de Courant significa que el dominio de dependencia de un punto en un esquema en diferencias explícitas (que está formado por los puntos del espacio que intervienen en el esquema) debe comprender al dominio de dependencia para la ecuación diferencial, ya que precisamente $|u \pm c|$ es la velocidad de propagación de una onda, o velocidad de transmisión de la información, que limita el dominio de dependencia para la solución exacta.

Los esquemas implícitos tienen la ventaja sobre los esquemas explícitos de que son incondicionalmente estables, aunque la convergencia a veces puede ser difícil de conseguir, dependiendo de las condiciones iniciales. Los esquemas implícitos dan excelentes resultados para flujo claramente subcrítico, siendo los más utilizados para ello el esquema de Preissmann o de los cuatro puntos para cálculos unidimensionales, y esquemas ADI desarrollados a partir del esquema de Lendertsee para dos dimensiones. Para problemas con variaciones importantes en el espacio o en el tiempo, los esquemas explícitos son más adecuados.

7.2.2 Esquemas centrales y esquemas upwind

Los esquemas en diferencias finitas consisten en reemplazar las derivadas según cada variable dependiente por cocientes en diferencias de los valores de las variables en los puntos de discretización del dominio de solución. Tradicionalmente los esquemas numéricos unidimensionales utilizan, para la discretización espacial, diferencias centradas, diferencias hacia delante o diferencias hacia atrás, según la aproximación a la derivada de una función $f(x)$ en el punto x_i se realice, respectivamente, como:

$$\frac{df}{dx} \approx \frac{f_{i+1} - f_{i-1}}{2\Delta x} \quad ; \quad \frac{df}{dx} \approx \frac{f_{i+1} - f_i}{\Delta x} \quad ; \quad \frac{df}{dx} \approx \frac{f_i - f_{i-1}}{\Delta x} \tag{4}$$

Las dos últimas expresiones tendrán sentido, sobre todo, en los puntos de los contornos del dominio de estudio, donde las diferencias centrales no se pueden utilizar, al menos de forma inmediata.

Uno de los esquemas explícitos más sencillos en que se puede pensar consistiría en utilizar una aproximación con diferencias hacia delante para las derivadas temporales y diferencias centrales en las derivadas espaciales para tener segundo orden de precisión, o sea, para el punto (x_i, t^n):

$$\frac{du}{dt} = \frac{u_i^{n+1} - u_i^n}{\Delta t} \quad ; \quad \frac{du}{dx} = \frac{u_{i+1}^n - u_{i-1}^n}{2\Delta x} \tag{5}$$

Sorprendentemente, este esquema es incondicionalmente inestable y ello es debido a que se está utilizando un dominio de dependencia para el esquema numérico distinto del dominio de dependencia físico de la solución exacta. En cambio, tan solo sustituyendo $u_i^n = 1/2(u_{i-1}^n + u_{i+1}^n)$ en la ecuación (5), el esquema resultante es el conocido *esquema de Lax-Friedrichs* (a veces llamado también *esquema de Lax* o *esquema difusivo*), y resulta incondicionalmente estable si se cumple la condición de Courant.

Este esquema tiene un buen comportamiento para ondas rápidas, pero no tanto para ondas lentas o estacionarias.

Para poder incorporar en el esquema numérico las propiedades del fenómeno físico se desarrollaron los *esquemas upwind*, esquemas descentrados que utilizan el hecho de que la información se propaga a lo largo de las líneas características para que los puntos involucrados en las derivadas espaciales involucren al dominio que físicamente influencia cada punto de cálculo. Para ello se utilizan derivadas espaciales hacia delante o hacia atrás dependiendo del sentido de propagación de la onda. Por ejemplo, para la ecuación $u_t + f_x(u) = 0$ con $f(u) = \lambda \cdot u$, λ es precisamente la velocidad característica ($\lambda = df / du$), velocidad con que se propaga una onda. Si λ es positivo se pueden utilizar diferencias hacia atrás:

$$\frac{du}{dx} = \frac{u_i^n - u_{i-1}^n}{\Delta x} \tag{6}$$

mientras que si λ a es negativo, conviene utilizar diferencias hacia delante:

$$\frac{du}{dx} = \frac{u_{i+1}^n - u_i^n}{\Delta x} \tag{7}$$

Este esquema, de primer orden de precisión, es estable para números de Courant inferiores o iguales a 1 y tiene la ventaja de tener en cuenta la física del fenómeno a la hora de discretizar las ecuaciones. y se le conoce como esquema CIR (de Courant, Isaacson y Reeves).

En los últimos años distintos autores han realizado importantes esfuerzos para desarrollar esquemas *upwind*. Aunque los esquemas centrales tienen las ventajas de su simplicidad, no tienen en cuenta como realmente se propaga la información. El coste computacional de los esquemas upwind puede ser bastante mayor que para esquemas centrados y el tratamiento del término independiente complejo, aún así son una buena opción para conseguir métodos directos para las ecuaciones del flujo en lámina libre, especialmente para el caso bidimensional.

7.2.3 Esquema de Preissmann (o de los cuatro puntos)

El esquema implícito en diferencias finitas de Preissmann o esquema de los cuatro puntos es un esquema clásico utilizado por varios modelos comerciales, entre ellos Hec-Ras. En este esquema se aproxima una función $f(x,t)$ cualquiera en un cierto punto P de (x,t) como:

$$f(x,t) = \theta \left[\psi f_{j+1}^{i+1} + (1-\psi) f_j^{i+1} \right] + (1-\theta) \left[\psi f_{j+1}^i + (1-\psi) f_j^i \right] \tag{8}$$

Mientras que para las derivadas espaciales y temporales tenemos, respectivamente:

$$\frac{\partial f}{\partial x} = \theta \frac{f_{j+1}^{i+1} - f_j^{i+1}}{\Delta x_j} + (1-\theta) \frac{f_{j+1}^i - f_j^i}{\Delta x_j} \tag{9}$$

$$\frac{\partial f}{\partial t} = \psi \frac{f_{j+1}^{i+1} - f_{j+1}^i}{\Delta t_i} + (1-\psi) \frac{f_j^{i+1} - f_j^i}{\Delta t_i} \tag{10}$$

El parámetro θ localiza el punto P de aproximación de las derivadas en el tiempo, mientras que ψ lo hace en el espacio. En régimen subcrítico habitualmente se utiliza $\psi = 0.5$ y $\theta = 0.6$; en este tipo de régimen el método es incondicionalmente estable para $0.5 \leq \theta \leq 1.0$.

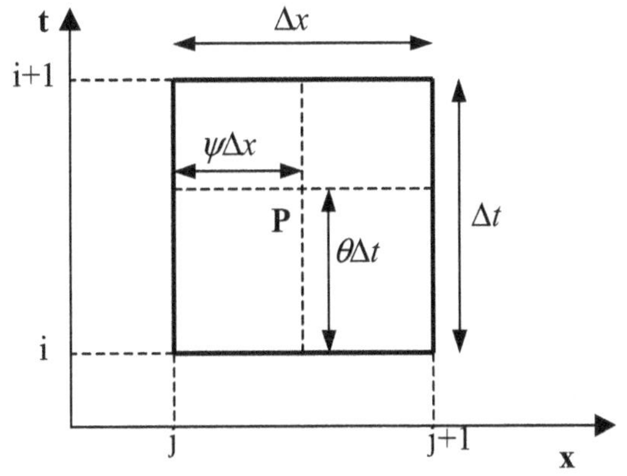

Figura 1. Esquema de Preissman o de los cuatro puntos

Aplicando este esquema a las ecuaciones de Saint Venant para un tramo de cauce dividido en N secciones, en cada una de las cuales tenemos dos incógnitas (caudal Q y calado y), se obtienen $2(n-1)$ ecuaciones. Se requieren por lo tanto otras dos ecuaciones, una en el extremo aguas arriba del tramo y otra en el extremo aguas abajo, para poder resolver el sistema. Estas dos ecuaciones pueden ser o bien las condiciones de contorno o, en caso de nodos donde confluyen tres canales, la ecuación de conservación de la energía.

Finalmente, queda un sistema pentadiagonal como:

$$
\begin{pmatrix}
c.c. & & & & & & & & & \\
b_{1,1}^{i} & b_{2,1}^{i+1} & b_{3,1}^{i} & b_{4,1}^{i+1} & 0 & \cdots & 0 & 0 & 0 & 0 \\
c_{1,1}^{i+1} & c_{2,1}^{i+1} & c_{3,1}^{i+1} & c_{4,1}^{i+1} & 0 & \cdots & 0 & 0 & 0 & 0 \\
 & & & & & \cdots & & & & \\
 & & & & & \cdots & & & & \\
 & & & & \cdots & b_{1,n-1}^{i} & b_{2,n-1}^{i+1} & b_{3,n-1}^{i} & b_{4,n-1}^{i+1} & \\
 & & & & \cdots & c_{1,n-1}^{i+1} & c_{2,n-1}^{i+1} & c_{3,n-1}^{i+1} & c_{4,n-1}^{i+1} & \\
 & & & & & & & & & c.c.
\end{pmatrix}
\begin{pmatrix}
Q_1^{i+1} \\ y_1^{i+1} \\ Q_2^{i+1} \\ \\ \\ y_{n-1}^{i+1} \\ Q_n^{i+1} \\ y_n^{i+1}
\end{pmatrix}
=
\begin{pmatrix}
\cdot \\ b_{5,1}^{i+1} \\ c_{5,1}^{i+1} \\ \\ \\ b_{5,n-1}^{i+1} \\ c_{5,n}^{i+1} \\ \cdot
\end{pmatrix}
\qquad (11)
$$

donde los coeficientes b_1 a b_5 son los resultantes de la discretización de la ecuación de continuidad, los c_1 a c_5 provienen de discretizar la ecuación dinámica, los superíndices $i+1$ indican el instante de tiempo siguiente (valores desconocidos) mientras los superíndices i se refieren a un instante de tiempo conocido. El segundo subíndice hace referencia a la sección del río.

De manera que finalmente se deben resolver dos sistemas de ecuaciones, uno en el río y otro en las llanuras de inundación, en cada intervalo de tiempo de cálculo. Para ello son necesarias unas condiciones iniciales que, en el presente estudio se han considerado de caudal nulo y cota de la lámina de agua constante.

Las condiciones de contorno que se suelen emplear son, aguas arriba, los caudales de entrada (hidrogramas), y aguas abajo alguna condición de nivel conocido o relación nivel-caudal si es sección de control (azud, vertedero...). Los dos sistemas de ecuaciones son no lineales y se resuelven alternativamente de forma acoplada en una serie de iteraciones, usando siempre los últimos valores de las incógnitas obtenidos para el cálculo de los coeficientes del siguiente sistema que se debe resolver.

7.2.4 Esquema de MacCormack

El esquema de MacCormack ha sido uno de los más utilizados para la resolución de las ecuaciones de Saint Venant, tanto en una como en dos dimensiones. Es un esquema en dos pasos, predictor y corrector, de segundo orden de precisión tanto en el espacio como en el tiempo, cómodo de aplicar para sistemas de ecuaciones no lineales incluso con término independiente.

El esquema en cada incremento de tiempo realiza dos pasos, uno con diferencias hacia delante y el otro hacia atrás, así el avance en un incremento de tiempo puede realizarse como:

$$\mathbf{U}_i^P = \mathbf{U}_i^n - \frac{\Delta t}{\Delta x}(\mathbf{U}_i^n - \mathbf{U}_{i-1}^n) + \mathbf{H}_i^n$$

$$\mathbf{U}_i^C = \mathbf{U}_i^n - \frac{\Delta t}{\Delta x}(\mathbf{U}_{i+1}^P - \mathbf{U}_i^P) + \mathbf{H}_i^P \tag{12}$$

$$\mathbf{U}_i^{n+1} = \frac{1}{2}(\mathbf{U}_i^P + \mathbf{U}_i^C)$$

Es conveniente en cada incremento de tiempo ir alternando el orden de las diferencias en el predictor y el corrector.

Los esquemas explícitos tienen un coste computacional pequeño en cada paso de tiempo, pero para ser estables es necesario trabajar con incrementos de tiempo también pequeños. Un análisis de estabilidad para esquemas explícitos a partir de la teoría de las características para soluciones contínuas lleva a la conclusión de que dichos esquemas, para ser estables, deben cumplir la condición de Courant.

7.2.5 Esquemas unidimensionales de alta resolución. Volúmenes finitos

Este tipo de esquemas se desarrollaron en un principio para la resolución de problemas de dinámica de gases compresibles y se han utilizado luego para otros problemas como puede ser la resolución de las ecuaciones de Saint Venant.

Como se ha dicho, los métodos de segundo orden producen oscilaciones espurias en el entorno de las discontinuidades, que pueden llegar a dar problemas de estabilidad del cálculo y discontinuidades no reales, mientras que los métodos de primer orden son poco precisos en las zonas de solución suave y suavizan las discontinuidades. Los esquemas *shock capturing* se basan en la técnica de discretización en volúmenes finitos y pueden ser de primer orden o de *alta resolución*. En estos últimos el orden de aproximación varía dependiendo de la suavidad de la solución.

Los métodos de alta resolución utilizan los llamados *esquemas upwind* y se suelen basar en la técnica de los volúmenes finitos. Esta técnica parte de la idea que cualquier ley de conservación, y en particular las ecuaciones de Saint Venant, se puede escribir en forma diferencial y en forma integral. La forma integral es una formulación más básica que requiere menos suavidad a la solución, permitiendo con ella extender el estudio a soluciones discontinuas. Por otro lado, desde un punto de vista de cálculo numérico, el hecho de utilizar la forma integral de las ecuaciones lleva de forma natural a una discretización del dominio en células o *volúmenes finitos*.

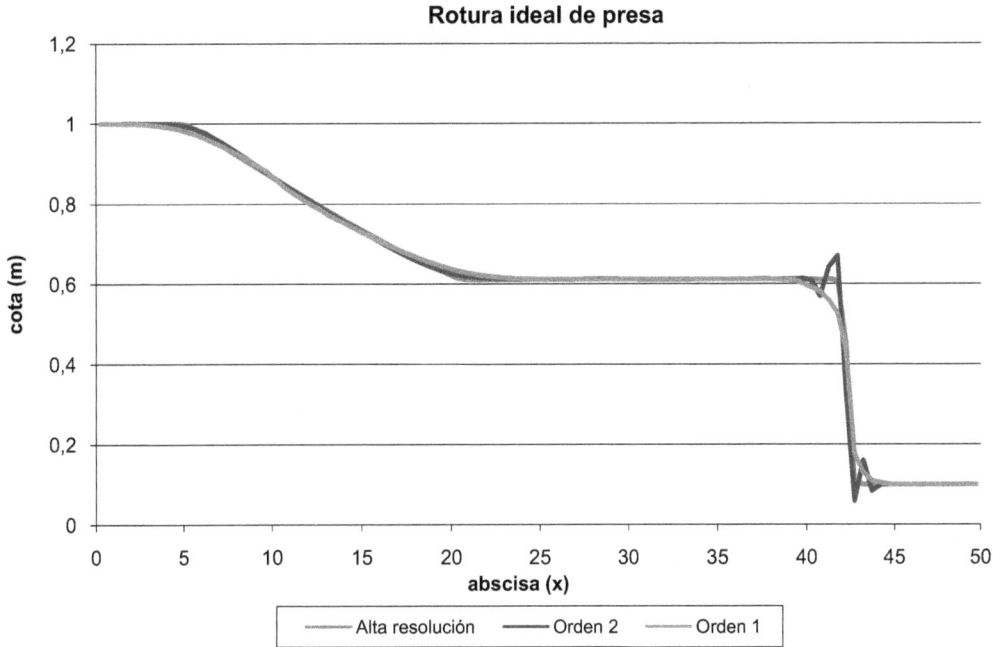

Figura 2. Rotura ideal de presa con esquemas clásicos (1º y 2º orden) y de alta resolución.

La forma integral se obtiene efectuando la integración en x y t. Si consideramos, por ejemplo, el dominio $[x - \Delta x/2, x + \Delta x/2] \times [t, t + \Delta t]$, donde Δx y Δt son dos intervalos espaciales y temporales cualquiera, a partir de las ecuaciones de Saint Venant se obtiene:

$$\int_{t}^{t+\Delta t} \int_{x-\Delta x/2}^{x+\Delta x/2} \left[\mathbf{U}_t + \frac{\partial}{\partial x} \mathbf{F}(\mathbf{U}) \right] dx dt = \int_{t}^{t+\Delta t} \int_{x-\Delta x/2}^{x+\Delta x/2} \mathbf{H} dx dt \tag{13}$$

que también se puede escribir como:

$$\int_{x-\Delta x/2}^{x+\Delta x/2} \left[\mathbf{U}(x, t+\Delta t) - \mathbf{U}(x,t) \right] dx + \int_{t}^{t+\Delta t} \left[\mathbf{F}(\mathbf{U}(x+\Delta x/2, t)) - \mathbf{F}(\mathbf{U}(x-\Delta x/2, t)) \right] dt =$$
$$= \int_{t}^{t+\Delta t} \int_{x-\Delta x/2}^{x+\Delta x/2} \mathbf{H}(x,t) dx dt \tag{14}$$

y operando se puede ver que cualquier esquema en volúmenes finitos se podrá escribir de la forma:

$$\mathbf{U}_i^{n+1} = \mathbf{U}_i^n - \frac{\Delta t}{\Delta x}(\mathbf{F}_{i+1/2}^* - \mathbf{F}_{i-1/2}^*) + \Delta t \mathbf{H}_i \tag{15}$$

$\mathbf{U}_i^n$ representan el valor medio de $\mathbf{U}(x,t)$ en la celda, o volumen finito, i y en el instante t^n. $\mathbf{F}^*$ se conoce por *flujo numérico* y depende en general de las variables en las celdas contiguas. El flujo numérico es, en definitiva, lo que diferenciará un esquema numérico de otro.

Los esquemas de alta resolución para las ecuaciones del flujo en lámina libre son todavía un campo de investigación importante, y no están incorporados en los modelos comerciales.

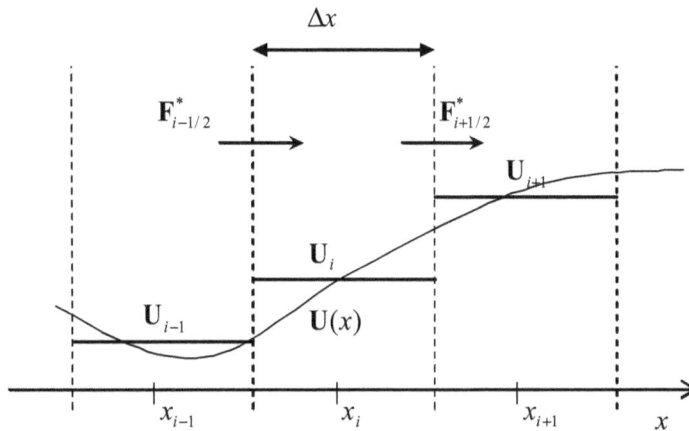

Figura 3. Discretización en volúmenes finitos

7.2.6 Esquemas cuasi-bidimensionales

Para describir muchos fenómenos naturales, como puede ser la inundación de una gran llanura, la confluencia de dos cauces, el cruce de dos corrientes de agua, el flujo en un cauce ancho e irregular, etc., la aproximación unidimensional deja de ser adecuada y por ello se desarrollaron primero los esquemas cuasi-bidimensionales, y luego los esquemas bidimensionales propiamente dichos.

Los esquemas cuasi-bidimensionales fueron los primeros intentos de modelar la inundación de una zona llana a partir del desbordamiento de cauces principales. En ellos se aplican las ecuaciones de Saint Venant unidimensionales en un cauce principal, mientras que la llanura de inundación se representa mediante una serie de células de almacenaje. La modelización cuasi-bidimensional era la única que se podía pretender en un principio, debido a la poca capacidad y baja velocidad de los ordenadores antiguos. Hoy es posible utilizar esquemas numéricos más complejos, pero para algunos problemas de inundaciones por desbordamiento de cauces, y especialmente si se dispone de poca información topográfica, los esquemas cuasi-bidimensionales pueden representar todavía una aproximación práctica y de bajo coste, comparados con los esquemas verdaderamente bidimensionales.

La simulación de la propagación en el cauce se efectúa resolviendo las ecuaciones de Saint-Venant. En el caso que nos ocupa, donde puede haber un caudal lateral de entrada, son:

$$b\frac{\partial y}{\partial t}+\frac{\partial Q}{\partial x}=q \qquad (16)$$

$$\frac{\partial Q}{\partial t} + \frac{\partial}{\partial x}\left(\frac{Q^2}{A}\right) + gA\frac{\partial y}{\partial x} + \frac{Q}{A}q = gA[I_0 - I] \tag{17}$$

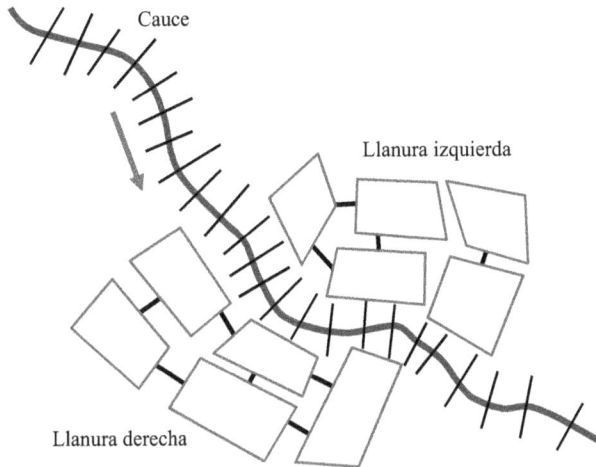

Figura 4. Modelación cuasi-bidimensional

donde y es el calado, Q el caudal, x la abscisa de la sección, t el tiempo, b el ancho superficial, q el afluente lateral por unidad de longitud, A el área de la sección transversal, g la gravedad, I_0 la pendiente del fondo, e I la pendiente motriz.

Las llanuras de inundación se esquematizan mediante una serie de células de almacenamiento comunicadas entre ellas. Una célula puede estar conectada con otra o con una sección del cauce. La conservación de la masa (o ecuación de continuidad) para una célula viene dada por:

$$A_{sk}\frac{\partial z_k}{\partial t} = \sum_i Q_{ki}(z_k, z_i) \tag{18}$$

donde A_{sk} es el área superficial de la célula k, z_k y z_i las cotas de la lámina de agua en las células k e i, y Q_{ki} el caudal de transferencia entre dichas células. La variación del nivel de agua en una célula depende del caudal de transferencia desde el cauce y las células vecinas. Para las conexiones entre el cauce y las células se pueden utilizar distintas formulaciones, como por ejemplo la fórmula de Manning, o una ecuación tipo vertedero. Por ejemplo, en el primer caso quedaría:

$$Q_{ki} = \frac{1}{n}A_{ki}Rh_{ki}^{2/3}I^{1/2} \tag{19}$$

donde A_{ki} y RH_{ki} son respectivamente el área y el radio hidráulico de la sección de transferencia entre el cauce o célula k y la i, n es el coeficiente de rugosidad de Manning, e I la pendiente de la lámina de agua.

Modelos que incorporan la aproximación cuasi-bidimensional para llanuras de inundación son MIKE11, HEC-RAS y GISPLANA.

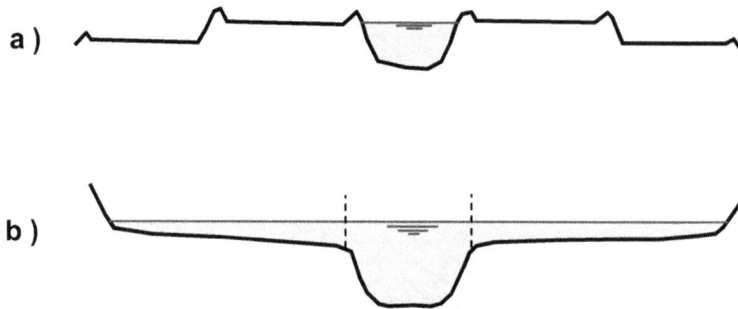

Figura 5. Conexiones entre el río y las llanuras, y entres distintas celdas de las llanuras, en un modelo cuasi-bidimensional. a) conexión tipo vertedero, b) conexión tipo río

7.3 Esquemas numéricos para las ecuaciones de Saint Venant 2D

Al igual que en el caso unidimensional, para la resolución de las ecuaciones de Saint Venant en dos dimensiones se han utilizado el método de las características, los métodos en diferencias finitas, y los métodos en elementos finitos; pero en el caso bidimensional además se ha utilizado la técnica de los volúmenes finitos. Todas las aproximaciones pueden servir para obtener métodos de alta resolución, pero la técnica de los volúmenes finitos es especialmente adecuada para ello.

7.3.1 Esquemas bidimensionales clásicos

Llamamos, como en el caso unidimensional, esquemas clásicos a todos aquellos que no sean de alta resolución. Los esquemas clásicos se han utilizado con buenos resultados para flujo gradualmente variable, pero no sirven en general para flujo rápidamente variable.

El método de las características en dos dimensiones comporta grandes dificultades de implementación, especialmente en geometrías reales necesita incrementos de tiempo muy pequeños y, en el caso de flujo rápidamente variable, precisa una aproximación del tipo de aislamiento del frente de onda (*shock fitting*) con todas sus complicaciones, de manera que no tiene ninguna ventaja respecto otras aproximaciones.

Existen gran variedad de métodos en diferencias finitas utilizados con buenos resultados para la modelación del flujo gradualmente variable en dos dimensiones. Incluso algunos se aplicaron para flujo rápidamente variable con resultados aceptablemente buenos. Los esquemas clásicos en diferencias finitas se pueden dividir en aquellos que utilizan diferencias finitas explícitas y los que utilizan diferencias finitas implícitas.

Un esquema en diferencias finitas explícitas muy utilizado para la resolución de las ecuaciones del flujo en lámina libre en dos dimensiones es el esquema de MacCormack. Es un esquema en dos pasos (predictor–corrector) explícito, de segundo orden de precisión, compacto, que sirve para flujo gradualmente y rápidamente variado (añadiéndole un término de viscosidad artificial), y que de forma sencilla se puede utilizar en dos dimensiones, incorporando los términos fuente y condiciones de contorno, y extenderlo a un esquema de alta resolución. Se ha utilizado sobre todo para la modelación de flujos supercríticos y cambios de régimen, así como para la simulación de rotura de presas.

Las principales desventajas del esquema son que debe cumplir la condición de Courant de limitación del incremento de tiempo, lo que en la práctica implica trabajar con incrementos de tiempo muy pequeños (del orden de la centésima de segundo), por lo que el tiempo de cálculo se dispara y los errores numéricos de truncado también pueden ser grandes.

Dentro de los métodos en diferencias finitas implícitas, tienen un papel especial los llamados métodos ADI (*Alternating Direction Implicit*) o de direcciones alternadas. En ellos, el avance en un incremento de tiempo se divide en dos pasos, para cada uno de los cuales se resuelven las ecuaciones en una sola de las dos direcciones del espacio. Existen muchas variantes del mismo, que se pueden entender como una generalización a dos dimensiones del esquema de Priesmann.

Este tipo de esquemas funcionan muy bien para zonas costeras, estuarios, o tramos de río con velocidades y números de Froude pequeños. Para régimen rápido y cambios de régimen, el esquema es en principio inestable. Existen maneras de modificar el esquema para conseguir que sea estable incluso en estos casos, pero entonces la solución que se obtiene dista mucho de ser exacta.

Los elementos finitos tienen ventajas, frente a las diferencias finitas clásicas, para considerar mallas irregulares adaptadas a los contornos y con distintas densidades en distintas partes del dominio. Sin embargo, esta ventaja también la posee la técnica de los volúmenes finitos, utilizada por la mayoría de esquemas de alta resolución y mucho más sencilla. El método de los elementos finitos no ha sido demasiado popular a la hora de desarrollar esquemas de investigación en dos dimensiones por las mismas razones citadas en el caso unidimensional: complejidad y coste computacional, aunque son la base de algunos de los modelos comerciales más utilizados (RMA-2, HIVEL, FESWMS, y TELEMAC).

7.3.2 Esquemas bidimensionales de alta resolución. Volúmenes finitos

Los esquemas numéricos clásicos en dos dimensiones sufren los mismos problemas que para una dimensión en cuanto aparecen discontinuidades en la solución (resaltos hidráulicos, frentes de onda, etc.), por lo que en los últimos años se ha realizado un considerable esfuerzo para conseguir esquemas bidimensionales de alta resolución. Para ello, la técnica de los volúmenes finitos se ha mostrado muy útil. Desarrollada para la resolución de problemas en dinámica de gases, y mayoritariamente utilizada en este campo (los modelos comerciales más populares en este campo, como PHOENICS, FLUENT, FLOW3D y STAR-CD utilizan volúmenes finitos), toma las ventajas tanto de las diferencias finitas como de los elementos finitos. Partiendo de la forma integral de las ecuaciones en forma conservativa, las discontinuidades se representan sin ninguna técnica especial.

Aplicando la técnica de los volúmenes finitos, en el caso bidimensional el dominio físico se descompone en polígonos (en este trabajo se utilizan cuadriláteros y triángulos), que son ahora los volúmenes de control o volúmenes finitos. Cada volumen tiene una superficie o contorno formado por los lados que lo encierran y viene definido por sus vértices. Los vértices pueden estar distribuidos irregularmente, formando una malla no estructurada, o formar parte de una malla estructurada (para cuadriláteros siempre habrá cuatro lados concurrentes en cada vértice, y para triángulos tres). En dos dimensiones los volúmenes finitos no son, pues, volúmenes tridimensionales, sino áreas, y sus superficies son curvas cerradas. En la figura se representa un volumen finito $V_{i,j}$ en forma de cuadrilátero en un dominio bidimensional. Su superficie o contorno son los cuatro lados, cada uno de ellos con un vector normal exterior **n** .

Como se vio, las ecuaciones de Saint Venant bidimensionales se pueden escribir de forma conservativa como:

$$\mathbf{U}_t + \nabla\mathbf{F} = \mathbf{H} \tag{20}$$

donde ahora **U** y **H** son vectores y **F** es el tensor de flujo. Su expresión integral para un volumen V cualquiera es:

$$\int_V \mathbf{U}_t dV + \int_V \nabla\mathbf{F}dV = \int_V \mathbf{H}dV \tag{21}$$

y aplicando el teorema de Gauss a la segunda integral se tiene:

$$\int_V \mathbf{U}_t dV + \oint_S (\mathbf{F}\cdot\mathbf{n})ds = \int_V \mathbf{H}dV \tag{22}$$

donde S es la superficie que encierra a V . Si ahora se denotan con $\mathbf{U}_{ij}$ y $\mathbf{H}_{ij}$, respectivamente, el valor promedio en el volumen finito V de las variables dependientes y del término independiente, la ecuación (15) se puede reescribir, para un volumen concreto V_i , como:

$$\mathbf{U}_t = \frac{-1}{V_i}\oint_S (\mathbf{F}\cdot\mathbf{n})ds + \mathbf{H}_{i,j} \tag{23}$$

Tal como se ha hecho en el caso unidimensional, se puede definir un tensor de flujo numérico $\mathbf{F}^*$, que es el *flujo numérico* normal a S, de manera que la integral que aparece en esta última ecuación se puede aproximar como la suma del producto de dicho tensor por el vector normal a S , , o sea:

$$\oint_S (\mathbf{F}\cdot\mathbf{n})ds = \sum_{l=1}^{N_i} (\mathbf{F}^*_{i,w_l}\mathbf{n}_{i,w_l})l_{i,w_l} \tag{24}$$

donde w_l representa el índice correspondiente a la *l*-ésima pared del elemento i y N_i el número de lados.

El vector $\mathbf{n}_{i,w_l}$ es la normal exterior a la pared w_l del elemento i , y l_{i,w_l} es su longitud. La expresión del flujo numérico, igual que en el caso 1D, es lo que diferenciará un esquema numérico de otro, que se puede escribir de forma general, análogamente a la expresión () como:

$$\mathbf{U}_i^{n+1} = \mathbf{U}_i^n - \frac{\Delta t}{V_i}\sum_{l=1}^{N_i} (\mathbf{F}^*_{i,w_l}\mathbf{n}_{i,w_l})l_{i,w_l} + \Delta t\mathbf{H}_i \tag{25}$$

En esta última expresión se puede intuir la importancia que tiene el problema unidimensional en la resolución del problema bidimensional. Este último se acaba resolviendo considerando el flujo numérico a través de cada una de las cuatro paredes de cada elemento de volumen, y este flujo se puede calcular como si en la dirección normal a cada pared hubiera un problema de Riemann unidimensional, con dos estados constantes a cada lado definidos por los valores promedio de las variables en los elementos de volumen contiguos a dicha pared. También es fundamental la discretización del término $\mathbf{H}_{i,j}$, que representa la integral del término independiente en el volumen finito V_{ij} .

En dos dimensiones, utilizando volúmenes finitos, se obtienen esquemas que permiten considerar soluciones discontinuas de manera inmediata, mientras que con diferencias finitas ello se complica en gran manera. Los volúmenes finitos permiten además adaptar la discretización a dominios con formas arbitrarias muy fácilmente, mientras que con diferencias, en el caso de no tener mallas rectangulares y uniformes, se obtienen esquemas muy complicados.

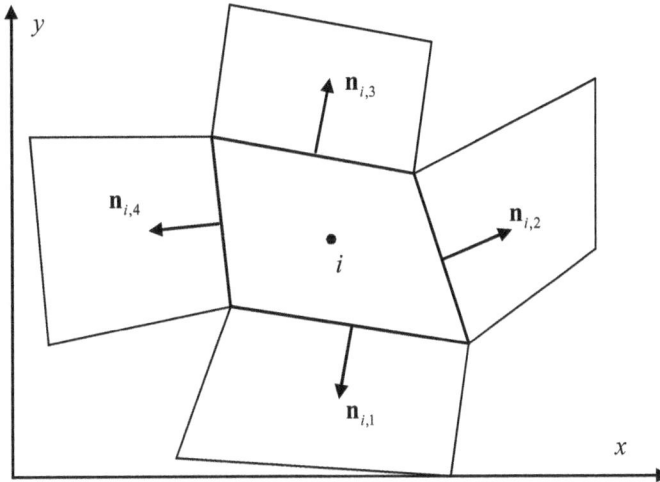

Figura 6. Discretización en volúmenes finitos de un dominio bidimensional

En el campo de la hidráulica y la ingeniería fluvial, se han desarrollada esquemas de alta resolución por distintos grupos de investigación a partir de principios de los 90 utilizando distintas técnicas, pero solo recientemente se han conseguido buenos resultados con geometrías reales complejas, irregulares, y con avance sobre fondo seco.

Un sistema de modelación que utiliza esquemas de alta resolución, y que posee una interfaz cómoda, compatible con sistemas GiS es el programa IBER (www.flumen.upc.edu). IBER es un sistema de modelación del flujo de agua en lámina libre con las siguientes características:

1. Simulación del flujo en lámina libre en cauces naturales.

2. Resolución integrada de las ecauciones de Saint Venant 1D y 2D

3. Esquemas explícitos en volúmenes finitos

4. Mojado y secado del dominio con la conservación exacta del volumen de agua

5. Modelo hidrológico distribuido

6. Interfaz cómoda (pre y post proceso) con GiD (CIMNE)

7. Integración en GIS

8. Verificado con soluciones analíticas, otros modelos, experiencias en laboratorio y medidas de campo

7.3.3 Proceso de modelización en dos dimensiones

El desarrollo de un modelo bidimensional es considerablemente distinta a la de una modelación en una dimensión, tanto en el tratamiento de los datos, la discretización de la geometría y la asignación de condiciones iniciales y de contorno, como en ellos resultados obtenidos.

En primer lugar la discretización de la geometría se realiza a través de una malla de cálculo, que puede ser regular o irregular, estructurada o no estructurada. La malla debe adaptarse al terreno lo mejor posible, pero su construcción suele ser un compromiso entre precisión y un número razonable de elementos. La Figura 7 representa un ejemplo de una malla de cálculo para una modelación 2D , mientras que la Figura 8 es un detalle de la misma.

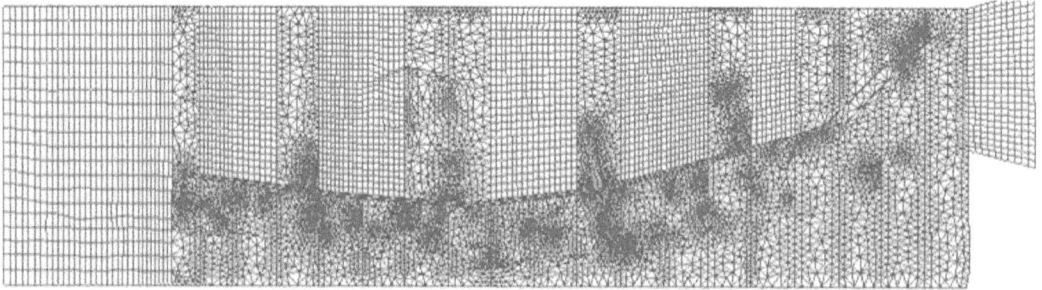

Figura 7. Malla de cálculo 2D

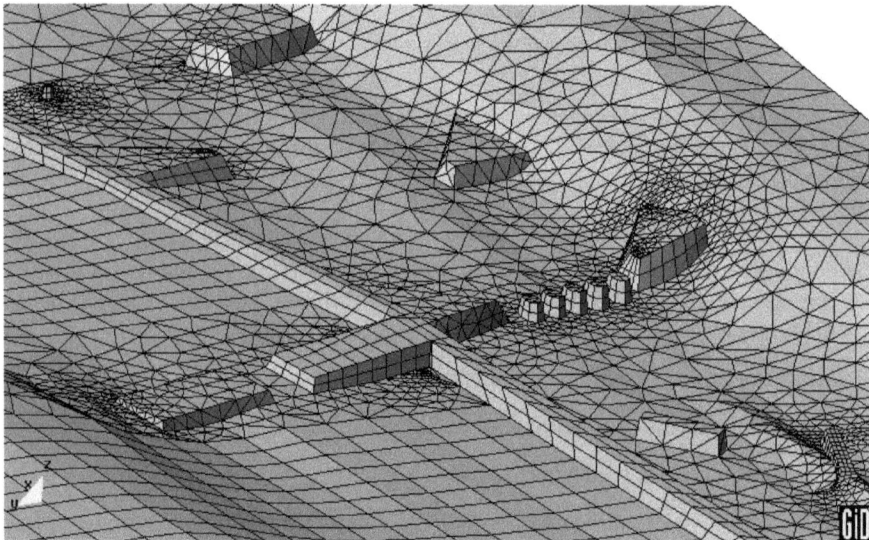

Figura 8. Detalle de la malla de cálculo 2D

Una vez construida la malla de cálculo, se deben asignar a ella las distintas condiciones, en concreto: condiciones iniciales, de contorno (caudales de entrada y condiciones en la salida) y rugosidad. Para ello una buena interfaz cómoda y eficaz puede ahorrar mucho tiempo de trabajo.

Los resultados del cálculo bidimensional son el valor del calado (o cota de agua) y las dos componentes de la velocidad según las direcciones horizontales en cada instante de tiempo. Estos valores se pueden dar, o bien en los nodos de la malla, o bien en los elementos, dependiendo del tipo de esquema numérico utilizado.

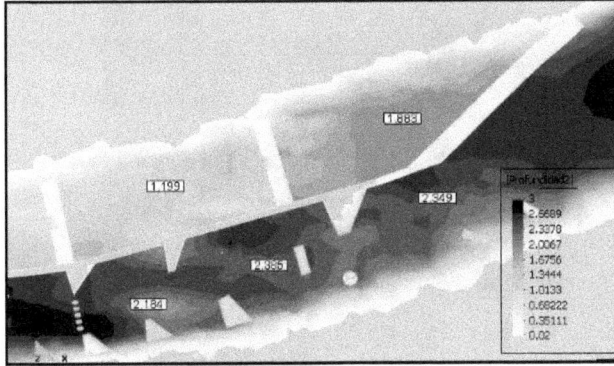

Figura 9. Ejemplos de resultados de calados. Campo de calados

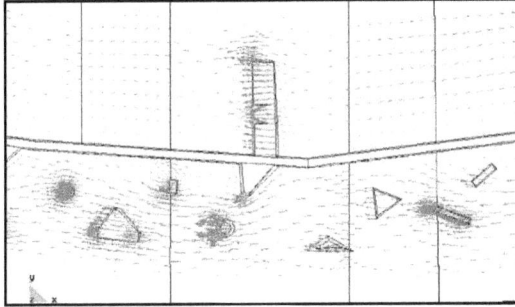

Figura 10. Ejemplo de resultados 2D: vectores velocidad

A partir de los resultados de calados y velocidad, se puede realizar un postproceso y obtener otros resultados interesantes, aunque no son el fruto directo del cálculo, como por ejemplo el número de Froude, la tensión tangencial contra el fondo, el caudal unitario, mapas de inundación en términos de riesgo según algún criterio establecido, etc.

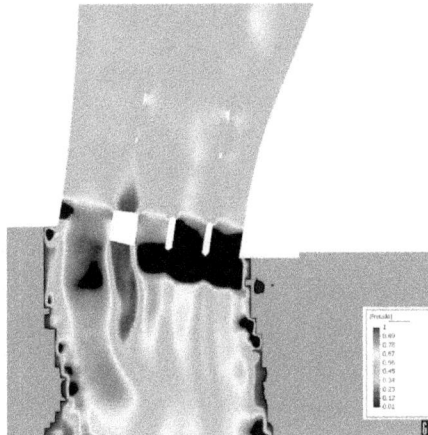

Figura 11. Número de Froude en el entorno de un puente. En negro se indica el régimen rápido (número de Froude mayor que 1)

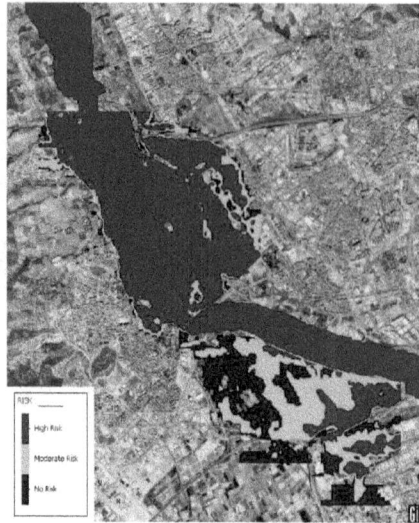

Figura 12. Resultados de una simulación 2D traducidos a riesgo

8. Beneficios del cálculo en régimen no permanente

8.1 Introducción

Ante la necesidad de realizar un estudio de un canal o de un tramo de cauce natural, río, riera, barranco, etc. a la hora de seleccionar la metodología y el correspondiente código de cálculo, se pueden plantear distintos niveles de aproximación al problema. A la hora de predimensionar o de tener una primera aproximación de cuáles serán los niveles del flujo o las velocidades del problema, pueden usarse aproximaciones de calado normal (técnicamente hablando, aproximación de flujo en lámina libre permanente y uniforme). Afortunadamente, este paso previo ya no es en la mayoría de casos el último procedimiento de cálculo que se utiliza.

Se ha establecido ya en los últimos años, y sin duda gracias a la aparición de códigos de cálculo de dominio público y amigable para el usuario, las aproximaciones de flujo en régimen permanente gradualmente variado. Se trata sin duda de un paso importante en la mejora de los procedimientos de cálculo hidráulico. Pero nos podemos preguntar si con este cambio ya es suficiente en todos los casos o sería conveniente ir un paso más allá.

El movimiento del agua en la naturaleza presenta normalmente una variación del caudal de paso con el tiempo, en particular en los episodios de avenidas que son objeto de estudio, o en situaciones derivadas de la explotación de saltos hidroeléctricos, por ejemplo. Por ello, el tipo general de movimiento que se produce será el denominado no permanente o no estacionario, también llamado gradualmente variable. A partir de este punto, se desea representar con la mayor fidelidad posible el análisis del flujo en nuestro cauce, deberíamos adoptar la aproximación del movimiento no permanente.

8.2 Descripción matemática del movimiento

Las hipótesis básicas de las que se parte para describir el movimiento no permanente son las siguientes:

- El flujo se asume como de tipo unidimensional. Sólo se considera la velocidad del agua en la dirección de la alineación del conducto y no se consideran las componentes en las otras direcciones del espacio
- La pendiente de los cauces de estudio se supone que son reducidas, de manera que si el valor del ángulo de la pendiente es θ, podemos aceptar $\cos\theta \approx 1$, de la misma manera que $\theta \approx \sin\theta \approx \tan\theta$.
- Se acepta una distribución uniforme de velocidades en cada sección, despreciando las variaciones transversales de velocidad dentro de la misma.

- Suponemos que la curvatura de la lámina de agua es reducida, por lo que en el seno del fluido aceptamos la existencia de una distribución hidrostática de presiones.
- Las pérdidas de energía se representan con las mismas expresiones de régimen permanente.

A partir de estas hipótesis principales, se aplican los principios físicos de conservación de la masa o ecuación de continuidad, y la ecuación de conservación de la cantidad de movimiento (equilibrio de fuerzas actuantes). Como resultado de su aplicación, las ecuaciones de conservación de la masa y de conservación de la cantidad de movimiento adoptan la siguiente expresión, para un conducto de sección constante:

$$\frac{\partial y}{\partial t} + v\frac{\partial y}{\partial x} + \frac{A}{b}\frac{\partial v}{\partial x} = 0 \qquad (1)$$

$$\frac{\partial v}{\partial t} + v\frac{\partial v}{\partial x} + g\frac{\partial y}{\partial x} - g\left(I_o - I_f\right) = 0 \qquad (2)$$

donde v es la velocidad media del agua en la sección, y el nivel de agua (calado) en dicha sección, A es la sección transversal del conducto ocupada por el flujo, b el ancho superficial del agua, g la aceleración de la gravedad, I_o la pendiente de la solera del conducto, I_f la pendiente de la línea de energía, x la abscisa a lo largo del conducto y t el tiempo.

Las ecuaciones matemáticas anteriores representan, en el caso de la ecuación de continuidad, que el balance entre lo que entra y sale, en un volumen de control, es igual a la variación de almacenamiento de agua, y la ecuación de conservación de cantidad de movimiento expresa el balance entre todas las fuerzas actuantes. En este último caso cabe indicar:

$\dfrac{\partial v}{\partial t} + v\dfrac{\partial v}{\partial x}$ Fuerzas de inercia sobre el agua en movimiento (aceleración local y convectiva)

$\dfrac{\partial y}{\partial x}$ Fuerzas de presión debidas a los diferentes niveles de agua entre zonas de la masa del fluido

I_o Pendiente del cauce, expresión de la influencia de las fuerzas gravitatorias

I_f Pendiente motriz (pérdida de energía por unidad de peso y por unidad de longitud) expresión de las fuerzas de disipación de energía por fricción, turbulencia, etc.

Estas ecuaciones deducidas por A.J.C. Barré de Saint–Venant en 1871 (Saint-Venant 1871)no tienen solución analítica, por lo que debe abordarse su tratamiento mediante métodos numéricos. Técnicas bien conocidas, como los métodos en diferencias finitas, volúmenes finitos, elementos finitos o el método de las características (Streeter y Wylie 1979), se pueden utilizar en su resolución. La utilización de un método u otro producirá resultados casi iguales, por lo que no se puede reconocer un procedimiento como muy superior a los otros, si bien en los últimos años los desarrollos numéricos más habituales utilizan el método de los volúmenes finitos con un esquema explícito de integración numérica (Bladé y Gomez 2006).

La formulación del régimen no permanente engloba todas las descripciones de movimiento en lámina libre, y en concreto las de movimiento permanente. Si por ejemplo, de la ecuación 1 se despeja el término de variación de velocidad según la dirección del flujo $\partial v/\partial x$, y se reemplaza en la ecuación 2 obteniendo:

$$\frac{\partial y}{\partial x} = \frac{I_o - I_f}{1 - Fr^2} + \frac{\dfrac{\partial y}{\partial t}\dfrac{Fr^2}{v} - \dfrac{1}{g}\dfrac{dv}{dt}}{1 - Fr^2} \tag{3}$$

Si el movimiento fuera permanente, las variaciones respecto al tiempo tanto del calado como de la velocidad serían nulas, por lo que el comportamiento se podría describir con el primer término de la derecha de la ecuación 3, que resulta ser la expresión de la curva de remanso. En la medida en que los términos del segundo miembro de la ecuación sean importantes (variaciones temporales de calado y velocidad), las diferencias entre el cálculo con una u otra expresión serán más significativas.

Si bien representan, como ya se ha dicho, el caso más general de movimiento, la dificultad de resolución junto a la necesidad de disponer de mucha mayor información sobre la red y sobre el proceso de transformación lluvia–escorrentía hizo que se utilizaran métodos de diseño hidráulico más sencillos. Si bien suponen un avance respecto a los métodos de diseño que consideran flujo permanente, todavía no tienen en cuenta en el proceso de cálculo todos los términos de la ecuación de equilibrio dinámico. La solución será un resultado en flujo no permanente, pero tan sólo una aproximación al comportamiento descrito por las expresiones 1 y 2. Dichas aproximaciones pueden consultarse en alguna de las referencias (Gómez Valentín, 1988), (Gómez Valentín, 1992). Hoy día las razones que impulsaban el uso de modelos simplificados, fundamentalmente el menor tiempo de cálculo por ordenador, han desaparecido ante los incrementos de capacidad de cálculo, por lo que dedicaremos todo el capítulo a los modelos que resuelven el régimen no permanente de forma completa.

8.3 Influencia de las fuerzas actuantes sobre el movimiento del agua en lámina libre

Una pregunta a hacer es si todas las fuerzas actuantes son igual de importantes, lo que podría suponer si eso fuera así, que algunas simplificaciones o incluso la aproximación de flujo en régimen permanente fueran suficientes para un cálculo hidráulico adecuado.

Para ello, se puede revisar en algunos casos los valores correspondientes de cada una de las fuerzas actuantes. Referente a estudios previos, Henderson (1966) refería la manera para el caso de un río de gran pendiente y en caso de crecida rápida los datos indicados en la tabla1.

Tabla 1 Importancia relativa de fuerzas actuantes en un río de gran pendiente

Fuerzas actuantes	Gravedad	Fricción	Presión	Acel. local	Acel. convectiva
Valores %	50	48.64	0.97	0.30	0.09

Este resultado indica que para el caso de cauces naturales con gran pendiente, con situaciones de flujos torrenciales o supercríticos con elevadas velocidades, así como con números de Froude mayores de 1, las fuerzas predominantes son las de fricción y gravedad, pero además de manera muy clara. Las otras fuerzas suponen menos del 2% del total de fuerzas actuantes. Pero en muchos cauces alternan tramos de gran pendiente con otros de pendiente menor, o se producen fenómenos locales que cambian las condiciones de flujo generando zonas con régimen subcrítico, o bien, se analizan tramos de cauce de menor pendiente. En esos casos, la pregunta puede ser: ¿se mantienen estas proporciones entre las fuerzas actuantes?

No existen referencias de evaluaciones de estos términos en el caso de cauces de moderada pendiente. Para resolver esa carencia se puede evaluar en un caso concreto la importancia de las fuerzas actuantes: por ejemplo, sea el caso de un canal de 1000 m de longitud, sección rectangular de 2 m de ancho, rugosidad de Manning 0,013 y con una pendiente de 0.005 o 0.0001, sobre el que actúan dos hidrogramas sencillos, que representan un cambio de caudal de manera que se dobla en pocos minutos, 10 y 20 respectivamente.

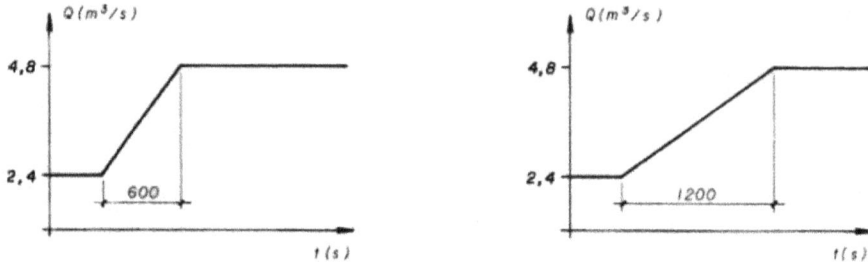

Figura 1. Hidrogramas de caudal estudiados

Así, se realiza la simulación numérica y se evalúa en cada instante en el punto medio del canal, a partir de los valores instantáneos de velocidad y calado, los términos de las fuerzas correspondientes, fricción, gavedad, presión e inercia, calculando a partir de los valores de cada uno, la importancia en tanto por ciento de cada una de las fuerzas actuantes.

Los resultados se pueden observar en las figuras 2 y 3. Se concluye a la vista de los datos calculados, que para pendientes media altas, a partir de 0.005, propias de flujos supercríticos con número de Froude mayor que 1, sea la subida más rápida o más suave, las dos fuerzas más importantes son las de gravedad y fricción. Entre ambas resulta casi el 98% de las fuerzas actuantes, y una aproximación del tipo onda cinemática sería suficiente.

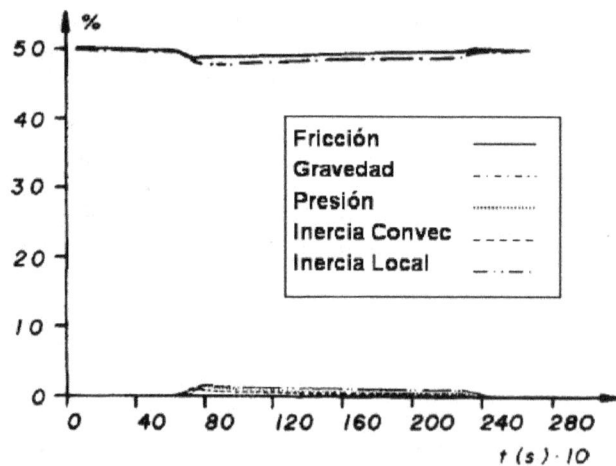

Figura 2. Términos de las ecuaciones de Saint - Venant. Pendiente 0.005. Hidrograma en 10 minutos

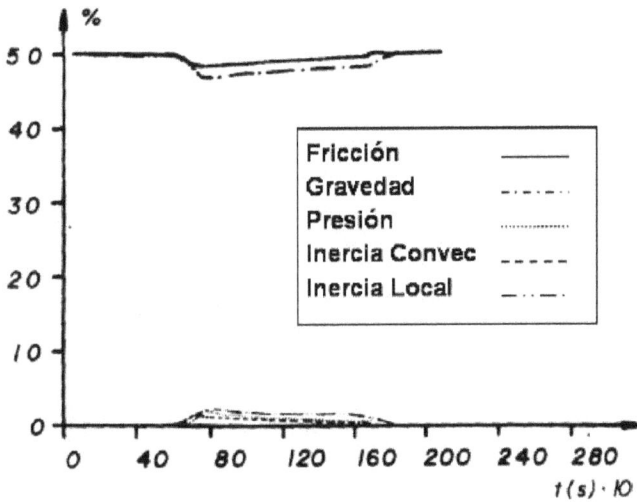

Figura 3. Términos de las ecuaciones de Saint - Venant. Pendiente 0.005. Hidrograma en 20 minutos

Pero si las pendientes empiezan a ser moderadas, con flujos de tipo subcrítico con números de Froude menores que 1, durante el proceso de variación de caudal, se produce una variación muy significativa entre las fuerzas actuantes. Si bien gravedad y fricción siguen siendo las más importantes, entre las dos suponen del orden de un 50% del total, mientras que las otras representan otro 50%. Es interesante observar como durante el periodo de tiempo en que se modifica el caudal, la fuerza de presión puede llegar a ser la más importante de todas, al generarse variaciones de lámina de agua importantes en el conducto.

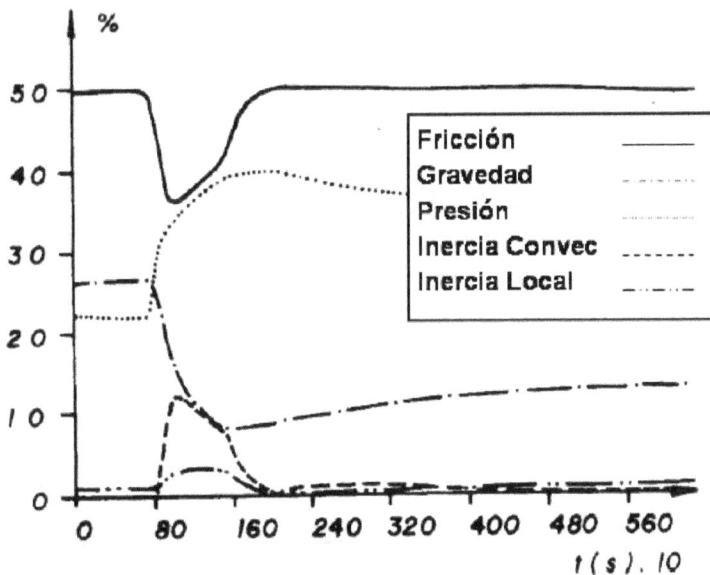

Figura 4. Términos de las ecuaciones de Saint - Venant. Pendiente 0.0001. Hidrograma en 10 minutos

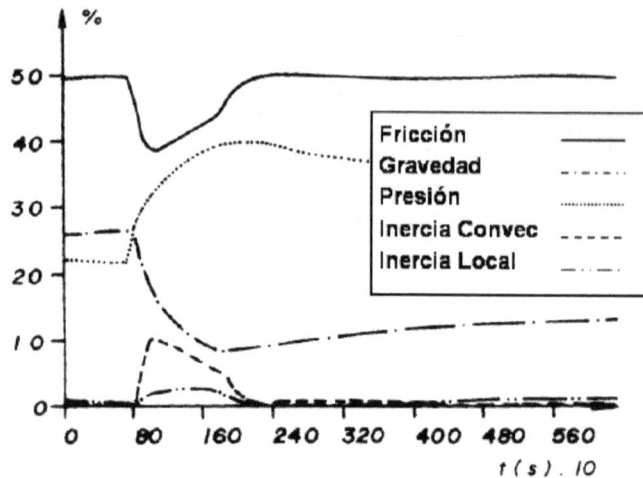

Figura 5. Términos de las ecuaciones de Saint - Venant. Pendiente 0.0001. Hidrograma en 20 minutos

Ríos de pendiente moderada, o zonas en las que se produzcan cambios de régimen rápido a lento, deben ser modeladas considerando las ecuaciones completas de Saint Venant en régimen no permanente. Las aproximaciones o simplificaciones suponen dejar de considerar unas fuerzas que no son despreciables como en otros casos.

8.4 Diferencias entre el cálculo en régimen permanente y no permanente

Sería interesante poder comparar los resultados cuando se utiliza un procedimiento simplificado. Para ello se comprueban en un caso sencillo las diferencias en el comportamiento hidráulico entre un cálculo en régimen no permanente y otro en flujo permanente.

El análisis se realiza para un conducto recto de 1000 m de longitud, de sección rectangular con ancho en la base de 2 m, y una rugosidad de Manning de 0.018. El comportamiento hidráulico del conducto se analiza primeramente en flujo no permanente (el que más se ajusta a la realidad) y luego en flujo permanente, con un caudal de diseño igual al caudal punta del hidrograma utilizado en el caso de flujo no permanente.

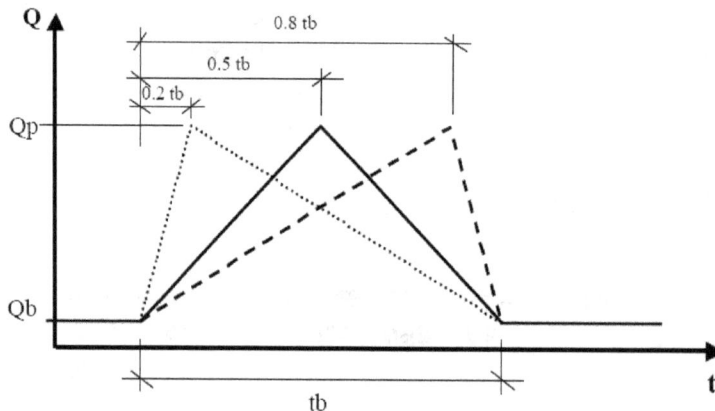

Figura 6. Hidrogramas con diferente instante de caudal punta

El flujo no permanente no trabaja con un caudal constante en el tiempo, como lo hace el flujo permanente, sino con un hidrograma que representa una historia temporal de caudales. Existen diferentes formas de hidrogramas que tendrán un mismo caudal punta. Primero habrá que definir qué tipo de hidrograma se usará para la comparación, para lo cual se realizarán diferentes ensayos. Se analizarán 3 hidrogramas todos ellos con el mismo caudal punta y caudal base, y con el mismo tiempo base (60 minutos), pero con distintos tiempo punta (ver figura 6), cada uno 0.2, 0.5 y 0.8 veces el tiempo base. Todos los hidrogramas tienen el mismo volumen y se considerará una condición de contorno aguas abajo de vertido libre.

Para cada caso, se evalúa la envolvente de calados máximos obtenidos. No se trata de un perfil de lámina de agua en algún momento determinado, sino que está formado por los valores de los calados máximos obtenidos en cada punto de cálculo. Se puede asegurar que cualquier perfil de lámina de agua estará por debajo de esta envolvente de calados. El intervalo de espacio empleado es de 20 metros

En la figura 7 se observa el perfil de lámina de agua para los 3 casos. Los resultados muestran que los 3 perfiles hidráulicos resultantes son muy similares (prácticamente idénticos). Se puede concluir que en el caso de colectores lineales y aislados el instante en que se presenta el caudal punta no afecta al comportamiento hidráulico del colector. Por lo tanto, se elegirá para esta comparación cualquiera de ellos y se concluye que a igualdad de volumen en los hidrogramas, los resultados son muy similares.

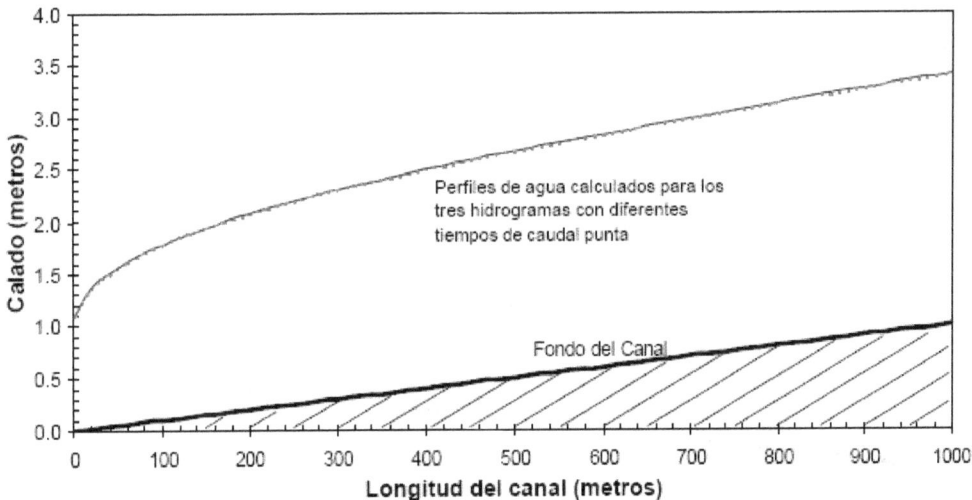

Figura 7. Envolventes de calados máximos para hidrogramas con diferente tiempo pico

Como segunda experiencia, se analiza el perfil hidráulico del conducto ante la acción de 4 hidrogramas (ver figura 8), todos ellos de mismo caudal base y caudal punta, iguales a los del ejemplo anterior, pero con diferentes tiempo base de 0.5, 1, 2 y 3 horas, y por lo tanto diferentes volúmenes asociados al hidrograma. En la figura 9 se presentan los perfiles calculados. A diferencia del caso anterior, cuando los hidrogramas presentan volúmenes diferentes, las envolventes de calado máximo son distintas, tanto mayor cuanto mayor es el volumen del hidrograma.

A la vista de los resultados, en general cabe indicar que la curva de remanso está por encima de todas las envolventes de calados máximos, pero como mucho del orden de un 10%, y se puede considerar que está del lado de la seguridad y no está tan sobredimensionado como una aproximación grosera de calado normal (régimen permanente uniforme).

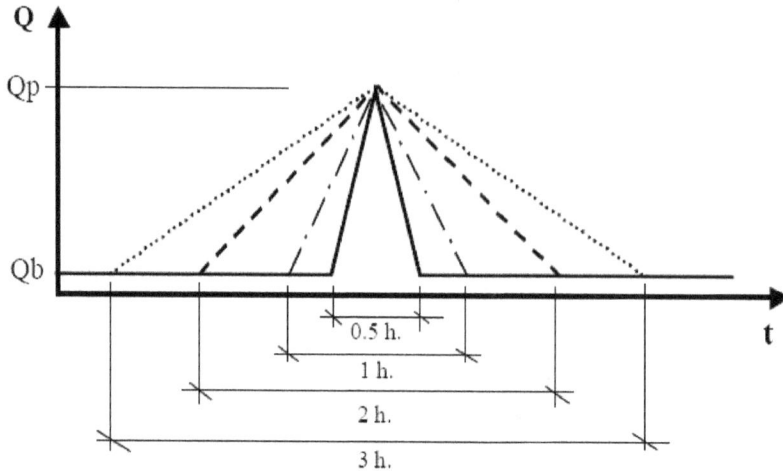

Figura 8. Hidrogramas con diferente volumen a igual caudal punta

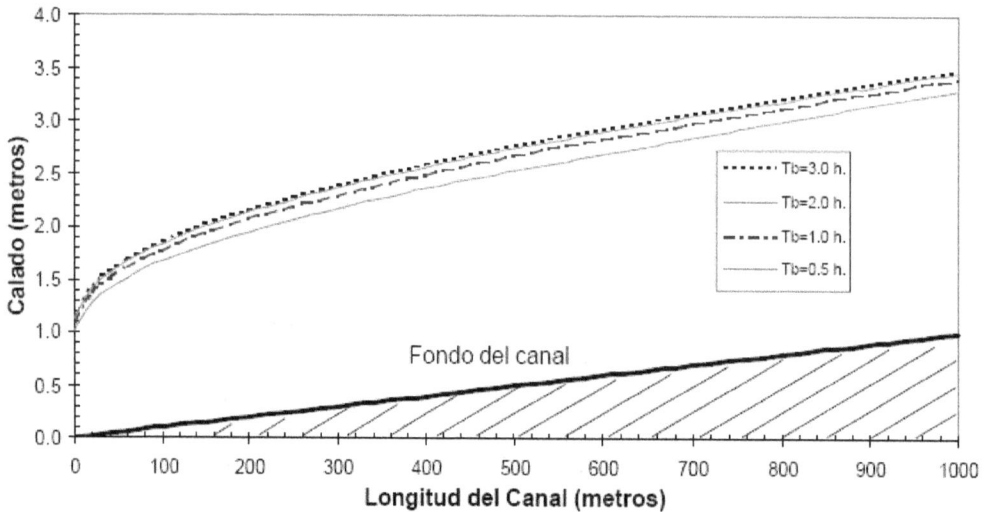

Figura 9. Envolventes de calados para hidrogramas de caudal de diferente volumen e igual caudal Punta

8.5 Problemas de decalaje temporal al considerar el flujo en régimen permanente

Cuando en una red se dispone de los hidrogramas de entrada en los nudos, normalmente se usa con el valor del caudal punta.

En una cuenca hidrográfica, normalmente el cauce principal recibe las aportaciones de los afluentes laterales. En ocasiones, aunque se disponga del hidrograma asociado a la cuenca del río afluente, se trabaja también solo con el valor del caudal punta que se incorpora al cauce principal. Incorporando dicho caudal, a medida que avanza aguas abajo los valores de caudal se van sumando (pensemos, por ejemplo, en una estructura arborescente). Sin embargo, estos caudales en la realidad quizá no se sumen porque se producen en tiempos distintos. Esto supone que, en general, cuanto mayor sea la cuenca de estudio, estará más sobredimensionado el caudal final de cálculo, pues el decalaje temporal entre caudales punta no se considera.

En un apartado anterior se vio que los resultados del flujo permanente son similares a los del flujo no permanente, difiriendo del orden de un 10% se trabaja con un solo hidrograma en flujo no permanente y el caudal punta de este hidrograma se utiliza para trabajar en flujo permanente. Pero la situación es muy distinta cuando se trabaja en una red hidrográfica, con cauces laterales, porque allí intervienen varios hidrogramas diferentes, los cuales tienen sus propias características.

Para hacer más clara la explicación se ilustra mediante un ejemplo sencillo. En la figura 10, tenemos una red hidrográfica sencilla. En la red ingresan caudales por los cauces 1, 2 y 4, y salen por el tramo final 5. Los hidrogramas que ingresan en la red están representados en la misma figura.

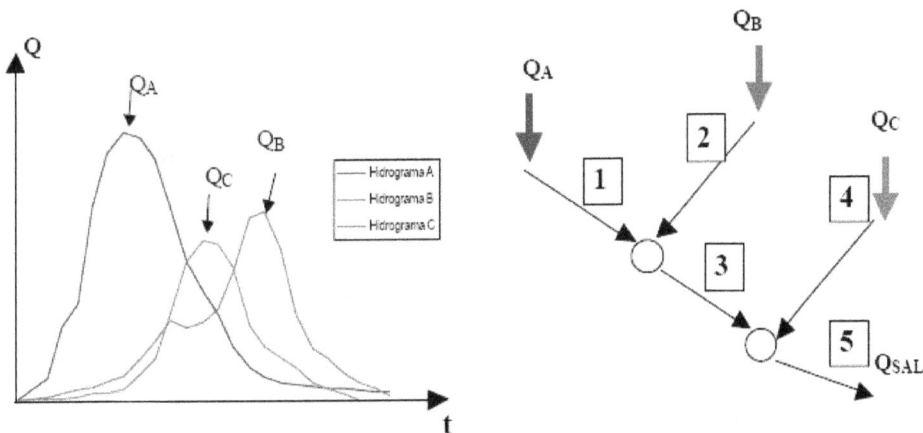

Figura 10. Esquema de la red fluvial analizada

Representando el flujo en régimen permanente, se diría que por el tramo 1 ingresa el máximo caudal del hidrograma A (Q$_A$) y también por los cauces 2 y 4 ingresan sus respectivos máximos caudales. Después de circular por el cauce principal, el caudal que saldría por el tramo 5 sería la suma de los caudales que han entrado por cada uno de los tramos de cabecera (Q$_A$ +Q$_B$ +Q$_C$).

Al hacer el análisis de la red fluvial en régimen no permanente, no habría que sumar los caudales punta, sino los hidrogramas, cada uno en relación al tiempo de llegada al punto de salida. En la figura 11, se muestra el hidrograma suma que se obtendría. El caudal máximo (Qsal) que saldría por el tramo 5 sería el mayor caudal del hidrograma que resultara de sumar los otros tres hidrogramas de entrada. En este caso el caudal máximo es aproximadamente un 50% menor que la suma de los caudales punta. Esta diferencia es consecuencia del decalaje temporal de los caudales máximos. Esto no ocurriría si por los tres tramos ingresaran hidrogramas de caudal con ocurrencia de caudal punta similares y las longitudes de los cauces no fueran diferentes o muy largas para que la propagación no alterase demasiado el hidrograma.

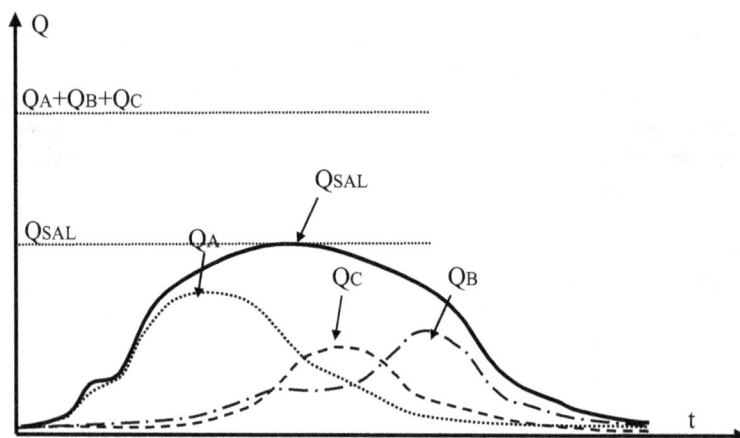

Figura 11: Comparación de hidrogramas en el extremo aguas abajo

8.6 Modelos de cálculo hidráulico basados en las ecuaciones de Saint–Venant. Modelos completos

En el momento presente, donde numerosas administraciones se encuentran con la necesidad de evaluar el estado de sus cauces o canales, la forma más económica, eficiente y rápida de abordar la solución de esos problemas es con ayuda de un modelo numérico de simulación en régimen no permanente. Algunos aspectos que se deben considerar a la hora de realizar un estudio en régimen no permanente a través de un modelo de cálculo serán:

1. Necesitan como datos de partida un estudio hidrológico previo que proporcione hidrogramas de caudal/tiempo. No tiene sentido emplear un modelo en régimen no permanente con unos caudales estimados a partir del método racional. Esto, que es evidente, en ocasiones se olvida y se utilizan modelos de régimen no permanente como si fueran de régimen permanente al proporcionarles un caudal constante de paso. Sería calcular una cuerva de remanso con un modelo de no permanente, lo que es antieconómico.

2. Para que los resultados de cálculo sean representativos, necesita que se le suministre una información sobre la geometría del cauce o conducto de estudio, datos de pendiente, secciones transversales, saltos de solera, detalles de ensanchamientos o estrechamientos u otros puntos singulares, etc, lo más detallada posible. Ello significa un levantamiento topográfico de calidad y lo más actualizado posible. Hoy día afortunadamente hay sistemas de restitución como el LIDAR que proporcionan modelos digitales de terreno con resoluciones de 1 m. Hay que tener presente que el empleo de herramientas complejas, como serán estos modelos, dentro del cálculo hidráulico, requiere un nivel parejo en el detalle del cauce que se quiere estudiar. Si no se dispone de una buena topografía, con datos fiables de pendientes, secciones transversales, etc, puede darse la paradoja que estemos exigiendo al modelo numérico una precisión en su cálculo de calados de, por ejemplo, 0,1 cm, cuando en la información inicial relativa a los datos de solera del cauce podemos estar introduciendo un error del orden de decímetros.

3. Elección del intervalo de espacio de estudio. No se va a calcular las condiciones de flujo en todos los puntos del cauce, por ejemplo cada milímetro de distancia. El cálculo numérico no se realiza de forma continua en el espacio, sino solo en una serie de puntos de cálculo separados por una distancia x. Cuanto menor sea esta distancia, mayor número

de puntos de cálculo, mejor conocimiento del comportamiento hidráulico, pero también mayor esfuerzo de cálculo y mayor número de resultados de análisis. Un cauce se puede estudiar con intervalos de espacio entre 100 y 200 metros, aunque debe tenerse una sección de cálculo en todo punto donde se produzca un cambio de sección, pendiente o efecto local.

4. Elección del intervalo de tiempo de estudio. De igual forma que no se resuelve de forma continua en el espacio, tampoco se sigue el mismo proceso en el tiempo, sino que se calcula en una serie de puntos discretos. El intervalo de tiempo dependerá del nivel de detalle que se desee y del procedimiento numérico de integración. Los métodos numéricos de tipo explícito, como tienen una limitación en el valor del intervalo de tiempo de análisis, que a su vez es función del intervalo de espacio seleccionado, se encargan de calcularlo ellos mismos para cumplir esa limitación. En aquellos que permitan la opción de elegir el intervalo de tiempo (programas que resuelven por métodos de tipo implícito), y aunque los manuales de usuario sugieren elegir un intervalo de tiempo de 5 a 10 minutos, en muchos casos el valor final debe elegirse de alrededor de 1 minuto. Si bien los manuales indican que esos algoritmos de cálculo son incondicionalmente estables, ello no siempre es del todo cierto, pues hidrogramas de entrada muy abruptos o cambios de régimen rápido a lento pueden generar inestabilidades de cálculo.

5. Empleo de las ecuaciones completas de Saint–Venant, sobre todo en casos donde se presente tanto flujos rápidos (altas pendientes Fr>1) como lentos (pendientes reducidas Fr<1). Los aspectos numéricos sobre el tipo de esquema empleado no son tan importantes a nivel de usuario. Sin embargo, se debe tener presente que aquellos modelos que emplean esquemas numéricos de tipo explícito, (tipo Euler modificado, Leap–frog, etc) presentan limitaciones en la elección de los valores del incremento de tiempo de cálculo, mientras que los modelos con esquema de tipo implícito (Preissmann, Abbott–Ionescu, etc) no tienen esta limitación. Esto no supone ninguna desventaja clara de unos frente a otros, sino que sencillamente es un hecho que el usuario ha de tener en cuenta al utilizar el modelo.

6. El proceso de cálculo se inicia a partir de una condición inicial que representa la situación del cauce en el primer instante de cálculo. Representaría el perfil de lámina de agua en el instante inicial, la curva de remanso, asociado al caudal base del río. Si se analiza el comportamiento de un cauce efímero, tipo riera mediterránea que puede estar seca, el modelo debe permitir contemplar ese efecto. En caso de que dé problemas de inestabilidad, se puede aceptar un pequeño caudal base inicial, que no desvirtúa en absoluto los resultados de cálculo.

7. Posibilidad de cálculo de todo tipo de flujo, rápidos y lentos, así como de la transición entre ambos. La topografía de nuestros cauces presenta un escalonado de pendientes, de mayor a menor. Así, en las partes altas el flujo es de tipo supercrítico (número de Froude mayor que 1) y en las zonas cercanas a la desembocadura será de tipo subcrítico (número de Froude menor que 1). La transición entre ambos flujos se realiza mediante un resalto hidráulico que, dada la variación temporal de los caudales de avenida, será móvil.

8. Para facilitar el análisis de resultados, es conveniente que el modelo disponga de algún módulo de análisis gráfico para hacer más fácil y rápida la evaluación del comportamiento del cauce. Hay que tener en cuenta que el resultado de cálculo son las variables de flujo, calado y velocidad, en cada punto de estudio y en cada instante de tiempo.

8.6.1 Modelos comerciales más empleados

Algunos de los modelos más conocidos para el cálculo hidráulico de redes de drenaje son:

SOBEK Modelo desarrollado por Delft Hydraulics, recientemente aparecido en el mercado. Presenta una interfaz gráfica de elevada calidad y ha sido pensado para operar ya en un entorno GIS. Presenta un motor gráfico muy avanzado y versátil, permitiendo la interacción con otros módulos de simulación, por ejemplo SOBEK–URBAN para análisis de inundación en zonas urbanas, estudios de calidad de aguas superficiales, e incluso análisis bidimensional.

MIKE11 Se trata de uno de los modelos más utilizados desde hace años en Europa. Desarrollado por el DHI, permite simular flujo en cauces, llanuras de inundación, en diferentes brazos del mismo río, etc. Utilizado en España por varias administraciones a la hora de estudiar propagación de avenidas. Permite la interacción con otros modelos del DHI, como MIKE21 (flujo bidimensional), MOUSE, etc.

InfoWORKS-ISIS Es la propuesta desarrollada por HR Wallingford. Isis utiliza un esquema de diferencias finitas implícitas (Presissmann) y su manejo está integrado en el entorno InfoWorks-CS, común a otros códigos desarrollados por Wallingford Software.

HEC-RAS Modelo de dominio público que se ha convertido en un estándard de cálculo en muchos países. Permite resolver la gran mayoría de problemas que podemos encontrar en cauces o canales. La interfaz gráfica es sencilla pero correcta.

TELEMAC Modelo desarrollado en EDF, Electricité de France. Es un modelo adecuado para opciones de análisis 2D y 3D. Muy utilizado en estudios de gran escala en diferentes países de Europa. A julio de 2006, la versión básica está sobre los 26000 euros.

FLUENT Es un representante de códigos de cálculo tridimensional que permiten resolver problemas de fenómenos locales en cauces o cualquier otro conducto. Muy empleado en problemas de mecánica de fluidos, con flujos compresibles.

IBER Se trata de un modelo no comercial, desarrollado en el grupo de investigación FLUMEN de la Escuela de Ingenieros de Caminos de Barcelona. Permite análisis de flujo 1D o 2D, con un esquema robusto de cálculo, considerando volúmenes finitos, y una interfaz gráfica muy completa.

En el apartado 7.1.3 se han descrito con mayor detalle los modelos comerciales existentes en el mercado.

8.7 Consideraciones sobre la utilización de un modelo completo

Algunas de las consideraciones en este apartado se han dicho anteriormente. Primero, hay que insistir en la calidad de los datos de base que hay que suministrar al modelo completo. Está en relación directa con la confianza en los resultados finales del mismo. Datos de partida adecuados de lluvia, de caudales de escorrentía y de geometría del cauce son indispensables para sacar todo el partido posible a un modelo de simulación. Si no se disponen de todas esas condiciones, hay que pensar detenidamente si vale la pena realizar una simulación en régimen no permanente, y la fiabilidad que daremos a los resultados de la misma.

Segundo, la utilización de un modelo completo supone en muchos casos un volumen y un tiempo de trabajo adicional notable siendo el menos importante el tiempo de cálculo por ordenador. No es automático sentarse ante la pantalla del PC y esperar que vayan saliendo resultados, pues si no se dispone de la topografía del cauce, hay que encargarla, analizarla e introducirla en el modelo. El estudio de transformación lluvia–escorrentía se complica (ya no se trata de aplicar el método racional) y aunque también se puede realizar con ayuda de un modelo numérico, surgen dudas a la hora de escoger una serie de parámetros.

Y tercero, el aprovechamiento máximo de las capacidades del modelo requiere una persona o un equipo de trabajo dedicado a estos temas. Instalar el modelo supone un desembolso inicial, pero su explotación requiere una atención continua para conocer las capacidades y limitaciones de todos los modelos.

La necesidad de estimar una serie de parámetros que el programa pide, hace que se recurra en demasía a la opción por defecto en el programa. Muchas veces se desconoce el valor, ni siquiera aproximado, de alguno de los coeficientes que precisa. Así, la opción de darle a la tecla *return* a veces es una tentación demasiado grande. El máximo aprovechamiento de las capacidades de estos programas se obtiene cuando se introduce, como se ha dicho antes, "información fiable". Y esa información es fruto de mediciones, bien geométricas, bien topográficas, o bien hidrológicas o hidráulicas. Ningún dato sacado de una tabla de un manual de usuario o de un libro puede mejorar el inapreciable valor de un dato medido in situ. El mayor rendimiento en la utilización de estos programas de cálculo se obtiene cuando se conjugan su empleo con medidas de campo, especialmente las de lluvia y caudal asociado, que permiten extraer conclusiones de primera mano sobre el comportamiento del cauce.

Entre los beneficios que se pueden obtener se encuentran toda una serie de fenómenos que sólo pueden ser descritos mediante flujo no permanente:

- Atenuación de caudales, reducción del caudal punta a medida que los hidrogramas de caudal se propagan por la red fluvial…

- No unicidad entre calados y caudales. Especialmente para los tramos de cauce con pendientes reducidas, la evolución de caudales y calados en una sección sigue una relación como la expresada en la figura 12. Así durante la fase de aumento de caudales de paso se producen menores niveles de agua asociados a un caudal determinado que durante la fase de decrecimiento de caudales, para ese mismo caudal. Este fenómeno es tanto más acusado cuanto más reducida es la pendiente del cauce.

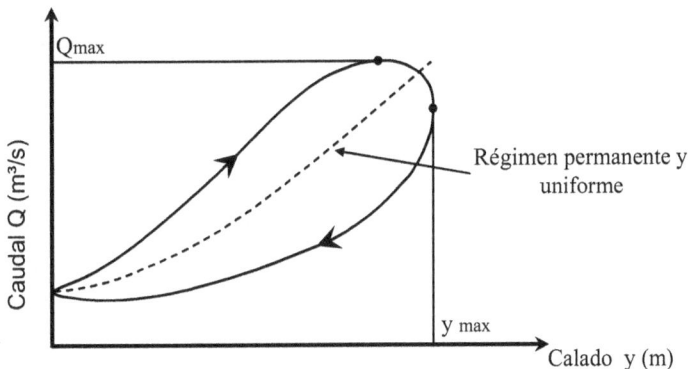

Figura 12. Bucle caudal/calado para una sección de cauce en régimen no permanente

- Empleo como condición de diseño para altura de encauzamientos de la envolvente de calados máximos que se produce. En cada punto de cálculo se toma el valor máximo alcanzado por el calado a lo largo de todo el suceso de estudio. Dicho valor máximo se produce en un instante de tiempo determinado que no tiene por qué coincidir con el instante en que se produce el calado máximo en otro punto de cálculo. Al considerar todos los calados máximos alcanzados en cada punto (definición de envolvente) estamos garantizando que el perfil de lámina de agua que se ha producido en cualquier instante en el cauce está por debajo de esa curva envolvente. Hay que aclarar que esta envolvente no representa el perfil de lámina de agua para ningún instante determinado, sino que se construye a partir de los calados máximos en cada punto.

- Es el único procedimiento que tiene en cuenta una característica muy importante de los hidrogramas de caudal: el volumen de escorrentía. Cálculos hidráulicos en régimen permanente para hidrogramas con igual caudal punta, pero con diferente tiempo base (y por tanto con diferentes volúmenes de agua asociados), solo consideran el caudal máximo y por tanto no diferirán en nada en su resultado. Sin embargo, cálculos en régimen no permanente para cada uno de ellos pueden diferir de forma sustancial. Los efectos de almacenamiento en la llanura de inundación empezarán a jugar un papel no tenido en cuenta hasta ahora. Se convierte en la única alternativa para el correcto análisis de las áreas inundables y de los volúmenes de inundación.

- Permiten considerar en el caso de una red fluvial, el decalaje temporal entre los instantes de ocurrencia de caudal punta, de manera que al circular por el cauce principal no se sumen los caudales máximos sin más, sino los hidrogramas correspondientes, y así los caudales de cálculo no están sobrevalorados.

A la vista de la situación de cada cauce y de las disponibilidades existentes en cada administración respecto a datos disponibles, etc, se debe escoger el procedimiento de análisis hidráulico más adecuado. Como resumen a lo expuesto en estas líneas se muestra el cuadro–resumen final que recoge las diferentes metodologías presentadas, flujos permanentes uniforme y gradualmente variado, así como el empleo de modelos completos y dos de los procedimientos simplificados que en ocasiones se emplean con los flujos no permanentes, modelos hidrológicos y onda cinemática.

	FLUJO PERMANENTE		FLUJO NO PERMANENTE		
	UNIFORME	GRADUAL. VARIADO	MODELO HIDROLÓGICO	ONDA CINEMATICA	MODELO COMPLETO
Datos del estudio hidrológico	Q_{max}	Q_{max}	Hidrograma Q/t	Hidrograma Q/t	Hidrograma Q/t
Condiciones de contorno	NO	Ag. Arriba y ag. Abajo	Incluida en los parámetros	Sólo aguas arriba	Ag. Arriba y ag. Abajo
Efectos de reflujo	NO	SI	SI	NO	SI
Geometría de la red	CON DETALLE	CON DETALLE	Incluida en los parámetros	CON DETALLE	MUY EN DETALLE
Atenuación de caudal punta	NO	NO	SI	NO	SI
Efectos dinámicos (aceleracion)	NO	NO	NO	NO	SI

Figura 13. Tabla resumen de métodos de cálculo hidráulico

9. Características generales y prestaciones básicas de HEC-RAS en régimen variable

9.1 Antecedentes

En 1995 aparece la versión 1.0 de HEC-RAS. Surge como la migración natural del programa HEC-2 a un formato más amigable que el que mostraba este último. HEC-RAS 1.0 permite el cálculo de la lámina de agua en ríos, en régimen permanente, de una manera muy versátil se ha ido extendiendo en casi todo el mundo como una herramienta de cálculo hidráulico ampliamente aceptada.

El programa ha ido evolucionando apareciendo diversas mejoras, hasta que en enero de 2001 aparece la versión 3.0 En ese momento incluye, por primera vez, el módulo en régimen variable. Aunque dicho módulo fue básicamente desarrollado para el caso de régimen lento, HEC-RAS permitía ya, desde entonces, el análisis del flujo unidimensional en régimen variable de una red completa en lámina libre,

En septiembre de 2002, aparece la versión 3.1.3, en la, que entre otras mejoras, se potencia el módulo de cálculo en régimen variable incluyendo la extensión de éste al cálculo en régimen rápido.

9.2 Capacidades y/o limitaciones

Las hipótesis básicas del cálculo en régimen variable que impone HEC-RAS son las de flujo unidimensional, que aunque está principalmente desarrollado para régimen lento, incorpora también un algoritmo de cálculo para el caso de régimen rápido, permitiendo así el análisis de los posibles cambios de régimen.

Todo el análisis hidráulico tradicional de secciones transversales, puentes, pasos entubados bajo vía (*culverts*), etc., que históricamente ha facilitado HEC-RAS, ha sido también incorporado al cálculo del régimen variable.

Asimismo, el módulo de HEC-RAS en régimen variable permite modelar áreas de almacenamiento con sus posibles conexiones hidráulicas. Con ello se puede realizar análisis de depósitos de retención, así como una primera aproximación a flujos casi-bidimensionales.

9.3 Esquema de cálculo

El módulo de cálculo en régimen variable de HEC-RAS resuelve las ecuaciones de Saint Venant en una dimensión, que consisten en un sistema de ecuaciones en derivadas parciales formado por la ecuación de continuidad y la de *momentum* (conservación de la cantidad de movimiento).

En el caso de grandes ríos sobre todo en los instantes de inicio y la cola de una avenida HEC-RAS permite analizar la posible interacción entre el cauce central y las llanuras de inundación. En estos casos el flujo puede distar de ser unidimensional, acercándose más a un flujo bidimensional. HEC-RAS permite aproximarse a esta nueva situación de cálculo mediante el uso de áreas de almacenamiento que serán descritas más adelante.

Cuando las llanuras colaboran en el transporte de manera similar a como se produce en el cauce principal entonces el flujo es eminentemente unidimensional. En tal caso el reparto de caudales y factores de transporte según el cauce central y las llanuras de inundación, HEC-RAS lo realiza de manera idéntica a como se realiza en el caso del régimen permanente. Esta situación es la que suele darse en los instantes centrales de un hidrograma de avenida.

9.3.1 Ecuación de continuidad

La ecuación de continuidad se basa en el concepto que el flujo neto de agua en un volumen de control (balance del agua que sale y el que entra) es igual al volumen de agua almacenado.

9.3.2 Ecuación de *momentum*

La ecuación de momentum establece que la resultante de todas las fuerzas actuantes sobre un volumen de control es igual a la variación de la cantidad de movimiento en el mismo. Las fuerzas que tiene en cuenta son:

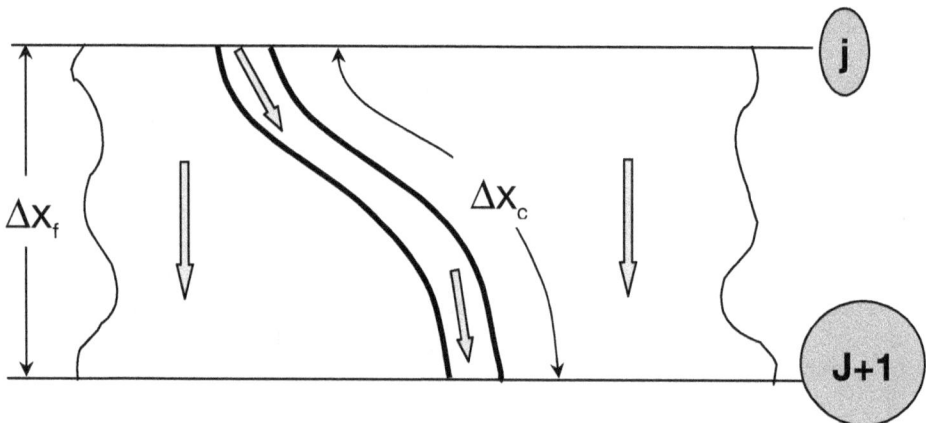

Figura 1. Esquema del flujo en el cauce principal y en las llanuras de inundación.
Fuente: (HEC 2002)

- Fuerzas de presión. Para su determinación establece la hipótesis básica de distribución hidrostática de presiones.

- Fuerza gravitatoria. En este caso supone como hipótesis fundamental que las pendientes de los cauces son suficientemente pequeñas. Normalmente se consideran pendientes pequeñas pendientes inferiores a 1v:10h.

- Fuerza de fricción. Para determinar las fuerzas de fricción con los contornos plantea el cálculo de la pendiente motriz a partir de la fórmula de Manning.

9.3.3 Esquema de Preissmann de los cuatro puntos

El esquema de Preissman también conocido como esquema de los cuatro puntos, es un esquema en diferencias finitas implícitas[1]. En la figura 2 se muestra el esquema de cálculo de los cuatro puntos de Preissman. En ésta se aprecia el significado físico del factor de ponderación θ, que utiliza HEC-RAS, y que da el grado de implicidad para la estimación de las diferencias finitas.

Así, se demuestra que un esquema implícito es intrínsecamente estable cuando $0.5 < \theta \leq 1.0$, es condicionalmente estable si $\theta = 0.5$ e inestable para $\theta < 0.5$. HEC-RAS tan solo permite trabajar con factores $0.6 \leq \theta \leq 1.0$, por lo que en este caso el esquema será básicamente estable.

De cualquier modo hay que tener en cuenta que existen otros factores que influyen en la inestabilidad, como son:
- Cambios bruscos de pendiente
- Características de la propia onda de avenida
- Presencia de estructuras complejas (puentes, pasos entubados, motas, etc.)

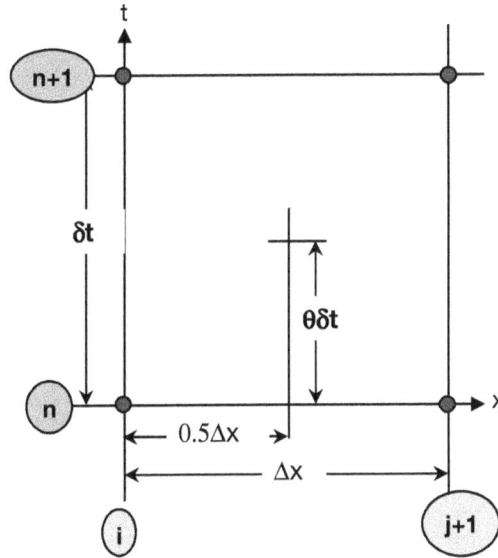

Figura 2. Esquema de Preissman de los cuatro puntos. Fuente:(HEC 2002)

Cualquier simulación en régimen variable, con HEC-RAS, debe acompañarse de un análisis de sensibilidad de la estabilidad de la solución y de su precisión para diversos valores de Δt y Δx.

9.4 Condiciones de contorno

Si el tramo de estudio consta de n secciones de cálculo (nodos), que limitan $n-1$ celdas, resulta que en cada instante de tiempo de cálculo hay que resolver un sistema de $2n-2$ ecuaciones (continuidad y conservación de movimiento en cada nodo) con $2n$ incógnitas (calado y caudal en cada nodo). Así

---

[1] Los métodos de diferencias finitas pueden clasificarse en diferencias finitas explícitas y diferencias finitas implícitas, dependiendo de si el proceso de encontrar la solución a lo largo del tiempo lo hacen punto por punto en la malla de discretización espacial del dominio, o bien resolviendo conjuntamente todos los puntos de la malla en cada instante (Bladé y Gómez, 2006).

pues, faltan 2 ecuaciones adicionales. Estas son las conocidas como *condiciones de contorno*, que hay que caracterizar en cada tramo de cálculo.

Para definir dichas condiciones hay que tener en cuenta el régimen que se establecerá en la zona de estudio. Así, si el régimen es lento será necesario definir una condición aguas arriba y otra aguas abajo. Ello es coherente con el concepto básico del régimen subcrítico, que permite afirmar que la información, en este caso, se puede propagar tanto hacia aguas arriba como abajo. En cambio si el régimen es rápido, será necesario definir las dos condiciones aguas arriba. De nuevo esta idea es coherente con el principio de que la información en régimen supercrítico tan solo puede propagarse aguas abajo.

A continuación se describen los tipos de condiciones de contorno.

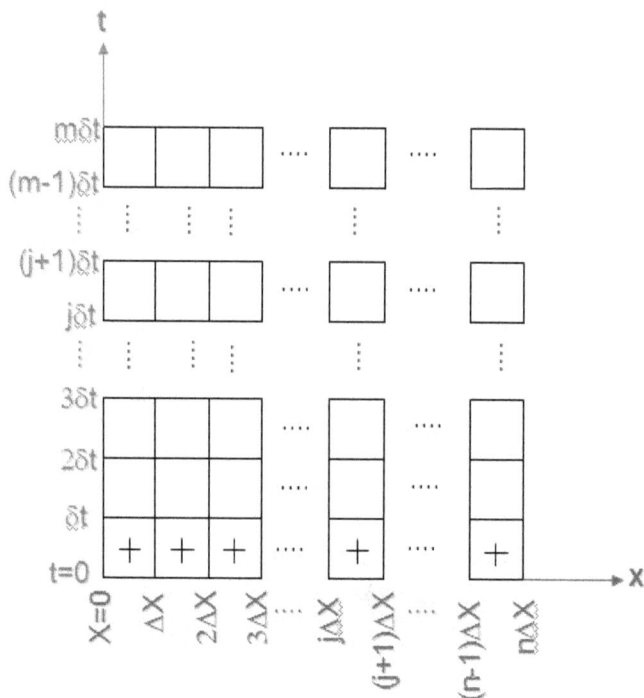

Figura 3. Avance del esquema de cálculo en el tiempo (eje de ordenadas) y el espacio (eje de abscisas)

9.4.1 Condiciones de contorno internas

HEC-RAS, de manera automática, compatibiliza el flujo tanto en el caso de nodos interiores de conexión de tramos distintos, como el de nodos en los que se aporta o detrae caudal.

Se imponen dos condiciones:

1.- Ecuación de continuidad de caudal en el nodo, es decir: $\sum_{j=1}^{m} Q_j = 0$.

2.- Ecuación de continuidad en la cota de la superficie libre en el nodo de unión. Conocido el nivel de la lámina de agua que llega de uno de los tramos (p. ej. tramo 1 de la figura 4), en los otros que salen de dicho nodo se impone la misma cota.

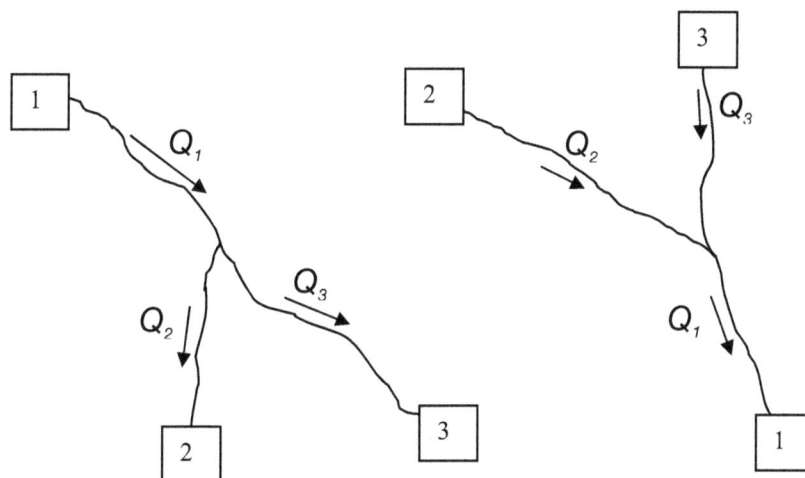

Figura 4. Continuidad de caudal en un nodo interno

Se pueden considerar además aportaciones de Q en nodos internos; en tal caso, es necesario introducir un hidrograma de entrada, que puede ser una aportación constante o un afloramiento de caudal subterráneo.

Igualmente HEC-RAS permite considerar, en secciones intermedias, la presencia de estructuras laterales que provocarán la salida de caudal del tramo de estudio.

9.4.2 Extremo aguas arriba de un tramo

En el extremo aguas arriba de cada tramo, por tanto en un nodo no conectado a otro tramo más arriba, ni área de almacenamiento, se pueden imponer diferentes tipos de condiciones de contorno:

- Hidrograma. Esto es, la variación de caudales en función del tiempo.
- Variación de la cota de agua en función del tiempo. Esta condición permite simular la salida de una masa de agua (p. ej. lago o embalse) donde se conoce la cota de la lámina libre.
- Una combinación de caudal y cota de la lámina de agua en el tiempo. Cuando se dispone de datos de aforo de avenidas, HEC-RAS considera la cota de la lámina de agua mientras se dispone de información, en caso contrario considera el caudal.

9.4.3 Extremo aguas abajo de un tramo

En el extremo aguas abajo de cada tramo, por tanto en un nodo no conectado a otro tramo más abajo, ni área de almacenamiento, se pueden imponer los siguientes tipos de condiciones de contorno:

- Hidrograma de caudales. Esta condición es útil si se dispone de datos de aforo.
- Variación de la cota de la lámina de agua en función del tiempo. Así, se puede representar la desembocadura a una masa de agua (mar, lagos, embalses regulables) donde se conoce la cota de la lámina libre.
- Combinación tiempo - caudal – cota de agua. Este caso es adecuado cuando se dispone de datos de aforo de avenidas. De esta manera HEC-RAS considera los $(z+y)$ mientras se dispone de información.

- Curva de aforo. Es una relación biunívoca caudal - cota de agua. Es una curva monótona creciente y es una condición aceptable si está lejos de la zona de interés, de manera que no la influencie de manera significativa.
- Calado normal. En este caso no es una condición realista, aunque es aceptable si está lejos de la zona de interés.

9.5 Condición inicial

Además de las condiciones de contorno, es necesario definir las condiciones del flujo en el instante inicial. Así se introduce al programa el caudal inicial a partir del cual se determina la distribución de calados correspondiente al régimen permanente.

Igualmente se puede introducir un instante final de una simulación previa en régimen variable. Este caso es útil para el cálculo de largos períodos de tiempo.

9.6 Alternancia de régimen (mixed). Algoritmo LPI

Uno de los puntos débiles del método de Preissman es que la existencia de calados iguales o cercanos al crítico produce inestabilidades en la solución de la ecuación de *momentum*. Para solucionar este problema, HEC-RAS implementa el algoritmo LPI (*Local Partial Inertia*).

Aunque por defecto la opción está inactiva, cuando se conoce que se producirá un cambio de régimen se debe activar desde *mixed flow options*, del menú *options* del módulo de análisis del régimen variable.

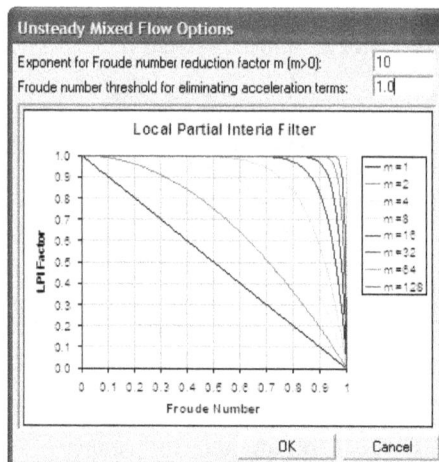

$$\sigma\left(\frac{\partial Q}{\partial t} + \frac{\partial(VQ)}{\partial x}\right) + gA\left(\frac{\partial z}{\partial x} + I_f + I_h\right) = 0$$

$$\text{Donde } \sigma = \begin{cases} F_T - Fr^m; \, si \, Fr \leq F_T; m \geq 1 \\ 0; \, Fr > F_T \end{cases}$$

Figura 5. Control del cálculo en régimen rápido mediante el factor LPI. Fuente:(HEC 2002)

Se trata de introducir un factor de reducción ($\sigma<1$) a los términos inerciales de la ecuación de cantidad de movimiento. El algoritmo se define con dos parámetros:

1. Valor umbral del número de Froude a partir del cual se eliminan los términos de aceleración de la ecuación de cantidad de movimiento que son los que producen la inestabilidad: $1 \leq F_T \leq 2$; por defecto HEC-RAS considera $F_T = 1$.

2. Exponente m para la reducción del número de Froude: $1 \leq m \leq 128$; por defecto, considera $m = 10$.

En general, al aumentar los valores de ambos parámetros, la simulación pierde estabilidad, aunque gana precisión, y viceversa si se disminuyen.

9.7 Resolución numérica

Las ecuaciones de Saint Venant aplicadas a cada sección, expresadas en diferencias finitas, se transforman matricialmente en un sistema de $2N \times 2N$ ecuaciones y $2N$ incógnitas:

$$A\vec{x} = \vec{b} \tag{1}$$

donde el vector $\vec{x}$ contiene las incógnitas y el vector $\vec{b}$ con los términos independientes.

Los coeficientes que definen la matriz A representan las ecuaciones que afectan a nodos consecutivos, en esta matriz fuera de las diagonales los valores son mayoritariamente nulos. A pesar de ello, no es una matriz en banda debido a la posible existencia de áreas de almacenamiento, o ríos con uniones o bifurcaciones y las propias condiciones de contorno.

En un río sin ramificaciones ni áreas de almacenamiento, la matriz de coeficientes sí es en banda:

$$\alpha_1 \Delta Q_j + \alpha_2 \Delta z_j + \alpha_3 \Delta Q_{j+1} + \alpha_4 \Delta z_{j+1} = \alpha_5$$
$$\gamma_1 \Delta Q_j + \gamma_2 \Delta z_j + \gamma_3 \Delta Q_{j+1} + \gamma_4 \Delta z_{j+1} = \gamma_5$$

$$\begin{bmatrix}
 & \ddots & \ddots & & & & & & & & \\
0 & \alpha_1^{j-1} & \alpha_2^{j-1} & \alpha_3^{j-1} & \alpha_4^{j-1} & 0 & & & & & \\
0 & \gamma_1^{j-1} & \gamma_2^{j-1} & \gamma_3^{j-1} & \gamma_4^{j-1} & 0 & & & & & \\
(2j-1) & \rightarrow & 0 & \alpha_1^{j} & \alpha_2^{j} & \alpha_3^{j} & \alpha_4^{j} & 0 & & & \\
(2j) & \rightarrow & 0 & \gamma_1^{j} & \gamma_2^{j} & \gamma_3^{j} & \gamma_4^{j} & 0 & & & \\
 & & & 0 & 0 & \alpha_1^{j+1} & \alpha_2^{j+1} & \alpha_3^{j+1} & \alpha_4^{j+1} & 0 \\
 & & & 0 & 0 & \gamma_1^{j+1} & \gamma_2^{j+1} & \gamma_3^{j+1} & \gamma_4^{j+1} & 0 \\
 & & & \uparrow & \uparrow & & & \ddots & \ddots & \\
 & & & (2j-1) & (2j) & & & & &
\end{bmatrix}
\times
\begin{bmatrix}
\vdots \\ \Delta Q_{j-1} \\ \Delta z_{j-1} \\ \Delta Q_j \\ \Delta z_j \\ \Delta Q_{j+1} \\ \Delta z_{j+1} \\ \vdots
\end{bmatrix}
=
\begin{bmatrix}
\vdots \\ \alpha_5^{j-1} \\ \gamma_5^{j-1} \\ \alpha_5^{j} \\ \gamma_5^{j} \\ \alpha_5^{j+1} \\ \gamma_5^{j+1} \\ \vdots
\end{bmatrix}$$

Figura 6. Sistema de ecuaciones que se debe resolver en formato matricial

De esta manera HEC-RAS utiliza los algoritmos clásicos de *skyline* y de eliminación gausiana para el almacenamiento y resolución de este tipo de sistemas

9.8 Proceso de cálculo

En la figura 7 se muestra el esquema del proceso de cálculo que utiliza HEC-RAS.

9.9 Estabilidad del modelo

La simulación en régimen variable está sujeta a inestabilidades que consisten en errores numéricos que pueden crecer hasta el punto de que la solución empieza a oscilar incontroladamente o hasta que los errores se hacen tan grandes que el cálculo no puede continuar.

Los siguientes factores pueden influir en la estabilidad de la simulación:
- Δx
- Δt
- θ
- Número de iteraciones
- Tolerancia de la solución
- Factores de estabilidad de aliviaderos y vertederos
- Factores de sumergencia de aliviaderos y vertederos

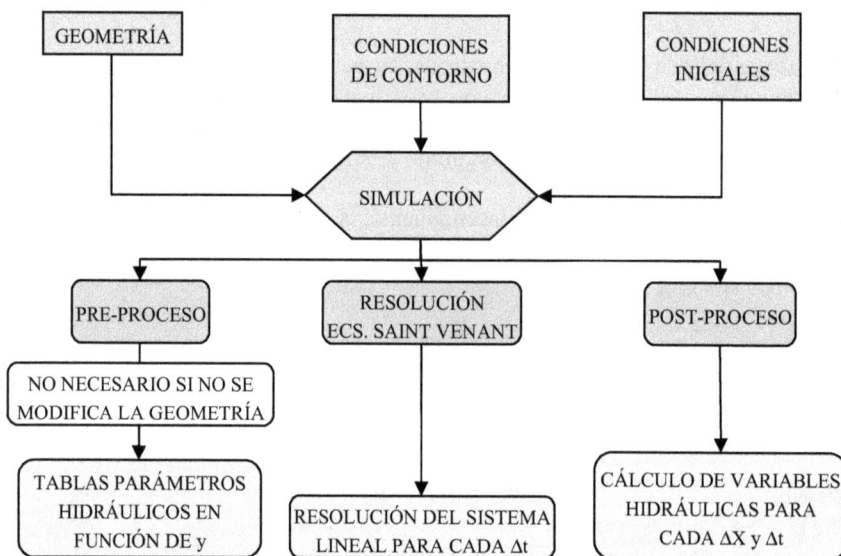

Figura 7. Esquema del proceso de cálculo que sigue HEC-RAS

9.9.1 Δx

Es interesante enfatizar que las secciones que se deben tomar en la simulación son todas aquellas donde haya cambios en el tramo de estudio. Las distancias entre secciones son importantes para garantizar la estabilidad del sistema de manera que los tramos con pendientes mayores suelen requerir Δx menores ($\Delta x < 30$ m) mientras que si aparecen pequeñas pendientes (p.ej. en ríos grandes y muy uniformes) son aceptables Δx alrededor de los 300m.

Es de interés realizar análisis de sensibilidad de los resultados, a partir de la minimización de los avisos del cálculo (*warnings*) para distintos espaciamientos (Δx) entre secciones.

9.9.2 Δt

Para determinar el tiempo de cálculo que asegure la estabilidad y exactitud de los resultados, se debe establecer la condición de Courant (Bladé y Gómez, 2006):

$$V_w \cdot \frac{\Delta t}{\Delta x} \approx f \cdot \frac{Q}{A} \cdot \frac{\Delta t}{\Delta x} \leq 1 \qquad (2)$$

Ésta permite imponer un criterio de selección de Δt, teniendo en cuenta que:

Tabla 1. Valores recomendados del parámetro f para el establecimiento de la condición de Courant.

Sección natural	$f = 1.5$
Sección rectangular ancha	$f = 1.67$
Sección triangular	$f = 1.33$

De cualquier modo, en la práctica Courant suele ser una condición bastante restrictiva. Si T_p es el tiempo a la punta del hidrograma de avenida, en general, se sugiere:

$$\Delta t \leq \frac{T_p}{20} \qquad (3)$$

9.9.3 θ

Tal como se ha descrito en el anterior apartado 9.3, el factor de ponderación de la derivada espacial θ determina la estabilidad incondicional para valores entre $0.5 < \theta \leq 1$. En la práctica HECRAS acepta valores $0.6 \leq \theta \leq 1$. De manera que $\theta = 1$ da estabilidad (valor de HECRAS por defecto), mientras que $\theta = 0.6$ da exactitud en la estimación de la derivada.

Una posibilidad de ajuste de este parámetro podría ser: una vez se consigue el modelo estable para $\theta = 1$, se puede reducir el valor de θ hasta el mínimo que mantenga la estabilidad.

9.9.4 Número de iteraciones

El programa en cada instante estima las derivadas y resuelve las ecuaciones. Así, en todos los nodos de cálculo (en cada sección transversal) se comprueba el error, de manera que si éste es mayor que la tolerancia, el programa procede a realizar una nueva iteración.

El número de iteraciones por defecto que utiliza HEC-RAS es de 20, permitiendo un máximo de 40.

9.9.5 Tolerancias de cálculo

Por defecto, HEC-RAS usa una tolerancia de cálculo de la lámina de agua de 0.006m, mientras que en la determinación de la cota de agua en las áreas de almacenamiento de 0.015m.

Modificar la tolerancia puede repercutir sobre la estabilidad de la simulación, de manera que si se aumenta la tolerancia de cálculo, se puede reducir la estabilidad en cambio, si se reduce la tolerancia, el programa precisará de un mayor número de iteraciones para converger, pudiéndose dar el caso de que el máximo número de iteraciones fijado no sea suficiente para garantizar la convergencia del sistema.

9.9.6 Factores de estabilidad de aliviaderos y vertederos

En el caso de existencia de aliviaderos o vertederos dentro del tramo estudio, HEC-RAS asume que en cada Δt el caudal sobre la estructura es constante.

Las inestabilidades en forma de oscilaciones aparecen si sale (o entra) demasiado Q en cada intervalo Δt. En tal caso la solución pasa por reducir Δt o usar el factor de estabilidad que el programa prevé para estos casos. Este factor puede variar entre 1 y 3 (valor por defecto 1.0) y permite suavizar las oscilaciones, de manera que valores más cercanos a 3 aumentan la estabilidad, aunque reducen la exactitud.

9.9.7 Factores de sumergencia de aliviaderos y vertederos

Cuando en el tramo de estudio existen aliviaderos y/o vertederos conectados a áreas de almacenamiento, provocan oscilaciones si se encuentran muy sumergidos. En tal caso el caudal puede variar mucho con pequeñas diferencias de nivel (en cualquier sentido) debido a que las curvas de sumergencia son casi verticales para sumergencias entre 95% y 100%.

Entre los parámetros que controlan la estabilidad de la simulación también se dispone del factor de sumergencia. En este caso se trata de un parámetro que puede variar entre 1 y 3. Cuando se toma como valor 1.0 (por defecto), el programa toma sus curvas originales; valores >1.0 provocan una curva menos pronunciada para valores de sumergencia elevados que permite amortiguar las citadas oscilaciones.

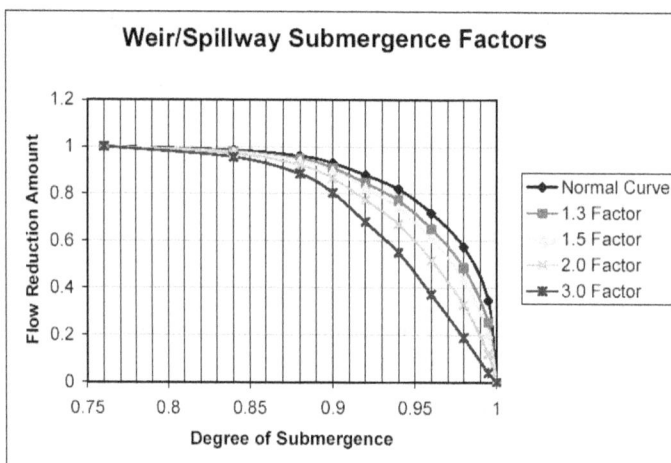

Figura 8. Factores de sumergencia de un vertedero o aliviadero (Fuente: HEC, 2002b)

9.10 Detección de problemas de estabilidad

A la vista del elevado número de parámetros que pueden condicionar tanto la estabilidad como la precisión de la simulación, ¿cómo saber que están apareciendo problemas de estabilidad?

HEC-RAS dispone de diversos mecanismos para detectar posibles problemas de estabilidad numérica durante su ejecución:
- En caso de que durante el cálculo el programa detecte algún problema, se para durante la ejecución e indica un error de cálculo o que la matriz de solución se ha vuelto inestable.

- El programa indica cuando alcanza el máximo número de iteraciones para diversos intervalos de cálculo Δt, aunque éste no siempre es un problema de estabilidad.
- En caso de que termine la simulación, la inspección gráfica de los resultados permitirá apreciar la existencia, o no, de oscilaciones en los calados y caudales calculados. Dicha oscilación, en caso de existir, es fruto de inestabilidades numéricas.

En la figura 9 se muestra la opción para seleccionar los diferentes niveles de salida de resultados en el control de la simulación, mientras que en la figura 10 se indica la manera de abrir el archivo de control del cálculo. En dicho archivo cualquier problema de estabilidad será explicitado mediante un aviso de cálculo (*warning*).

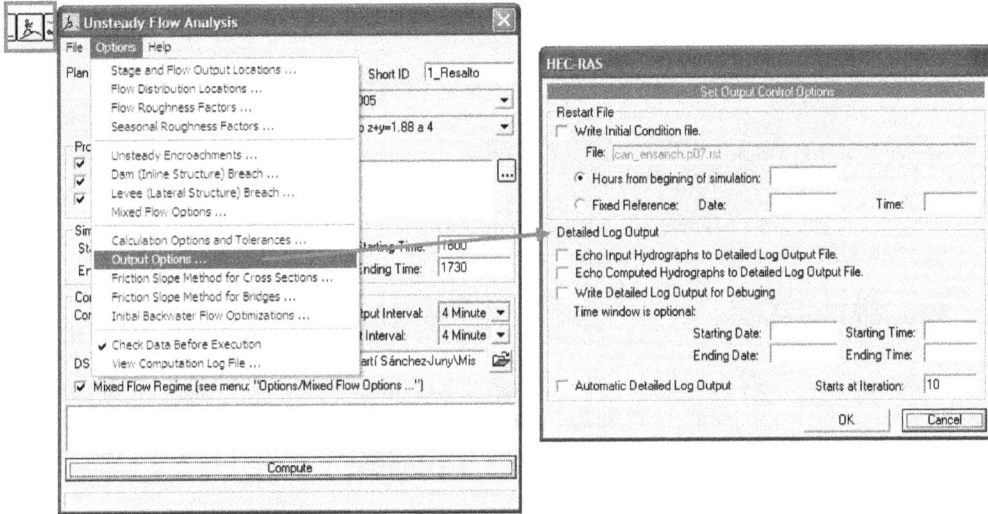

Figura 9. Opción para seleccionar las diversas opciones en la salida de resultado

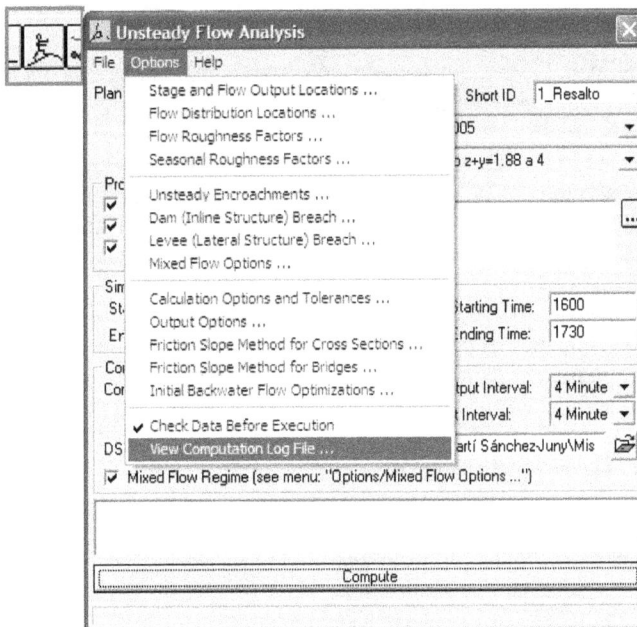

Figura 10. Opción para generar el archivo de control de cálculo

Así, una vez abierto el archivo de control, se deberá realizar una búsqueda de *warning*. Un problema de estabilidad será detectado con el mensaje: "*WARNING USED COMPUTED CHANGES IN FLOW AND STAGE AT MINIMUM ERROR. MINIMUM ERROR OCURRED AT ITERATION xx*". Este mensaje indica que el programa no ha podido resolver las ecuaciones con la tolerancia impuesta y en el número de iteraciones especificado, de manera que para poder continuar con la simulación ha utilizado el resultado de la iteración que da el mínimo error. Esta no-convergencia acaba por provocar la inestabilidad en la simulación.

9.11 Soluciones más comunes a los problemas de estabilidad

Se ha discutido cómo detectar si se han producido problemas de estabilidad, pero aún queda una doble pregunta por responder: ¿Por qué se ha producido dicha inestabilidad y cómo puede resolverse? A continuación se dan algunas indicaciones a modo de sugerencias.

9.11.1 Δt demasiado grande

Si en una sección, en dos instantes de cálculo consecutivos, se dan cambios bruscos en la solución, ésta se inestabiliza. El problema se resuelve reduciendo el intervalo de cálculo Δt.

9.11.2 Δx demasiado grande

Si entre dos secciones se dan cambios bruscos en el área mojada y la velocidad, la simulación se inestabiliza. El problema se podrá solucionar reduciendo el espaciamiento entre secciones, Δx.

9.11.3 La solución da un calado crítico

A pesar que el módulo de cálculo en régimen variable de HEC-RAS es fundamentalmente adecuado para régimen lento, ya se ha comentado anteriormente que permite una aproximación al caso de que existan cambios de régimen. De cualquier modo, sólo se recomienda usar la opción *mixed* en caso de estar seguros de que se produzcan dichos cambios.

Puede suceder que, siendo la simulación en régimen subcrítico (no *mixed*) la solución presente un régimen crítico en una sección. En tal caso, el flujo presentará una curvatura pronunciada de la lámina de agua, y por tanto mostrará cambios bruscos de área mojada y velocidad en una corta distancia. Ello puede provocar la sobreestimación de la lámina hacia aguas arriba y viceversa hacia abajo.

La solución a este efecto pasa por evitar que en dicha sección se produzca el régimen crítico. Ello puede conseguirse incrementando el coeficiente de rugosidad de Manning n en la sección en la que se produce el crítico. Así, en ésta, el régimen puede pasar a lento, con lo que se suavizará la curvatura del flujo. Una segunda solución al problema puede ser realizar la simulación combinando régimen lento y rápido (*mixed*), aunque en tal caso hay que calibrar bien el algoritmo LPI de amortiguación de los términos inerciales de la ecuación de cantidad de movimiento.

9.11.4 Mala condición de contorno aguas abajo

Son errores habituales en la determinación de las condiciones de contorno en el extremo aguas abajo, utilizar curvas de gasto mal definidas para calados pequeños o también usar el régimen uniforme asociado a una pendiente demasiado fuerte.

También provocan problemas en la simulación condiciones que provoquen saltos bruscos en la lámina de agua, niveles de la lámina de agua demasiado someros y también calados demasiado cercanos al régimen crítico o incluso por debajo.

9.11.5 Malas propiedades de las secciones

HEC-RAS, para acelerar los cálculos, realiza un pre-proceso de los datos geométricos que convierte todas las secciones en una tabla que permite obtener el área mojada ($A(z+y)$), el coeficiente de transporte ($K(z+y)$) y la capacidad de almacenamiento ($S(z+y)$) en función de la cota de la lámina de agua.

Estas tablas de propiedades hidráulicas provocan inestabilidades cuando reproducen una curva aproximadamente vertical en ($z+y$). Son casos típicos de estas inestabilidades:

- Una mota superada por la lámina de agua, que limita una gran llanura de inundación. La solución pasa en este caso por recortar la llanura de inundación y modelar el área tras la mota como de almacenamiento.
- Zonas de flujo inefectivo con una gran capacidad de almacenamiento y un nivel de agua cercano al de activación. La solución es modelar estas zonas como permanentes o aumentar el coeficiente de rugosidad de Manning *n* en las zonas inefectivas. Ello reduce los cambios bruscos de las curvas de propiedades.

9.11.6 Tablas de propiedades para ($z+y$) no suficiente alta

Por defecto, HEC-RAS calcula las tablas de propiedades hidráulicas hasta el punto más alto de la sección. En el caso de que la solución la desborde, las propiedades hidráulicas se extrapolan de los dos últimos puntos, ello a veces puede conducir a valores erróneos o inestabilidades. En este caso, se solucionará definiendo las tablas para la altura deseada.

9.11.7 Tablas de propiedades con escasa resolución

En algunas ocasiones, las curvas de propiedades hidráulicas no definen adecuadamente los cambios en la sección, por lo que será necesario aumentar el número de puntos con los que se obtengan las tablas de propiedades. Hay que tener en cuenta que HEC-RAS acepta como máximo 100.

9.11.8 Aguas someras

Al inicio del cálculo es habitual empezar con caudales bajos, de esta manera en secciones muy anchas el calado será muy bajo. A medida que el caudal va aumentando la cota de la lámina de agua cambia rápidamente. Ello puede provocar un frente de onda con una pendiente pronunciada. En tales casos, inmediatamente aguas abajo del frente pueden reducirse los niveles de agua e incluso, numéricamente, producirse valores negativos, pues el frente se proyecta hacia la siguiente sección para el cálculo de la cota de la lámina de agua. La solución al problema se plantea usando caudales base mayores al inicio de la simulación o definir lo que HEC-RAS define como un *pilot channel*, que consiste en una pequeña ranura en el fondo del cauce central que proporciona un calado mayor sin añadir excesiva área.

9.11.9 Malas curvas de gasto en puentes o *culverts*

El usuario puede controlar el número de puntos, los límites y el número de curvas que controlan el funcionamiento sumergido de puentes y pasos entubados bajo vía (*culverts*).

9.11.10 Aliviaderos o vertederos largos y horizontales

Cuando en el caso de aliviaderos o vertederos largos y horizontales la lámina de agua se encuentra ligeramente por encima del umbral, provocan que el caudal que los supera sea significativamente elevado. Ello puede provocar oscilaciones e inestabilidades de cálculo. La solución consiste en reducir el tiempo de cálculo y/o usar los factores de estabilidad en aliviaderos o vertederos.

9.11.11 Compuertas con apertura demasiado rápida

La utilización de compuertas en la condición de contorno en las que se define una apertura excesivamente rápida puede provocar cambios bruscos en las propiedades hidráulicas y por tanto, la inestabilidad en el sistema. La solución al problema se consigue reduciendo el tiempo de cálculo y/o aumentando (si es posible) el tiempo de apertura.

9.11.12 Precisión del modelo

Entendiendo la precisión como la exactitud de la solución numérica respecto la realidad. Se puede establecer que la precisión de la simulación depende de:

- Las hipótesis y limitaciones básicas del modelo, fundamentalmente en referencia a lo aproximada que sea la realidad a un modelo unidimensional, hipótesis fundamental de HEC-RAS. También influirá en la precisión que el flujo que se establezca en la zona de estudio sea subcrítico. Cabe recordar que en caso de que el régimen sea supercrítico, HEC-RAS ofrece una aproximación a la solución cuya precisión distará de la del régimen lento.
- La precisión de los datos geométricos, que viene condicionada por la información topográfica disponible, la siempre delicada determinación del coeficiente de rugosidad de Manning o la definición de puentes y/o pasos entubados bajo vía (*culverts*).
- La propia precisión de los datos hidráulicos de partida, como son los hidrogramas de entrada o las curvas de aforo que se utilicen (si se utilizan) como condiciones de contorno.
- La precisión del esquema numérico.

9.13 Sensibilidad del modelo

9.13.1 Sensibilidad numérica

Es de interés plantear un análisis de sensibilidad numérica, que consiste en ajustar los parámetros para obtener la mejor solución a las ecuaciones de Saint Venant manteniendo la estabilidad del modelo. Así, se sugiere en cualquier proyecto analizar los siguientes aspectos:

- Δt: fijar el intervalo de tiempo de cálculo tendiendo al valor menor que asegure la estabilidad del sistema.

- θ: el parámetro de ponderación espacial de la derivada debe tender al valor más cercano a 0.6 que dé estabilidad.
- Factores de estabilidad de aliviaderos y vertederos: en este caso se debería tender al valor más cercano a 1.0 que asegure estabilidad.
- Exponentes de sumergencia de aliviaderos y vertederos: se sugiere, de nuevo, tender al valor más cercano a 1.0 que dé estabilidad.

9.13.2 Sensibilidad física

También se sugiere realizar un análisis de sensibilidad física, es decir analizar el ajuste de los parámetros hidráulicos y de las propiedades geométricas que permite analizar la incertidumbre de la solución. Los principales parámetros a discutir son:

- n: analizar los resultados para distintos valores alrededor del coeficiente de rugosidad de Manning fijado (p. ej. $n\pm15\%$).
- Δx: analizar los resultados para distintos espaciamientos, por ejemplo podría usar la herramienta de interpolación de secciones y analizar los resultados para la mitad del espaciamiento fijado ($\Delta x/2$), si los resultados son muy distintos será necesario un análisis en detalle de las diferencias. A poder ser, si se dispone de la información suficiente, las secciones adicionales necesarias en este análisis deberían ser obtenidas del levantamiento del terreno y no interpoladas.
- Capacidad de almacenamiento de la sección: es de interés analizar si se dan cambios significativos en los resultados si se prolongan las llanuras de inundación de las secciones, si se sospecha que éstas han quedado cortas en la información geométrica disponible.
- Coeficientes de desagüe de aliviaderos y vertederos: si no se dispone de información precisa, es de interés analizar los posibles cambios en los resultados a pequeños cambios.
- Parámetros de puentes y pasos entubados bajo vía (*culverts*): algunos son susceptibles de provocar cambios en la simulación, por lo que es de interés tenerlos controlados.

10. Aprendizaje práctico con HEC-RAS en régimen variable. Cambios de régimen e inestabilidades numéricas

10.1 Introducción

HEC-RAS es un programa que permite obtener los niveles de agua en cauces naturales tanto en régimen permanente como no permanente, bajo la hipótesis fundamental de flujo unidimensional.

Es un programa muy robusto, entendiendo como tal un programa que, sea como sea la calidad y congruencia de los datos de partida, es capaz de proporcionar un resultado. Así pues, para asegurar la bondad de los resultados que ofrece HEC-RAS, además de un buen conocimiento del propio funcionamiento del programa y de asegurar la calidad de la información geométrica e hidráulica de partida, es esencial que el proyectista tenga un buen criterio hidráulico.

En el presente capítulo se mostrarán los pasos básicos para implementar un proyecto de HEC-RAS en régimen variable, así como las principales herramientas que ofrece el programa para validar y/o entender los resultados hidráulicos que proporciona.

10.2 Proyecto de HEC-RAS en régimen variable

Se ilustrará a continuación cómo implementar un proyecto en régimen variable con el programa HEC-RAS, teniendo en cuenta dos casos sensiblemente distintos: que la solución sea enteramente en régimen subcrítico, o que pueda mostrar algún tramo en régimen supercrítico.

10.2.1 Flujo subcrítico

Se propone analizar el funcionamiento hidráulico de un canal que, por sus características geométricas y las condiciones de contorno que se impondrán, funcionará enteramente en régimen lento.

10.2.1.1 Geometría. Ejemplo de trabajo I

Se analizará este caso con una geometría sencilla que muestra un canal prismático de sección trapezoidal de cajeros de altura 4 m a 45°. Se supondrán dos tramos, ambos de longitud de 500 m con una pendiente de 1‰, siendo la mitad aguas arriba de ancho en la base de 4 m y la mitad aguas abajo de ancho 5 m. Se considerará un coeficiente de rugosidad de Manning $n = 0.020$ y se tomarán secciones cada 5 m ó 10 m.

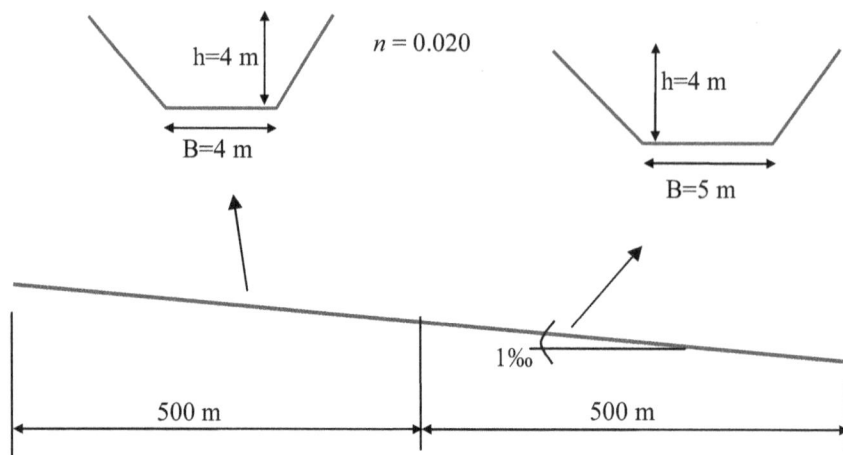

Figura 1. Esquema de la geometría que se analizará en el ejemplo de trabajo I

En la figura 1 se muestran las condiciones de contorno que se impondrán:

- En el extremo aguas arriba: un caudal creciente desde los 25 m^3/s en el instante inicial hasta los 90 m^3/s transcurrida una hora y media (90 minutos) del inicio.
- En el extremo aguas abajo: un calado constante en el tiempo e igual a 2.8 m.

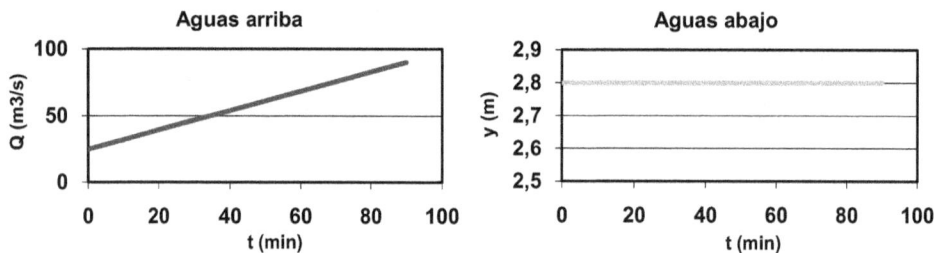

Figura 1. Condiciones de contorno que se considerarán en el ejemplo de trabajo I, aguas arriba y abajo

La introducción de la geometría se realizará siguiendo las mismas consideraciones ya establecidas en el caso, más simple, del régimen permanente.

10.2.1.2 Entrada de las condiciones de contorno

El editor que permite la introducción de las condiciones de contorno, conceptualmente, precisa de una información muy similar al caso del régimen permanente subcrítico, esto es: una condición en el extremo aguas arriba en forma de caudal y otra en el extremo aguas abajo que permita fijar el nivel de agua. Por supuesto, en el caso del régimen variable, la principal diferencia se encuentra en que en este caso dichas condiciones, arriba y abajo, pueden variar en el tiempo.

Resumiendo, si el flujo que se debe analizar es en régimen lento (subcrítico), se precisa en el extremo aguas arriba un hidrograma de caudales y en el extremo aguas abajo un limnigrama de niveles.

En la figura 2 a la figura 4 se muestra el aspecto de los distintos auxiliares que ofrece HEC-RAS para introducir las condiciones de contorno en régimen variable.

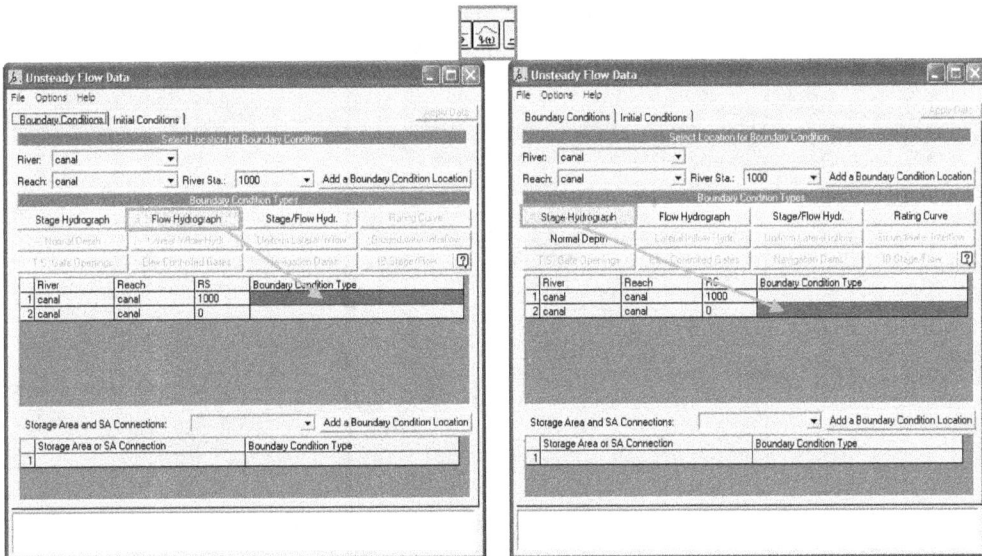

Figura 2. Introducción de las condiciones de contorno en HEC-RAS. Izquierda: opciones posibles para el extremo aguas arriba. Derecha: opciones para el extremo aguas abajo

En particular, en la figura 2 se pueden observar las distintas opciones dependiendo de si la condición de contorno corresponde al extremo aguas arriba o abajo:

- Limnigrama de niveles (*stage hydrograph*). Se trata de una relación instante/nivel. Situada en el extremo aguas arriba es una condición de contorno típica de régimen rápido, mientras que aguas abajo lo es de régimen lento.
- Hidrograma de caudales (*flow hydrograph*). Se trata de una relación instante/caudal. Es una condición de contorno típica tanto de régimen lento como rápido. De cualquier modo, es una condición habitualmente a introducir en el extremo aguas arriba.
- Limnigrama e hidrograma (*stage/flow hydrograph*). Es una opción útil en caso de implementar un modelo de predicción en el que se disponga del limnigrama y/o hidrograma medidos en campo. Éstos estarán limitados a una cierta altura de agua y/o caudal. Para niveles y/o caudales por encima de éstos, se introducirá únicamente el caudal esperado a partir del hidrograma estimado a tal efecto.
- Curva de aforo (*rating curve*). Precisa de una relación nivel/caudal constante en el tiempo.
- Calado uniforme (*normal depth*). Se pide al usuario en este caso que introduzca la pendiente asociada a dicho régimen. Es una condición poco realista en régimen variable y más aún en cauces no prismáticos. Por este motivo se sugiere utilizarlo únicamente cuando el extremo aguas abajo se encuentre suficientemente alejado del tramo de interés.

De manera opcional, si es necesario, se pueden introducir condiciones de contorno intermedias. En este caso las opciones posibles son:

- Hidrograma de entrada lateral que se considera entra de manera puntual en la sección escogida (*lateral inflow hydrograph*).
- Hidrograma de entrada lateral uniformemente repartido entre dos secciones a definir (*uniform lateral inflow*).
- Hidrograma de caudales subterráneos que, de nuevo, se supone que se incorpora uniformemente repartido entre dos secciones a definir (*groundwater interflow*).

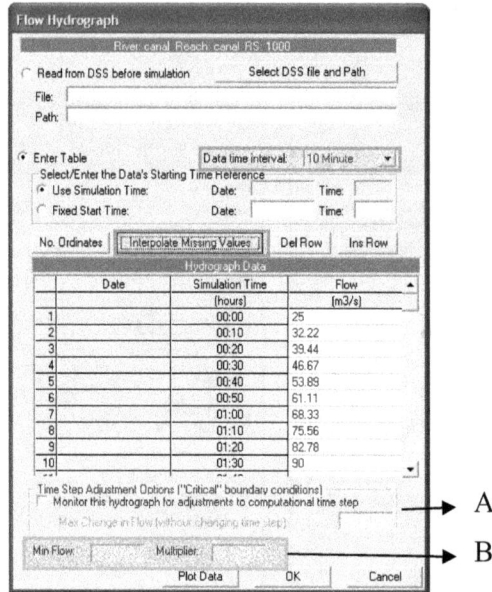

Figura 3. Introducción del hidrograma de caudales en el extremo aguas arriba

En la figura 3 se muestran diversas opciones que permite el editor de introducción del hidrograma de caudales en el extremo aguas arriba. Además de la introducción del caudal en función de los intervalos de tiempo definidos, el programa permite monitorizar el hidrograma introducido (zona A de la figura 3) con el objetivo de controlar sus intervalos de tiempo, ya que grandes variaciones en el caudal de un instante a otro pueden provocar inestabilidades. Por ello se puede definir un umbral de ΔQ, de manera que HEC-RAS controla los cambios de caudal. Así, si resulta un $\Delta Q > \Delta Q_{umbral}$, entonces reduce automáticamente el paso de tiempo a la mitad ($\Delta t/2$). Igualmente el mismo editor permite definir el hidrograma a partir de un archivo DSS (*Data Storage System*, zona B de la figura 3), y a su vez permite definir un caudal mínimo para el hidrograma y un factor de multiplicación para aumentar o disminuir el citado hidrograma definido desde el archivo DSS.

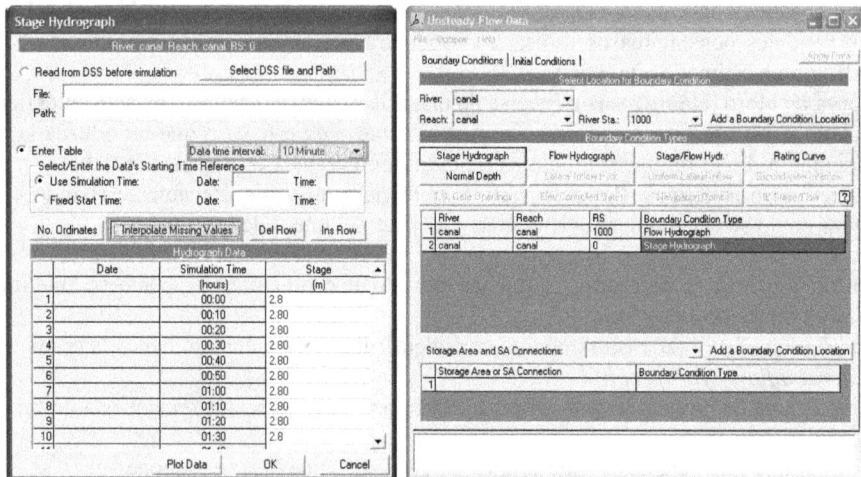

Figura 4. Introducción del limnigrama en el extremo aguas abajo

10.2.1.3 Entrada de las condiciones iniciales

En el mismo editor de las condiciones de contorno en régimen variable (figura 5) se aprecia una pestaña adicional que permite la entrada de los datos correspondientes a las condiciones de cálculo iniciales. HEC-RAS ofrece dos posibilidades:

- Introducir en cada tramo de cálculo el caudal inicial. A partir de éste, HEC-RAS calcula $(z+y)$ en una pasada en régimen permanente.
- Introducir una distribución de caudales/niveles $(Q, z+y)$ procedente de una simulación previa. Este caso es útil para el cálculo de largas avenidas.

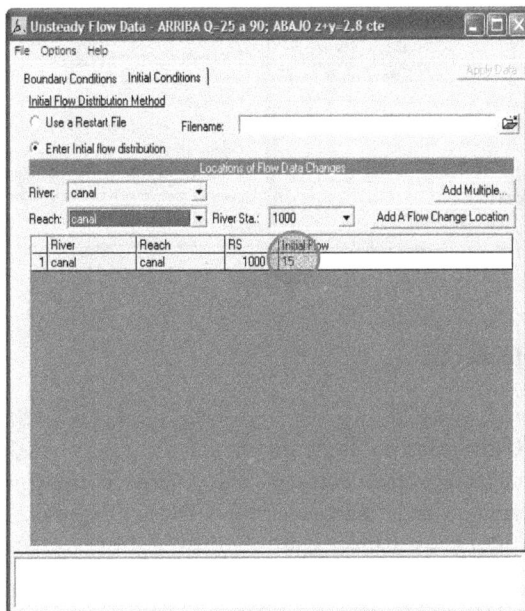

Figura 5. Definición del caudal inicial en el extremo aguas arriba

10.2.1.4 Calibración previa

Para poder ejecutar el proyecto definido en HEC-RAS en régimen variable, será necesario previamente ajustar los parámetros que definen el cálculo. Son diversos los parámetros que se pueden ajustar antes de la obtención de resultados, fundamentalmente:

- El intervalo de tiempo de tiempo de cálculo (Δt)
- El factor de ponderación de las derivadas (θ)
- La tolerancia de cálculo para la determinación del calado y número de iteraciones
- Los intervalos previos de cálculo (*warm up*)
- El espaciamiento entre secciones

Desde la pantalla de control de ejecución es donde se configura el intervalo de tiempo de cálculo. En la figura 6 se muestra el acceso, a la ventana que permite controlar las opciones y tolerancias de cálculo en régimen variable para el ajuste del modelo.

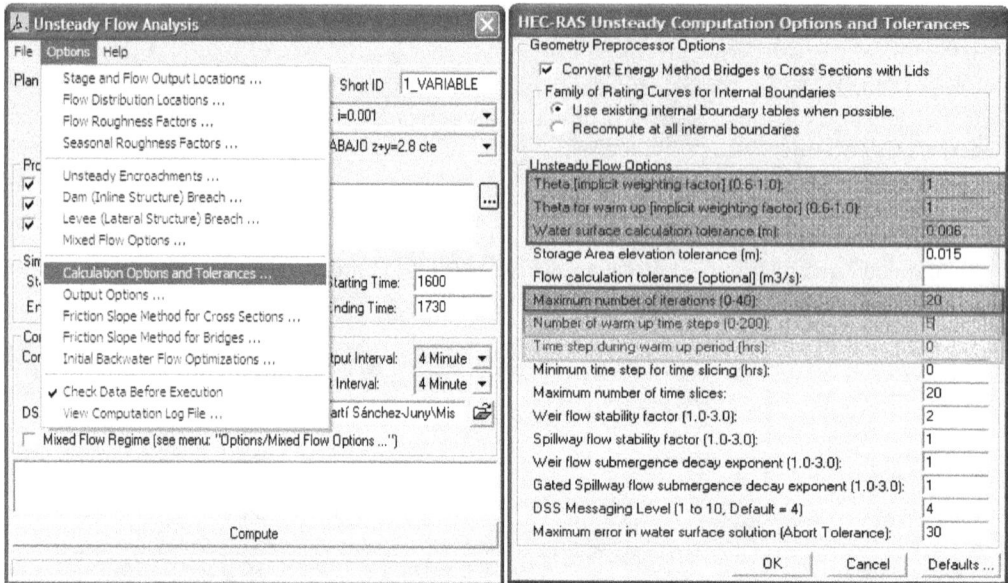

Figura 6. Opciones y tolerancias del cálculo en régimen variable para el ajuste previo del modelo

Intervalo de tiempo de cálculo (Δt)

En el capítulo "*Características generales y prestaciones básicas de HEC-RAS en régimen variable*" se ha introducido que HEC-RAS utiliza un esquema implícito que es incondicionalmente estable para valores del factor de ponderación entre $0.5 < \theta \leq 1$. Por tanto, en principio HEC-RAS no debería depender del Δt escogido, aunque en la práctica el intervalo de tiempo debe cumplir la condición de Courant (Bladé y Gómez, 2006) que establece que:

$$V_w \cdot \frac{\Delta t}{\Delta x} \approx f \cdot \frac{Q}{A} \cdot \frac{\Delta t}{\Delta x} \leq 1 \tag{1}$$

donde,
- V_w es la velocidad de propagación de un onda
- Δt es el intervalo de cálculo
- Δx es la distancia entre secciones
- Q es el caudal circulante
- A es el área mojada de la sección
- f es un factor que depende de la forma de la sección. Se recomienda:
  Sección Natural $f = 1.5$
  Sección Rectangular ancha $f = 1.67$
  Sección triangular $f = 1.33$

En el ejemplo que se está implementando, en régimen permanente para un caudal de 50 m³/s resulta un canal tipo M, con los siguientes calados crítico y uniforme:

- Tramo aguas arriba (trapecio de 4 m de base y pendiente 1‰): $y_0 = 2.91$ m; $y_c = 2.09$ m
- Tramo aguas abajo (trapecio de 5 m de base y pendiente 1‰) $y_0 = 2.65$ m; $y_c = 1.89$ m

Así, para un espaciamiento entre secciones de 10 m, y tomando un factor $f \approx 1.4$, al imponer la condición de Courant resulta:

$$\Delta t \le \Delta x \cdot \frac{A}{f \cdot Q} \quad \Rightarrow \quad \Delta t \le 10 \cdot \frac{20.43}{1.4 \cdot 90} \quad \Rightarrow \quad \Delta t \le 1.62s \tag{2}$$

Esta condición tiende a ser demasiado restrictiva, HEC-RAS recomienda imponer

$$\Delta t \le \frac{T_p}{20} \Rightarrow \Delta t \le \frac{5400}{20} \Rightarrow \Delta t \le 270s \tag{3}$$

donde T_p representa el tiempo hasta la punta del hidrograma.

Por ello, al caso que se está analizando, se va a imponer un Δt de 4 minutos, tal como se muestra en la figura 7. Una vez seleccionado el intervalo de cálculo, hay que indicar al programa dos intervalos adicionales: el intervalo de tiempo en que HECRAS escribirá los resultados de caudal y niveles de agua en el archivo DSS (*Hydrograph output interval*), que debe ser mayor o igual que el Δt de cálculo y también el intervalo de tiempo en que HECRAS representará el caudal y los niveles calculados (*Detailed output interval*), que en este caso debe ser mayor o igual que el intervalo en que escribe en el archivo DSS. A continuación se está ya en condiciones de ejecutar la simulación.

En la figura 8 se muestra la primera simulación obtenida de la calibración previa, para el primer instante de tiempo (t=0) y los tres instantes posteriores (4, 8 y 12 minutos).

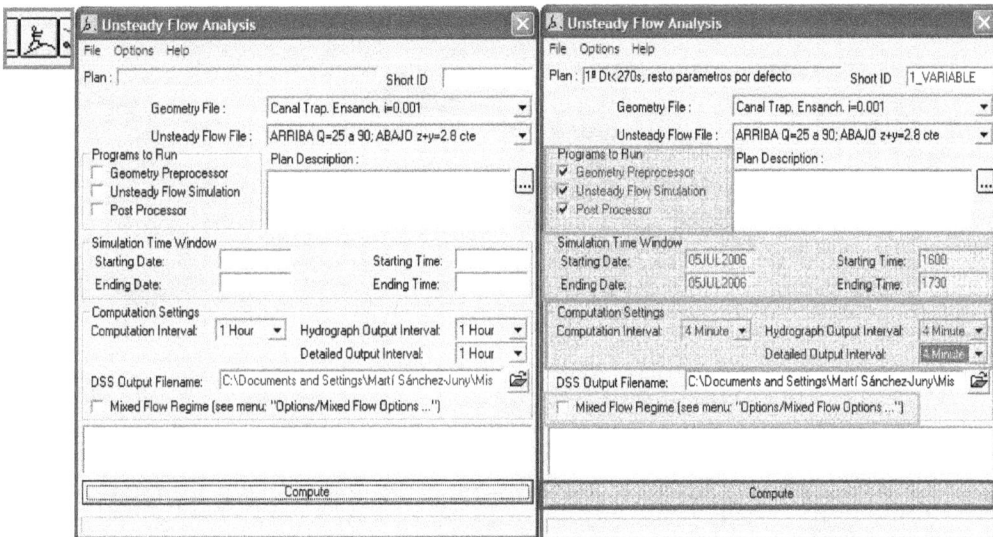

Figura 7. Ventana que permite administrar las ejecuciones con HEC-RAS en régimen variable, desde la que se elije el intervalo de cálculo, así como el intervalo que utilizará para mostrar resultados

Puede apreciarse como el perfil correspondiente al instante inicial (t=0) muestra una irregularidad, en este caso, en el extremo aguas arriba. Ésta viene provocada por una deficiente condición inicial: mientras que el hidrograma de entrada (condición de contorno aguas arriba) impone, en el instante inicial, un caudal de 25 m^3/s, se ha tomado como condición inicial un caudal de 15 m^3/s. En definitiva, si se toma una condición inicial coherente con la condición de contorno, esta irregularidad debe desaparecer, aunque puede apreciarse que, en este caso, la afectación a los resultados por una mala condición inicial es mínima. Igualmente dicha mala condición inicial podría afectar, en otros casos, a la estabilidad del cálculo y hacer difícil la convergencia a una solución.

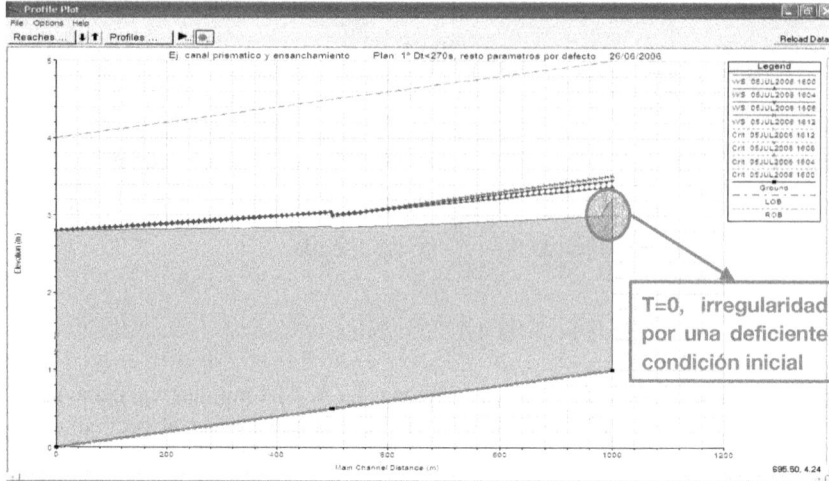

Figura 8. Primera simulación obtenida de la calibración previa, para el primer instante de tiempo (t=0) y los tres instantes posteriores (4, 8 y 12 minutos)

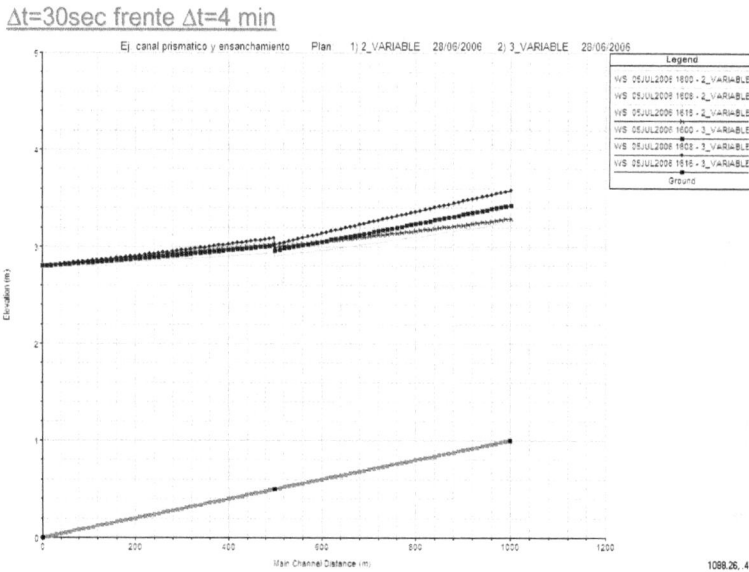

Figura 9. Comparación de los tres instantes iniciales de las simulaciones con distinto intervalo de tiempo de cálculo (30 s y 4 min)

En la figura 9 se presenta la comparación en el ejemplo de trabajo I, para Δt=30 s y 4 min, en los tres primeros instantes de tiempo. No se aprecian diferencias en las respectivas soluciones, pues quedan solapadas las curvas correspondientes a cada uno de los intervalos de tiempo analizados.

Factor de ponderación de las derivadas (θ)

Como ya se ha comentado, este factor se utiliza en la discretización en diferencias finitas de las ecuaciones del régimen variable. Puede variar entre 0.6 y 1.0. Un valor de 0.6 da una solución más precisa, aunque es más susceptible a inestabilidades. En cambio, un valor de 1.0 proporciona mayor estabilidad a la solución, pero no es tan precisa para ciertos conjuntos de datos de partida.

El valor por defecto que da HEC-RAS es 1.0. Una vez se dispone ya del modelo corriendo estabilizado, el usuario deberá hacer una prueba con θ=0.6. Si el modelo mantiene la estabilidad, entonces se deberá mantener el valor de 0.6 (HEC, 2008). Aunque en algunos casos no se apreciará demasiada diferencia en los resultados tomando 1.0 ó 0.6, habrá que analizar cada caso con detenimiento y analizar el valor más apropiado.

En la figura se muestra la comparación para el caso del ejemplo de trabajo I para θ = 0.6 y 1.0, para los tres primeros instantes de tiempo. Puede observarse como las soluciones respectivas apenas muestran diferencias excepto en la zona del cambio de sección donde, ampliando el gráfico resultante se aprecian las principales diferencias que apenas son de unos pocos centímetros.

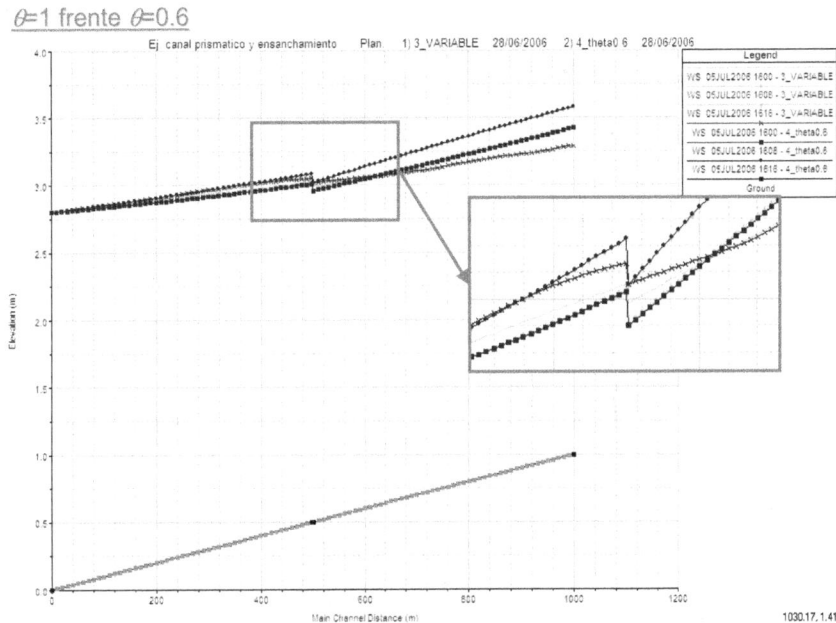

Figura 10. Comparación de los tres instantes iniciales de las simulaciones con distinto factor θ de ponderación de las derivadas (1 y 0.6)

Tolerancia de cálculo para la determinación del calado y número de iteraciones

Esta tolerancia la utiliza HEC-RAS para comparar, en un cierto instante de tiempo la diferencia entre el nivel de agua calculado, en una sección transversal, y el asumido al inicio de la iteración (HEC, 2008). Si la diferencia es mayor que la tolerancia impuesta, el programa continúa iterando para dicho instante de tiempo. Cuando la diferencia es menor que la tolerancia, entonces se asume que se ha convergido a la solución. El valor por defecto es de 0.006 m.

Igualmente, el programa permite ajustar el número de iteraciones máximo para alcanzar una solución en cada instante de tiempo. El valor por defecto es 20, aunque se puede variar entre 0 y 40.

Se comprende que si disminuye la tolerancia de cálculo, entonces el programa puede necesitar de un mayor número de iteraciones para convergir. Se recomienda de cualquier modo, en caso de decidir incrementar el número de iteraciones, no alcanzar el valor límite de 40, puesto que el autor ha detectado algún caso incoherente en que, si bien para un número de iteraciones de 39 el modelo converge de manera estable, aumentando a 40 deja de hacerlo.

En la figura 11 se presenta la comparación de los tres primeros instantes de tiempo en las simulaciones realizadas con una tolerancia de cálculo de 0.006 m y con 0.001 m. Puede apreciarse que incluso en el entorno del cambio brusco de sección la concordancia de la solución es excelente.

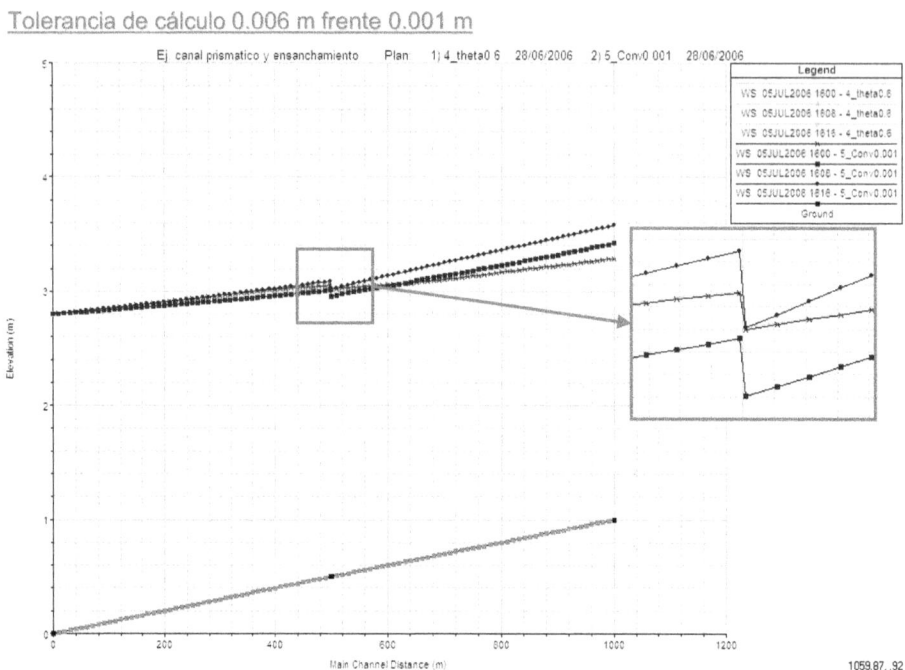

Figura 11. Comparación de los tres instantes iniciales de las simulaciones con distinta tolerancia en el cálculo de los calados (0.006 m y 0.001 m)

Intervalos previos de cálculo (*warm up*)

Al inicio de la simulación del caso de estudio, HEC-RAS puede calcular unos instantes de tiempo previos al instante inicial de simulación, para un caudal de entrada constante. HEC-RAS lo denota, traduciendo literalmente, como el período de calentamiento (*warm up*). La utilización de estos intervalos previos de cálculo permite suavizar el perfil de la condición inicial y la influencia que ésta puede tener sobre los instantes inmediatamente posteriores. Por tanto, ello conduce a una solución más estable en el instante inicial de la simulación. El valor por defecto del número de instantes previos de cálculo es 0, aunque puede hacerse variar entre 0 y 200 (HEC, 2008).

Por defecto, el programa asume que el paso de tiempo de los intervalos previos de cálculo es igual al intervalo de cálculo tomado en la configuración de la simulación. En ciertos casos, para los intervalos previos de cálculo, puede ser interesante utilizar un paso de tiempo más pequeño para dar mayor estabilidad al sistema. La condición inicial impuesta a partir de una curva de remanso usa una distribución de caudales en los tramos de río que a menudo es diferente de la calculada en el régimen variable. Ello puede provocar ciertas inestabilidades al inicio de la simulación (ver figura 12). La utilización de un intervalo de tiempo menor en el *warm up* ayuda a superar dicha inestabilidad. Así, en la celda *Time step during warm-up period* puede especificarse un paso de tiempo específico para dicho *warm up*.

En la figura 12 se presenta la comparación de los cuatro instantes de tiempo iniciales correspondientes a las simulaciones realizadas con 0 y 5 intervalos previos de cálculo. Puede observarse como los perfiles correspondientes al primer instante de tiempo (línea azul claro y azul oscura más baja) son los que muestran una mayor diferencia, mientras que los restantes son, a la práctica, coincidentes. Nótese además que el perfil correspondiente al primer instante con 5 intervalos previos (línea azul claro) no presenta la inestabilidad en su extremo aguas arriba que muestra la calculada sin usar el *warm up* (azul oscuro).

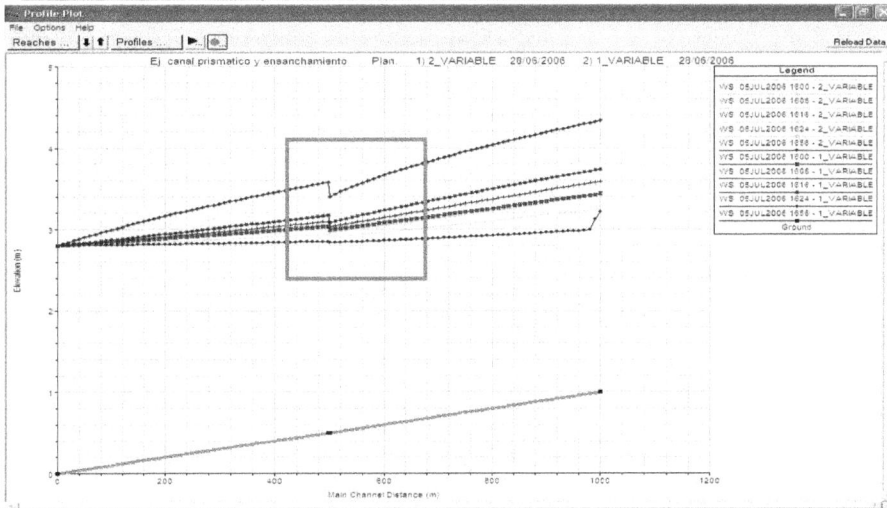

Figura 12. Comparación de los cuatro instantes iniciales de las simulaciones con distinto número de intervalos previos de cálculo (0 y 5)

En la figura 13 se muestra la ampliación del entorno del cambio de sección. Puede apreciarse con más detalle como los perfiles calculados de las dos maneras, a partir del tercer instante de tiempo, quedan totalmente solapados.

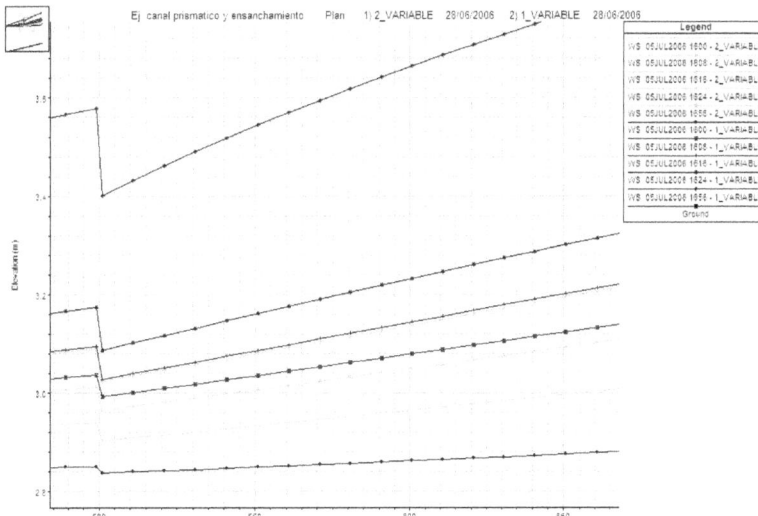

Figura 13. Ampliación de la zona de cambio de sección de la anterior figura 12

Espaciamiento entre secciones

Las secciones transversales deben situarse de manera que se puedan caracterizar los principales cambios geométricos en el tramo de estudio. Además las secciones deben encontrarse donde se prevean cambios en el caudal, pendiente, velocidad o rugosidad. También se deben situar donde se prevea o conozca la existencia de motas, puentes, marcos u otras estructuras.

La pendiente tiene una importancia especial en el espaciamiento entre secciones (HEC, 2008). Pendientes más pronunciadas requieren un mayor número de secciones: flujos con elevadas velocidades requerirán secciones transversales como máximo cada 30 m. En cambio, ríos con una cierta uniformidad geométrica con pendientes suaves serán suficientes secciones cada 300 m o más.

La pregunta elemental, en este caso, es cómo saber si se dispone de suficientes secciones transversales. La manera más evidente de responder dicha pregunta es ejecutar un nuevo plan añadiendo un mayor número de secciones con la opción de interpolación que ofrece HEC-RAS, si los resultados comparados con los obtenidos inicialmente no cambian de manera significativa entonces la geometría original es suficiente. Si se aprecian cambios importantes, entonces será necesario incluir nuevas secciones en la geometría de trabajo. Si la geometría original se ha obtenido a partir de una herramienta como GEOHEC-RAS, se sugiere rechazar las secciones obtenidas a partir de la interpolación lineal que ofrece HEC-RAS y reconstruir la geometría desde el modelo digital del terreno fuente.

En la figura 14 se muestra la comparación de los cuatro instantes iniciales de las simulaciones realizadas con distintos espaciamientos entre secciones en el ejemplo de trabajo I (10 m y 5 m). En este caso se aprecia que no hay diferencias significativas en los resultados de manera que para el caso que se ha analizado se concluye que el espaciamiento de 10 m ya es suficiente.

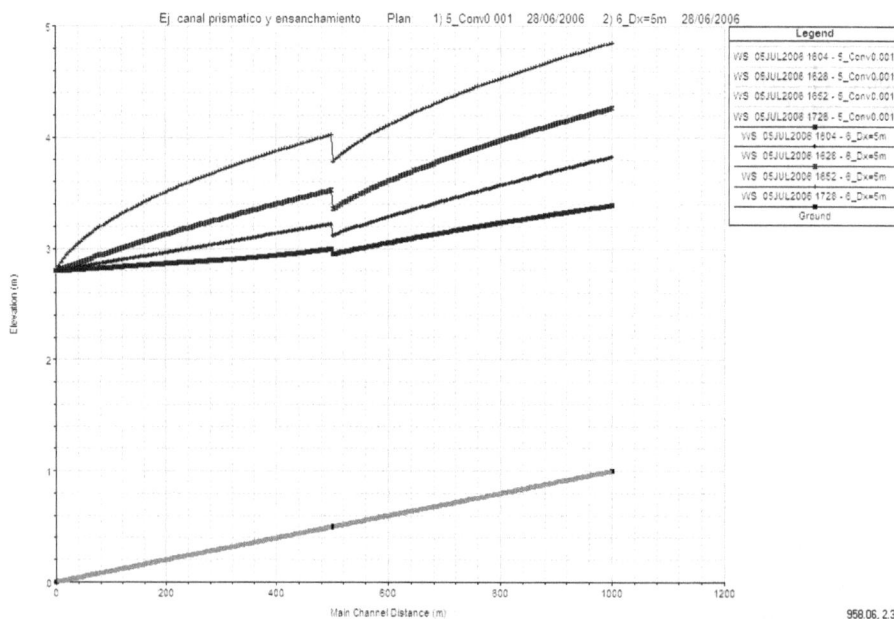

Figura 14. Comparación de los cuatro instantes iniciales de las simulaciones con distinto espaciamiento entre secciones (10 m y 5 m)

10.2.2 Flujo supercrítico

A continuación se analizará el funcionamiento hidráulico de un canal que, por sus características geométricas y las condiciones de contorno que se impondrán, presentará un cambio de régimen lento a rápido (en el sentido del movimiento), es decir, se forzará la aparición de un resalto.

10.2.2.1 Geometría. Ejemplo de trabajo II

La geometría que se propone es un canal prismático de sección trapezoidal de cajeros de altura 4 m a 45° y ancho en la base de 4 m. Se supondrá un único tramo de 1000 m de longitud y pendiente 0.006. El coeficiente de Manning que se impondrá en este caso es n=0.015. Se tomarán secciones cada 5 m ó 10 m.

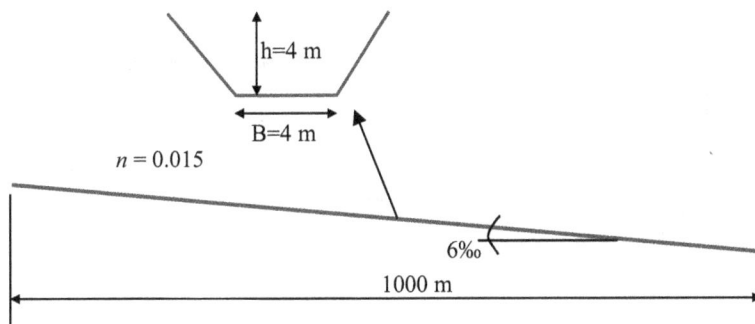

Figura 15. Esquema de la geometría que se analizará en el ejemplo de trabajo II

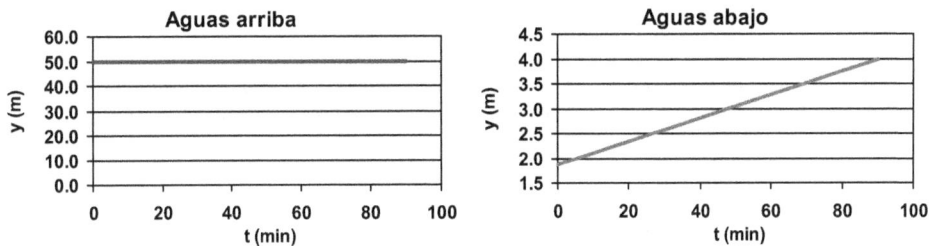

Figura 16. Condiciones de contorno que se considerarán en el ejemplo de trabajo II, aguas arriba y abajo

En la figura se muestran las condiciones de contorno que se impondrán:

- En el extremo aguas arriba: un caudal constante de 50 m^3/s los 90 min de duración del episodio.
- En el extremo aguas abajo: un calado creciente linealmente en el tiempo desde 1.88 m en el instante inicial a 4 m a los 90 min.

Cabe decir que el calado crítico de la geometría y caudal propuestos es de 2.13 m. Teniendo cuenta que la condición de contorno en el extremo aguas abajo empieza en un calado inferior al crítico, en los instantes iniciales, todo el canal deberá estar funcionando en régimen rápido. Cuando se supere el calado crítico, se producirá un cambio de régimen y por tanto un resalto. A medida que el calado aguas abajo vaya aumentando, el resalto debe ir progresando hacia aguas arriba.

10.2.2.2 Entrada de las condiciones de contorno e iniciales

En los anteriores apartados 10.2.1.1 y 10.2.1.2 se ha explicitado con un cierto detalle la introducción de las condiciones de contorno e iniciales del caso de trabajo I, en el que se daba régimen lento en todo el canal. A continuación se muestran las capturas de pantalla que ilustran la incorporación de las mismas condiciones, pero para el caso de trabajo II en el que se producirá un régimen rápido. La diferencia de regímenes de un caso a otro establece los tipos de condiciones de contorno que serán válidas aguas arriba y abajo en cada uno de los dos casos analizados.

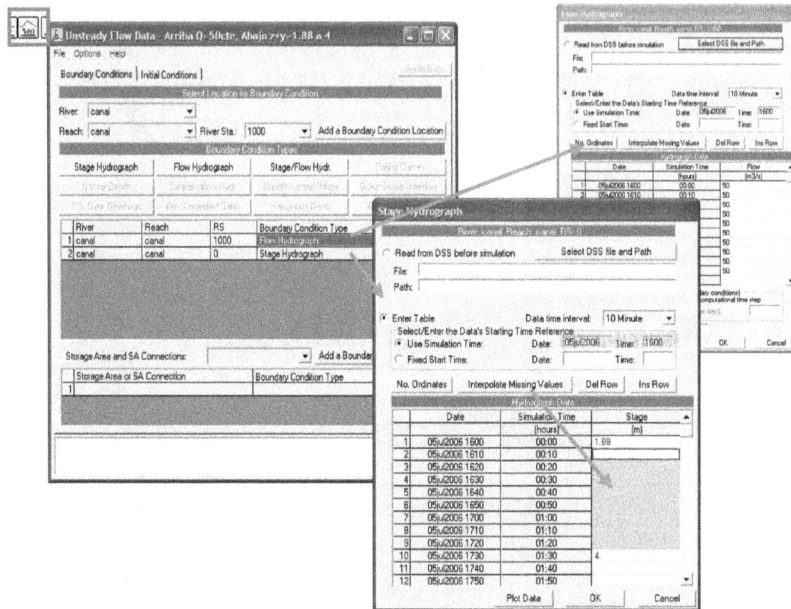

Figura 17. Detalle de la introducción de las condiciones de contorno del ejemplo de trabajo II en HEC-RAS. Obsérvese la indicación de la opción de interpolar valores entre dos dados que ofrece el editor

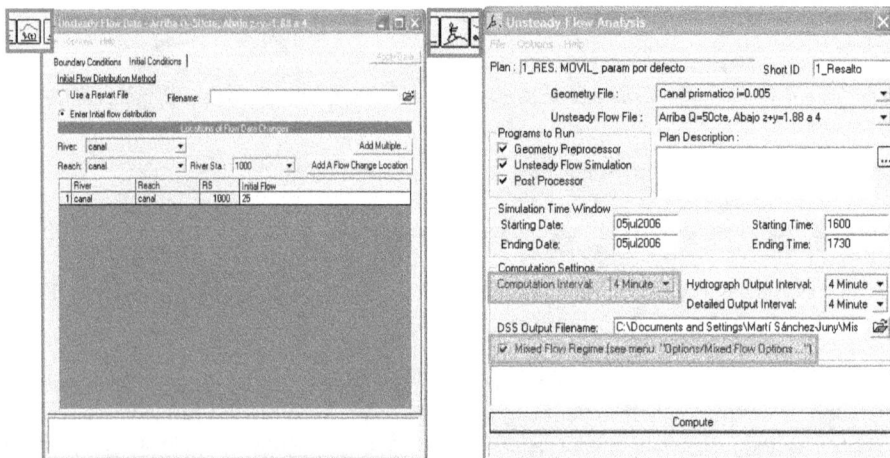

Figura 18. Pantalla de condiciones iniciales y de ejecución del proyecto. Nótese que inicialmente se propone una condición inicial de 25 m³/s y un intervalo de tiempo de cálculo de 4 min.

En la figura 17 se enseñan los detalles para la introducción de las condiciones de contorno del ejemplo de trabajo II en HEC-RAS. Por otro lado, en la figura 18 se muestra la ventana correspondiente a la introducción de las condiciones iniciales y la de ejecución del proyecto. Nótese que inicialmente se propone una condición inicial de 25 m³/s y un intervalo de tiempo de cálculo de 4 min.

10.2.2.3 Ajuste de parámetros

Intervalo de tiempo de cálculo (Δ*t*)

Mientras que en el caso de trabajo I, en régimen subcrítico, con el resto de parámetros de ajuste tomados por defecto según propone HEC-RAS, con un intervalo de tiempo de cálculo de Δ*t*=4 min la solución se estabilizaba y ofrecía un resultado aceptable, en el caso de trabajo II, en régimen supercrítico, la solución deja de ser estable. En la figura 19 se ilustra como HEC-RAS avisa de la inestabilidad de la solución.

Así, para solucionar el problema, habrá que ir disminuyendo el intervalo de tiempo hasta dar con uno que no produzca inestabilidad. En este caso, se llega a Δ*t*=30 s.

En la figura 20 se muestran tres intervalos de tiempo desde el instante inicial a una vez transcurridos 12 minutos. Puede observarse que el perfil de la lámina de agua obtenido en el instante de tiempo inicial (línea inferior) es muy irregular, mostrando un aspecto no aceptable si se tiene en cuenta la geometría utilizada en el ejemplo (canal prismático). Esta inestabilidad en el primer perfil es provocada por utilizar una condición inicial de 25 m³/s frente a los 50 m³/s constantes en la simulación de entrada por el extremo de aguas arriba del canal. De un instante a otro el modelo se encuentra con un cambio muy brusco en el caudal y ello es el causante de dicha irregularidad. De cualquier modo puede observarse como en el siguiente instante mostrado (transcurridos 4 minutos) dicha inestabilidad se ha amortiguado. Ello hace pensar que si se utiliza la opción de ajustar unos intervalos previos de cálculo (*warm up*) debería ser suficiente para solucionar el problema.

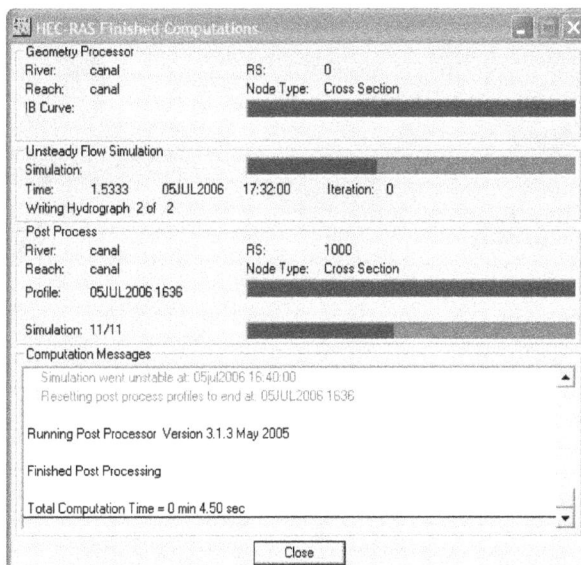

Figura 19. Aviso de la inestabilidad de la solución

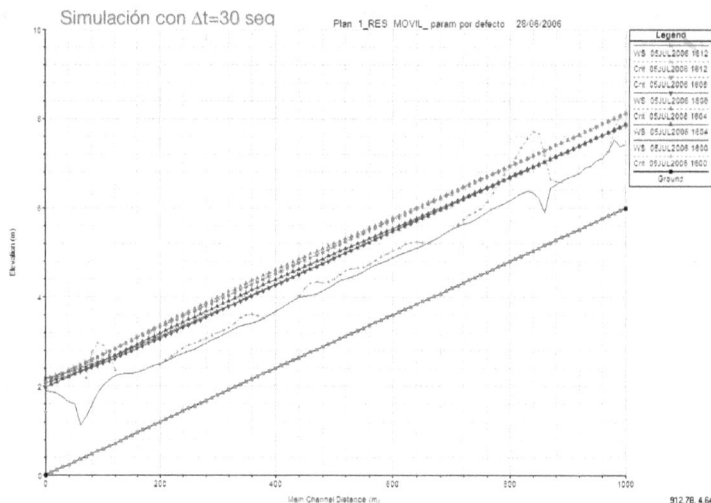

Figura 20. Inestabilidad producida en el instante inicial de la simulación provocada por la condición inicial (25 m³/s frente a los 50 m³/s constantes de la simulación)

Intervalos previos de cálculo (*warm up*)

En la figura 21 se comparan los primeros perfiles de la simulación del apartado anterior, Δt=30 s sin usar intervalos previos de cálculo, con el mismo caso pero con 10 intervalos previos de *warm up*. En ella se puede apreciar como la irregularidad descrita en el primer instante en la figura 20, no se produce en el caso en que se utilizan los intervalos previos al cálculo (líneas oscuras) resultando unos perfiles más suaves y acordes con lo que cabía esperar.

Así pues, ante la posible incertidumbre en las condiciones iniciales de la simulación es una buena opción ajustar los intervalos previos de cálculo.

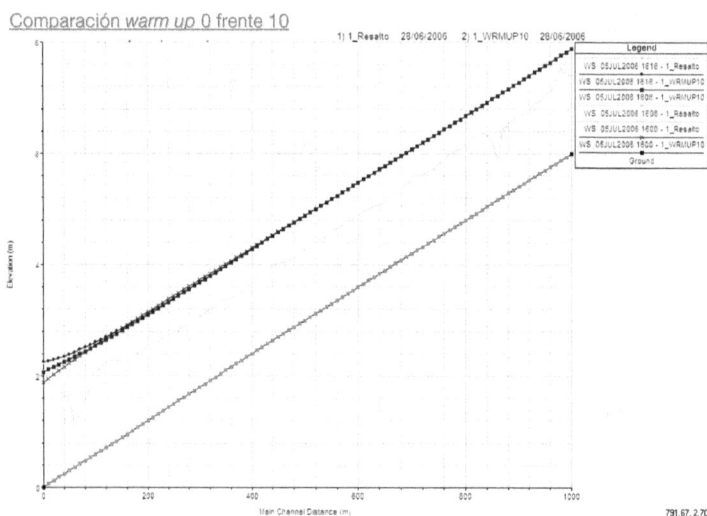

Figura 21. Comparación de los tres instantes iniciales de las simulaciones con distinto número de intervalos previos de cálculo (0: línea clara y 10: oscuro)

Factor de ponderación de las derivadas (θ)

En la figura 22 se muestran los perfiles de los instantes iniciales calculados con los dos factores de ponderación extremos θ=0.6 y 1.0. Cabe recordar que mientras θ=0.6 da exactitud a la simulación, θ=1.0 da estabilidad. Por este motivo interesa buscar el valor más cercano a 0.6 que dé estabilidad. Nótese, pues, en la figura , como la simulación realizada con θ=0.6 (color claro) produce unas ondulaciones inesperadas cerca del extremo aguas abajo, ondulaciones que no se observan para el caso de θ=1.0 (color oscuro). Aumentando el valor de θ=0.6 hasta que desaparecen dichas ondulaciones se llega a θ=0.85. Esta simulación se muestra en la figura 23.

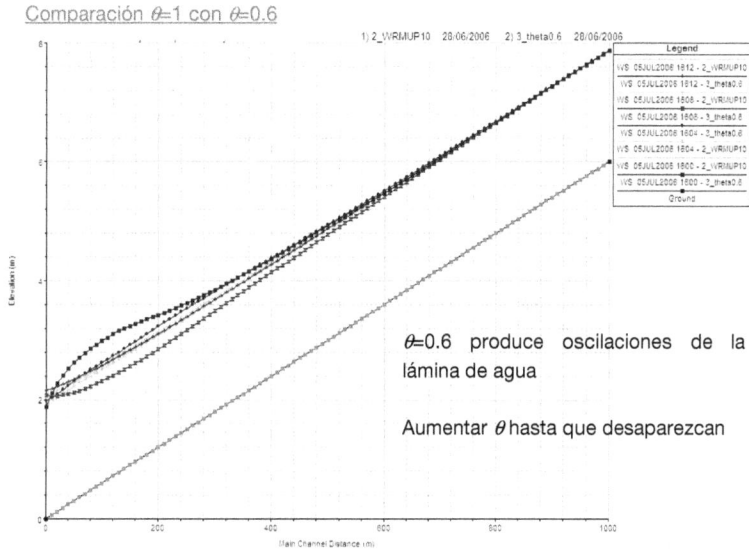

Figura 22. Comparación de los cuatro instantes iniciales de las simulaciones con distinto factor θ de ponderación de las derivadas (1: claro, y 0.6: oscuro)

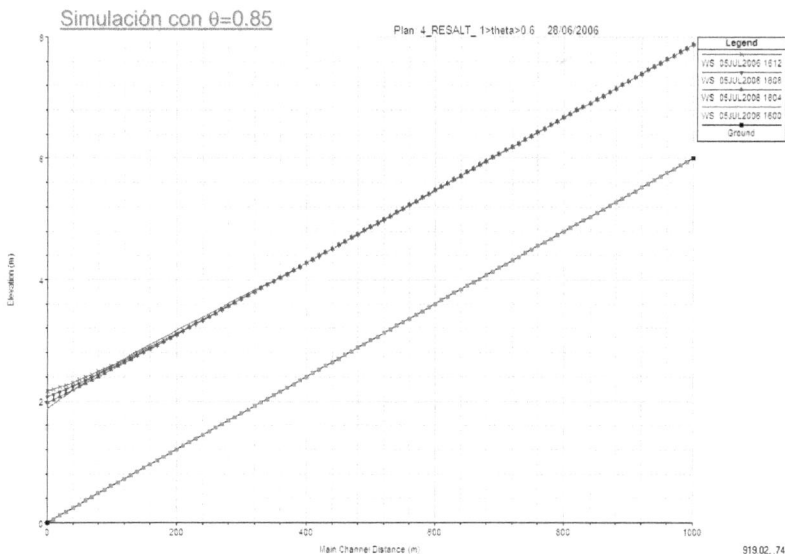

Figura 23. Simulación con factor θ de ponderación de las derivadas de 0.85

Espaciamiento entre secciones

Como ya se ha comentado en el caso del régimen subcrítico (Ap. 10.2.1.4), el espaciamiento entre secciones es otro de los parámetros que se deben considerar cuando se analiza la estabilidad de la solución. En el mismo apartado citado se indica un posible procedimiento que permite discutir la conveniencia de un espaciamiento u otro.

En la figura 24 se muestran los resultados obtenidos en el ejemplo de trabajo II con $\Delta x=10$ m (claro) y 5 m (oscuro). Puede apreciarse que, en este caso, las soluciones pueden suponerse idénticas a todos los efectos.

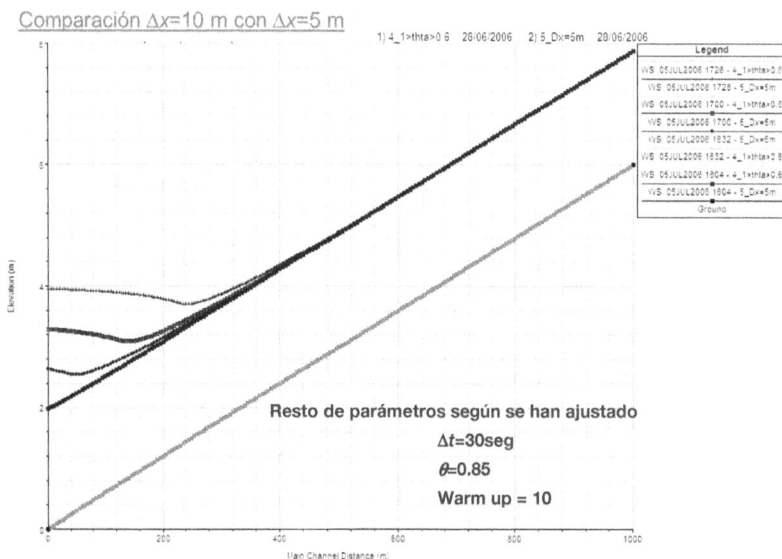

Figura 24. Comparación de cuatro instantes (inicial, final y dos intermedios) de las simulaciones con distinto espaciamiento entre secciones (10 m: azul claro y 5 m: azul oscuro)

Ajuste de los parámetros m y Fr del método LPI

En el apartado 9.6 del capítulo referente a las "*características generales y prestaciones básicas de hec-ras en régimen variable*", se describe el algoritmo LPI (*Local Partial Intertia*) que utiliza HEC-RAS para superar las inestabilidades que provoca el método de Preissman en la solución cuando aparecen calados iguales o cercanos al crítico. Esta situación se dará normalmente en caso de que se produzca cualquier cambio de régimen. Este método consiste en ajustar dos parámetros: m y Fr, que permiten obtener el parámetro σ, que reduce los términos inerciales de la ecuación de cantidad de movimiento que son los causantes de las inestabilidades.

En la figura 25 se enseña la comparación del perfil obtenido en el último instante de cálculo (extremo aguas abajo 4 m), para distintas combinaciones de los parámetros m y Fr del método LPI. En azul se muestra el perfil obtenido en el caso del régimen permanente, en verde el perfil en régimen variable que más se le ajusta.

Igualmente, en la figura 26 se muestra la ampliación en el entorno del cambio de régimen (resalto) de la figura 25. En este caso puede observarse que a igualdad de m, cuando mayor se toma el valor umbral del número de Froude (Fr), tanto más vertical y más similar a la solución en régimen permanente tiende a obtenerse la solución. En el límite, la solución que más se parece a la solución del régimen permanente sería la que se obtiene con el máximo valor aceptable del parámetro *m*.

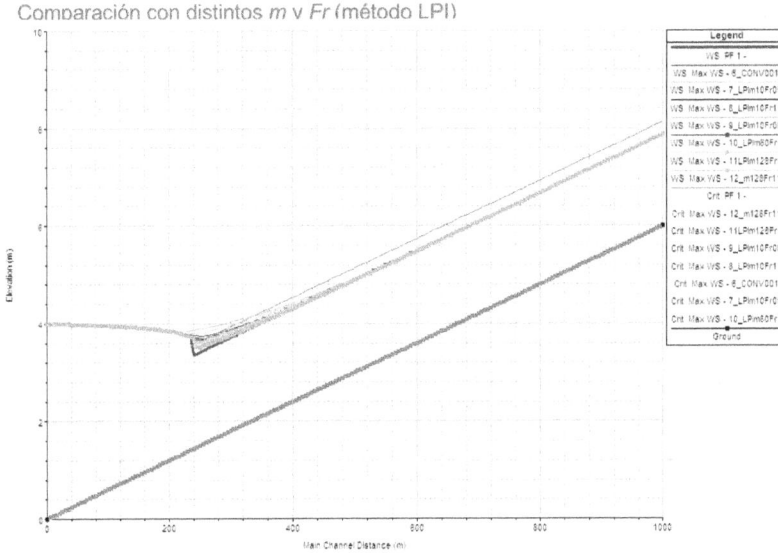

Figura 25. Comparación del perfil obtenido en el último instante de cálculo (extremo aguas abajo 4 m), para distintas combinaciones de los parámetros m y Fr del método LPI. En azul se muestra el perfil obtenido en el caso del régimen permanente, en verde el perfil que más se le ajusta

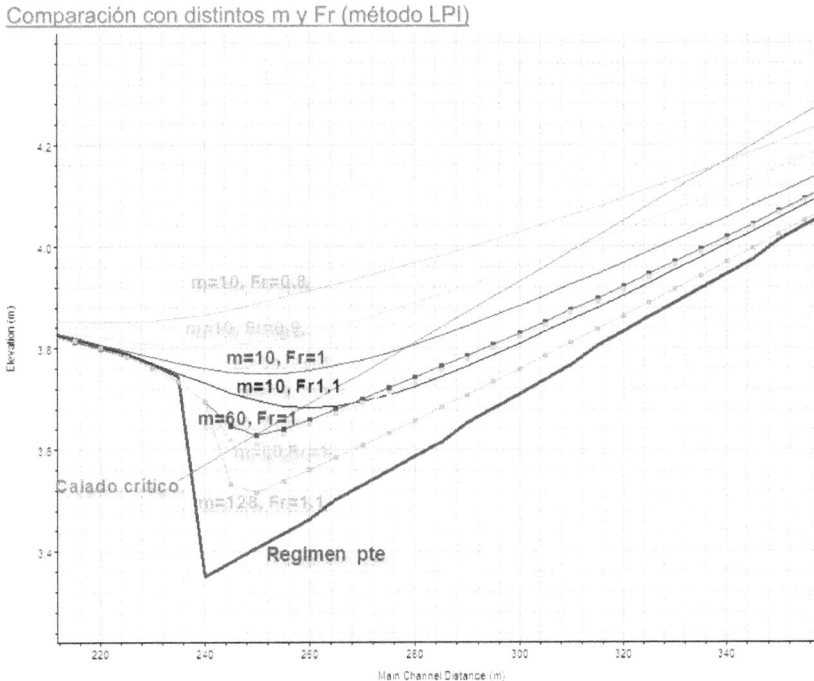

Figura 26. Ampliación de la figura en el entorno donde se produce el resalto hidráulico

10.3 Herramientas de HEC-RAS para la evaluación de los resultados

HEC-RAS dispone de una serie de herramientas que permiten evaluar la bondad de los resultados y que ya han sido discutidas en el capítulo 3. Básicamente son:

- Algunos de los errores más comunes son más fácilmente detectables por una simple inspección visual de los resultados. Por ello las opciones de representación gráfica de perfiles longitudinales de diversas variables y de las curvas de gasto son herramientas sencillas y útiles para este análisis.
- Análisis de los avisos (*warnings*) de cálculo. En el apartado 3.2.3 se describen los citados avisos. La mayoría de ellos llevan asociadas unas acciones que el usuario debe tener en consideración con el objetivo de minimizarlos. Cuantos menos avisos arroje, el programa indicará que más estable y robusta será solución.
- HEC-RAS genera un archivo de información del cálculo (*Computation Log file*). Se puede acceder a él desde el menú *options* de la ventana de ejecución de la simulación. Se puede configurar el grado de detalle que se desea que el programa escriba este archivo. Así se puede llegar a estudiar toda la simulación, iteración a iteración en cada sección de cálculo. En dicho archivo también se escriben los *warnings* de cálculo, de manera que se puede estudiar en detalle la causa de los mismos.
- El programa permite también visualizar el archivo DSS donde se almacenan todos los cálculos de hidrogramas y limnigramas que realiza. Esta visualización permite, pues, la representación gráfica y la tabulación de niveles y caudales que en muchos casos pueden también aclarar posibles dudas que surjan sobre la bondad de los resultados.

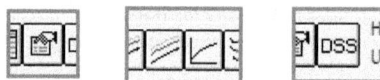

Figura 27. Botones de atajo desde la pantalla principal de HEC-RAS para acceder a las herramientas de visualización de resultados y de información de la simulación

ANEXO

1 Recomendaciones acerca de los criterios hidráulicos que se deben considerar en cualquier simulación en ríos

1.1 Aspectos generales

Simulación a 1D o 2D

Es importante discernir entre la necesidad de una simulación unidimensional o bidimensional según sea la naturaleza del fenómeno que se desea modelar. La modelación unidimensional es mucho menos costosa tanto en tiempo de cálculo como de información (secciones transversales separadas una cierta distancia entre ellas) y en muchos tramos de río es suficientemente precisa. Sin embargo, hay casos en que, en ciertas áreas (confluencias de cauces, inundación de grandes llanuras, cambios bruscos en la geometría del cauce, etc.), el flujo real tiene un marcado carácter bidimensional, por lo que deberá ser modelado de esta manera. El flujo en estas zonas de fuerte carácter bidimensional suele venir condicionado por el flujo en los tramos de río unidimensionales y viceversa, por lo que puede ser de interés utilizar un modelo 1D en unas zonas y 2D en otras. Si se opta por un modelado unidimensional en todo el dominio, las zonas 2D no serán modeladas con suficiente precisión (y las imprecisiones pueden afectar a la misma zona 1D), mientras que un cálculo enteramente bidimensional puede ser prohibitivo en tiempo de cálculo, en lo que se refiere a la información topográfica necesaria para la discretización 2D de toda la zona de estudio, y a la hora de generar las mallas de cálculo y asignar sus propiedades (condiciones de contorno, coeficientes de rugosidad de Manning, etc.).

1.1.1 Simulación en régimen permanente o variable

En general, el objetivo de una simulación hidráulica en un río es la determinación de la mancha de inundación en el territorio, para la delimitación de zonas de riesgo. Así, es de interés la obtención de los máximos calados que en general se producirán para los máximos caudales que lleguen a circular por una sección cualquiera del río. Por este motivo, en la mayoría de los casos es suficiente el análisis en régimen permanente para el máximo caudal que se prevea por dicho río. Este no es otro que el caudal punta del hidrograma de escorrentía asociado a un cierto período de retorno (por lo general, 500 años), que se obtiene del análisis hidrológico de la cuenca que drena el río en estudio.

En el capítulo 8 se han discutido los beneficios de un análisis en régimen variable frente a uno en régimen permanente. Como conclusión a dicho capítulo, puede indicarse que en una avenida se producen una serie de fenómenos que sólo pueden ser descritos en régimen variable, y por tanto hay que disponer de suficiente criterio hidráulico para valorar su importancia en la zona de estudio:

- Atenuación o laminación del caudal a lo largo del cauce de propagación de la avenida.

- Falta de unicidad entre calados y caudales. Como se muestra en la figura 12 del capítulo 8, durante la fase de aumento de caudales de paso se producen menores niveles de agua asociados a un caudal determinado que durante la fase de decrecimiento de caudales, para ese mismo caudal.

- Empleo, como condición de diseño de la altura de encauzamientos, de la envolvente de calados máximos que se produce. En cada punto de cálculo se toma el valor máximo alcanzado por el calado a lo largo de todo el suceso de estudio. Dicho valor máximo se produce en un instante de tiempo determinado que no tiene por qué coincidir con el instante en que se produce el calado máximo en otro punto de cálculo.

- El régimen variable contempla el volumen de escorrentía. Los efectos de almacenamiento en la llanura de inundación juegan un papel no tenido en cuenta en el caso del régimen permanente.

- Permite considerar en una red fluvial, el desajuste temporal entre los instantes de ocurrencia de caudal punta, de manera que al circular por el cauce principal no se sumen los caudales máximos sin más.

A la vista de la situación de cada cauce y de las disponibilidades existentes en cada administración respecto a datos disponibles, etc., se debe escoger el procedimiento de análisis hidráulico más adecuado. Así, por ejemplo, en el caso de pendientes pronunciadas o, con pendientes más suaves, de cauces que sean capaces de contener la avenida con una mínima afectación a las llanuras de inundación, los efectos citados anteriormente son poco relevantes y por tanto será aceptable el análisis en régimen permanente, para el caudal punta de la avenida.

1.1.2 Modelo digital del terreno (MDT)

Es recomendable disponer de un MDT de calidad que reproduzca adecuadamente la zona de estudio. Una adecuada densidad de puntos (p. e. entre 1 x 1 m y a lo sumo 10 x 10 m) en dicho MDT permitirá la obtención de la geometría de cálculo (secciones transversales en el caso 1D, o malla de cálculo en 2D) que mejor se ajuste a la escala de trabajo deseada. Más adelante se discutirá algunos aspectos a tener en cuenta en lo que hace el establecimiento de la escala de trabajo que será la que dará el grado de detalle que se pretende alcanzar en la simulación.

1.1.3 Coeficiente de rugosidad de Manning

El ajuste del coeficiente de rugosidad de Manning debe basarse en el uso tanto de fotografías aéreas de la zona de estudio como de mapas de usos de suelo y geológicos. Así, en general, se debe zonificar los valores del coeficiente de Manning no sólo en el propio cauce del río y en las llanuras que supuestamente vayan a inundarse. Se recomienda, para su ajuste el uso de los catálogos de imágenes de Barnes (1967).[1] Igualmente, el uso de cualquier otra metodología para el ajuste del coeficiente de rugosidad (fórmulas polinómicas, uso de tablas, etc.) deberá ser debidamente justificada o referenciada.

Para sacar provecho de un modelado 2D, la rugosidad debe ser variable con el espacio. El detalle de las bases de datos de usos del suelo suele ser insuficiente para las simulaciones hidráulicas, por lo que deberá obtenerse a partir de fotografía aérea y datos de campo.

---

[1] BARNES, H. H. (1967). "*Roughness Characteristics of Natural Channels*". US Geological Survey-Water Supply. Paper 1849. 213 páginas. La versión electrónica de este documento puede encontrarse en: http://wwwrcamnl.wr.usgs.gov/sws/fieldmethods/Indirects/nvalues/.

1.1.4 Condiciones de contorno

El establecimiento de la condición de contorno es uno de los aspectos claves para una buena simulación. La discusión del ajuste de las condiciones de contorno depende de si el flujo en el río se establecerá en régimen lento o rápido. La existencia en los extremos aguas arriba o debajo de estructuras singulares (puentes, azudes, caídas, etc.) puede ayudar a la determinación de las condiciones de contorno que permiten iniciar la simulación. En el caso de que no existan en dichos extremos ningún tipo de singularidad, habría que tener en cuenta los siguientes aspectos:

1. En el caso de régimen rápido, las dos condiciones (niveles y caudales) deben ser impuestas en el extremo aguas arriba. Si se tiene incertidumbre en la determinación de los niveles de agua aguas arriba, cabe decir que, en régimen rápidos una condición de régimen crítico se encuentra del lado de la seguridad por ser dicho calado el umbral superior del régimen rápido. Por tanto, en tal caso una condición de calado crítico es una buena condición de contorno.

2. En el caso de régimen lento, es preciso imponer una condición de niveles conocidos en el extremo de aguas abajo y una condición de caudal conocido (caudal constante en el caso de régimen permanente e hidrograma para régimen variable) en el extremo aguas arriba. Para superar posibles incertidumbres en el ajuste de esta condición contorno, es necesario extender el tramo de estudio suficiente aguas abajo y en dicho extremo realizar un análisis de sensibilidad a diversos valores de los niveles para discutir la influencia de dicha variabilidad en el perfil de la lámina de agua de en el tramo de estudio.

3. Si en la zona de estudio aparecen cambios de régimen lento a rápido, o viceversa, esto implica la existencia de secciones de control (calado crítico) o de resaltos, respectivamente. En tal caso hay que introducir las condiciones de contorno en niveles tanto aguas arriba como abajo, manteniendo por supuesto la condición en caudales aguas arriba. Todos los comentarios realizados anteriormente en cada caso para la discusión y ajuste de dichas condiciones siguen siendo válidos.

1.2 Aspectos particulares del modelado 1D

En el caso de un análisis unidimensional, tanto en el caso de flujo permanente como variable, se recomienda un análisis de sensibilidad de ciertos aspectos clave que pueden condicionar los resultados.

1.2.1 Espaciamiento entre las secciones de cálculo

La distancia entre las secciones se debe fijar teniendo en cuenta diversos aspectos como son:

1. La naturaleza de la zona de estudio: los tramos suficientemente rectilíneos con pendientes suaves o moderadas y las secciones con una variabilidad suave pueden ajustarse con distancias que podrían oscilar entre 50 m o 200 m, dependiendo de la escala de trabajo, como se comentará en el siguiente punto. En los tramos con pendientes más pronunciadas o secciones que muestren cambios bruscos será necesario establecer secciones más cercanas, por debajo de los 50 metros, y en particular disponer de una buena definición de dichos cambios bruscos (secciones inmediatamente aguas arriba y debajo de contracciones, ensanchamientos, puentes, pasos bajo vía, azudes, etc.).

2. La escala de trabajo: por encima de una escala 1000, el grado de detalle que se conseguirá en la geometría es más bien bajo, por lo que, en tal caso, no merece la pena establecer secciones excesivamente próximas (por ejemplo, por debajo de 50 m), puesto que el nivel de detalle que se conseguiría no sería acorde con la propia escala.

1.2.2 Análisis de sensibilidad del coeficiente de rugosidad de Manning

Debido a la variabilidad anual que puede presentar el coeficiente de Manning en un cauce y a la inherente subjetividad de su ajuste, es adecuado en este tipo de análisis que tiene un reducido coste computacional, realizar un análisis de sensibilidad al valor fijado de dicho parámetro, por ejemplo haciéndolo variar ±10%.

1.2.3 Ajuste de los parámetros de cálculo

Cualquiera de los modelos cálculo usados en el caso unidimensional, tanto en régimen permanente como variable, precisa a menudo del ajuste de determinados parámetros que permiten mejorar la fiabilidad de la simulación. Así, sería conveniente discutir si el modelo comercial usado permite el análisis de los criterios de convergencia numérica:

1. En régimen permanente, por ejemplo, sería preciso analizar, en el caso de que el modelo lo permita, el ajuste del valor de la diferencia aceptada entre iteraciones (tolerancia) de cálculo, así como el ajuste del propio número de iteraciones.

2. En régimen variable, de nuevo en el caso de que el modelo lo permita, será necesario realizar un ajuste de la estabilidad numérica del modelo a través parámetros como el incremento de tiempo de cálculo, las tolerancias de cálculo, el número de iteraciones para alcanzar dichas tolerancias o los factores de ponderación de la discretización temporal y espacial.

1.3 Aspectos particulares de la modelización 2D

En el caso de un análisis bidimensional, tanto si el flujo es permanente o variable, se recomienda un análisis de sensibilidad de ciertos aspectos clave que pueden condicionar los resultados.

1.3.1 Esquema numérico

El esquema numérico tiene mucha importancia en una simulación 2D, ya que condicionará su aplicabilidad mediante el tiempo de cálculo, la precisión que se consiga y los parámetros a ajustar para un correcto funcionamiento.

Los esquemas en diferencias finitas requieren una malla regular y no pueden representar correctamente cambios de régimen (régimen crítico y resaltos) que son muy característicos de cauces torrenciales, presentado problemas de conservación del volumen de agua en el sistema. Por el contrario, en régimen lento son esquemas muy eficientes.

Los esquemas en volúmenes finitos consiguen una gran precisión en cualquier tipo de flujo, pero debido a estar sujetos a la condición de Courant, tienen un mayor coste computacional. Tienen además la ventaja de conservar el volumen en cualquier caso.

Finalmente, los esquemas de elementos finitos requieren del ajuste de parámetros de estabilización que pueden condicionar la solución, por lo que, si se usan, debería exigirse un análisis de sensibilidad de los resultados a dichos parámetros.

1.3.2 Tamaño de la malla de cálculo

De manera similar a lo establecido en el caso del espaciamiento de las secciones en el caso unidimensional, el ajuste del tamaño de la malla de puntos que representará el terreno dependerá de la escala de trabajo. Por supuesto, se entiende que una malla excesivamente pequeña implicará una mejor adecuación al terreno real, pero, por el contrario, supondrá un coste computacional a menudo inasumible. Por otro lado, cabe decir que un análisis bidimensional, sobre todo en régimen variable, supone una simulación con un grado de detalle que no tiene excesivo sentido si no se va a una escala de trabajo suficientemente fina. Para una buena representación geométrica es recomendable una malla irregular.

Será, pues, necesario alcanzar un compromiso entre el nivel de detalle requerido en la malla de cálculo y su coste en tiempo de cálculo.

1.3.3 Zona de estudio

La delimitación de la zona de estudio debe ser lo suficientemente ancha para que contenga toda la zona inundable, y suficientemente larga para satisfacer los requerimientos del establecimiento de la condición de contorno. En caso contrario, los resultados estarían condicionados por el tamaño y los límites de la misma.

1.3.4 Simulación de estructuras hidráulicas

El funcionamiento hidráulico de las estructuras existentes en la zona de estudio (obras de drenaje, puentes, aliviaderos, etc.) no se puede calcular, en general, con las ecuaciones generales del flujo en lámina libre. Así pues, el modelo elegido debe ser capaz de realizar un tratamiento específico de las mismas. En la Tabla 1 se indica para los modelos comercial existentes sus capacidades.

Bibliografía

ASCE . *Design and Construction of Sanitary Storm Sewers.* New York: Manual of Engineering Practice n. 37. American Society of Civil Engineers., 1969, 1986.

Barnes, H.H. *Roughness characteristics of natural channels.* Vol. Paper 1849. U.S. Geological Survey Water-Supply, 1967.

Bladé, E., and M. Gomez. *Modelación del flujo en lámina libre sobre cauces naturales. Análisis integrado en una y dos dimensiones.* Barcelona: Monografia CIMNE, 2006.

Chaudhry, M.H. *Open Channel Flow.* New Jersey: Prentice Hall, 1993.

Chow, V.T. *Open Channel Flow.* McGraw-Hill, 1994.

Cunge, J., Mazadou, B. "Mathematical modelling of complex surcharge systems." Goteborg. Suecia.: Int. Conf. on Urban Storm Drainage. Vol. 1., 1984.

Cunge, J.A. *Practical aspects of computational river hydraulics.* London: Pitman, 1980.

Danish Hydraulic Institute . *MOUSE. User's Manual.* Copenhague.

Diéguez, J.M. *Estudio numérico y experimental del proceso de entrada en carga.* Barcelona: ETSECCP.Tesina de especialidad, 1994.

Dolz, J., Gómez, M., Martín, J.P. *Inundaciones y redes de drenaje urbano.* Madrid: Monografía 10. Colegio de Ing. de Caminos, Canales y Puertos, 1992.

Gómez Valentín, M. *Análisis Hidráulico de las Redes de Drenaje Urbano en Inundaciones y redes de drenaje urbano.* Madrid: Monografía 10. Colegio de Ing. de Caminos, Canales y Puertos, 1992.

—. *Contribución al estudio del movimiento variable en lámina libre en las redes de alcantarillado. Aplicaciones.* Barcelona: Tesis Doctoral. ETSECCPB. UPC., 1988.

HEC. *HEC-RAS River Analysis System. Hydraulic Reference Manual. Version 3.1.* Davis (CA): U.S. Army Corps of Engineer, 2008.

—. *HEC-RAS River Analysis System. User's Manual. Version 3.1.* Davis (CA): U.S. Army Corps of Engineers, 2008.

Huber, W.C., Dickinson, R.E. *Storm Water Management Model SWMM. Version 4. Users Manual.* Athens. Georgia: Environmental Research Laboratory. EPA, 1988.

Puertas, J., y M. Sánchez-Juny. *Apuntes de hidráulica de canales.* Ediciones Colegio de Ingenieros de Caminos, Canales y Puertos, 2000.

Saint-Venant, A.J.C. *Théorie du mouvement non-permanent des eaux avec application aux crues des rivieres et á l'introduction des marées dans leur lit.* Vol. 73. Paris: Resúmenes de la Academia de Ciencias. Vol 73, pp. 148-154, pp. 237-240., 1871.

Sánchez-Juny, M. *Validación y análisis de los resultados. Documentación del "Curso de modelación en ríos: Régimen Permanente".* Editado por M. Sánchez-Juny y E. Bladé. Barcelona, 2007.

Sánchez-Juny, M., E. Bladé, i J. Puertas. *Hidràulica.* Barcelona: Edicions UPC, 2005.

Streeter, V. L., and E. B. Wylie. *Mecánica de fluidos.* México D.F.: McGraw-Hill, 1979.

Wallingford Software. *Hydro-Works. User's Manual.* Wallingford. Oxfordshire. UK.: Hydraulics Research Ltd., 1994.

Yevjevich, V. "Storm Drain Networks." In *Unsteady Flow in Open-Channels. Vol II. Cap.16,* by V K. Mahmood and Yevjevich. Fort Collins. Colorado. USA: WRP, 1975.

www.ingramcontent.com/pod-product-compliance
Lightning Source LLC
Chambersburg PA
CBHW080539220326
41599CB00032B/6317